ダーウィンの進化論はどこまで正しいのか？

進化の仕組みを基礎から学ぶ

河田雅圭

光文社新書

はじめに

生物の進化は、私たちの身近なところに、様々な形で大きく関わっている。

最近、トコジラミが日本でも増えているという話を聞いたことはあるだろうか。トコジラミは、カメムシの仲間の体長5〜8㎜ほどの昆虫で、主に布団やベッドに潜み、寝ている人の血液を吸う。外国旅行に行った人や配送された荷物に交じって、そのトコジラミが最近侵入しているというのである。日本でも以前は、普通に見られていたようだが、殺虫剤のおかげでほとんど見られなくなっていた。しかし最近は、殺虫剤に抵抗性をもったトコジラミが進化し、それにより新たな増加をもたらしているという。

同様の抵抗性の進化は農業害虫でも見られ、さらに最近では、スーパーバグ（超多剤耐性菌）と呼ばれるほとんどの抗生物質が効果を発しない細菌が問題になっている。トコジラミ、農業害虫、スーパーバグは薬剤抵抗性を急速に進化させ、人間の脅威となっているのだ。

最も身近で、そしてリアルタイムな進化の体験は、2020年からの新型コロナウイルス感染症の流行であろう。新たな変異株が次々と突然変異によって出現し、そのなかの一部が世界中に広がっていったあとには、また次の新しい変異株が出現して置き換わっていくという進化を目の当たりにした。大きな流行の原因となるコロナウイルスの進化は数カ月から数年のタイムスケールで起こり、実際に観察することができたのだ。

コロナウイルスのような感染症を引き起こす病原体は、我々人間の進化にも大きな影響を及ぼしている。過去1万年、とくに4500年前から感染症の流行によって古代の人々は大きな影響を受けた。古代の人々のゲノム配列を調べてみると、感染症リスクに抵抗する遺伝子の進化が、同時に炎症性疾患のリスクを高めるような進化の原因になったという。[1] アレルギーに悩まされるのは、最近の人工的な環境変化の影響ばかりではなく、過去の人類進化の結果なのだ。

普段当たり前に感じる人間の性質も進化によって影響されている。たとえば、日本人の平均身長が低いのは自然選択の結果であり、お酒に弱い傾向も同様だ。また、私たちの思考や知性、性格、感情などの精神的な特性の違いも進化が影響している。私たちの研究では、不安傾向に関わる遺伝子が進化の過程で自然選択を受けたことが示された。[2] 人間の精神的特性も進化の影響を受けているのだ。宗教を信じやすいかどうかということも、進化の結果である。[3]

このように、生物の進化は身近な生物だけでなく、人間個人や社会にも大きな影響を与えている。だからこそ生物進化を理解するということは、害虫駆除や感染症対策、生物多様性の保全といったことから、人間の病気の予防といった直接的な応用にまで繋がるのである。実際に『Evolutionary Applications（進化の応用）』という学術誌があり、様々な研究が行われている。また、人間がいかに進化してきたのかを解明することで、人間の本性や存在についての本質的な理解も可能になる。

しかし、一般には進化というと、過去に生じた大きな変化を連想し、自分とは関係がない、と思っている人が意外と多いかもしれない。また、進化論というと「ダーウィンの進化論」を思い浮かべ、進化とは「生存競争における自然選択による進化」が、その考えの中心だと考える人も多いのではないだろうか。

ただ、実際はそうではない。現在リアルタイムで生じている進化から、過去何万年前からの比較的最近の進化、数百万年から何億年前の進化まで、様々な手法を用いてそのメカニズムが明らかにされつつあるが、解明された進化のプロセスは1つに集約されるものではない。

本書でも紹介するように「生存競争における自然選択による進化」というだけでは、進化機構のほんの一部しか理解したことにならないのだ。

私が進化の研究を始めた1980年代の日本では、ダーウィンの進化論（あるいはネオ・ダーウィニズム、70ページ参照）に疑義を唱える生物学者は少なくなかった。また多くの生物学者、とくにミクロな現象を扱う生物学者には、進化論は「お話であり、科学ではない」と主張する人が少なくなかった。確かに当時は理論が先行する面もあり、実証データが多いとはいえなかっただろう。

しかし2010年以降、ゲノム配列の解読が比較的容易になり、進化のプロセスをゲノム配列から解析することが可能になった。また、遺伝子編集など様々な生命科学の技術進展も、進化を実証的に検証する可能性を高めた。さらに、数千年前から数万年前のヒトの古代ゲノムが解読され、過去から現在にいたるゲノム配列の変化が観察できるようになった。このように、実証が難しく「お話」にすぎないとみなされていた進化学も、実証可能で重要な生命科学の基礎科学として、さらには応用科学として今は進展しているのだ。かつてのダーウィン進化論は、新たな事実や考えが追加され、現在の進化学として進展してきているといえる。

本書は、進化の概念や仕組みについて、誤解されている点を項目として取り上げた。「ダーウィン進化論は誤解されている」という趣旨の記事は少なくないが、本書は誤解されやすいトピックスを題材に、進化学の基礎を分かりやすく紹介することを目的とした。現代の進化学の視点から、進化がどのような仕組みで生じているのか、進化をどう理解するべきかについて解説することを試みた。

進化のメカニズムは複雑で、「進化はランダムに起こる突然変異と自然選択によって生じる」というように、シンプルにまとめることはできない。進化を理解するためには様々な生命科学の知識が必要であり、とくに遺伝学や集団遺伝学の基礎的な理解が求められる。そのため、一般の人が進化について誤解しているのは、専門的な内容は正確に伝わりづらいという、よく見られる現象の1つといえるかもしれない。

日本では、進化学に関する適切な一般向けの情報が不足しているということも、「誤解」が生まれやすい原因の1つかもしれない。とくに、最新の研究成果をもとにした分かりやすい解説本が存在していない。そういった現状のなか、本書は一般の読者の「間違った理解」を正そうとするものではない。進化は日常生活に深く関わっており、正しく理解することは様々な日常の現象に対する新たな視点や見方を提供する。そのような理解から、1人でも多くの方に、現代進化学が解き明かす進化の現象や仕組みに興味をもっていただければと思う。

一方で、生物進化そのものについて解説した一般書、生物や人間の本性が進化した理由などに言及する記事や書籍などで、誤った進化理解にもとづいた考えを主張している場合も少なくない。また、生命科学の研究者が間違った進化の解説をする場合もある。生命現象の仕組みの解説は正しくても、それがなぜ進化したのかについて言及するとき、誤った説明をする人は少なくない。一般の方には、そのような主張がなぜ誤りなのかを理解するうえで本書を役立たせていただければと思う。

ダーウィン進化論は、様々な思想に都合よく解釈され、悪用された面もある。社会ダーウィニズムや優生学はその代表例だ。このような進化論の誤解や悪用は大きな問題であるが、本書では、そのような思想面での誤用や悪用にはあまり触れない。その点については、千葉聡氏の『ダーウィンの呪い』[4]（講談社現代新書）を参照してほしい。

本書執筆にあたって、進化についてほとんど知らない読者にも理解してもらえるように努力した。とはいえ、進化の仕組みを具体的に説明するためには、遺伝学や生物学の事柄を含めて記載する必要があったので、少し難しいと思われる方もいるかもしれない。しかし、よく読んでいただければ理解できるように書いたつもりである。本書は、進化学の入門書にもなっていると思うので、幅広い読者の方に読んでいただければ幸いである。

ダーウィンの**進化論**はどこまで**正**しいのか？

目次

第2章 変異・多様性とは何か

第3章 自然選択とは何か——185

目次・章扉デザイン／熊谷智子
図表2・6、図表4・9イラスト／吉野由起子
本文図表制作／デザイン・プレイス・デマンド

第1章 進化とは何か

1-1 そもそも進化とはなんだろうか？

ポケモンの進化

人気ゲームの1つ、「ポケットモンスター（ポケモン）」では、キャタピーという「いもむしポケモン」に分類される芋虫のようなキャラクターがいる。このキャタピーは、トランセルという「さなぎポケモン」に進化し、さらにバタフリーという「ちょうちょポケモン」へと進化する。

芋虫からチョウへの変化が、進化ではなく変態であることは今では誰でも理解できる。しかし、17世紀のヨーロッパでは、芋虫とチョウが同じ生き物であるとは誰も想像しなかったという。ポケモンで遊ぶ子どもたちも、全く異なった生物へ変化したように見えるプロセスを「変態」といわれるよりも、「進化」といわれるほうが想像力を掻き立てられるのかもしれない。ちなみに、芋虫から蛹へ、そしてチョウへと変態することを示したのは、昆虫の魅力に取り憑かれたマリア・シビーラ・メーリアンという画家だったという。[1]

「ポケモンの進化は、生物進化ではない」というネタは様々なところでいわれていて、ゲームを楽しんでいる人には「ウザい」といわれることもあるようだ。しかし、ポケモンゲーム誕生のアイデアは、開発者の１人である田尻智氏が子どもの頃に熱中していた昆虫採集の体験がもとになっているという。そうだとすると、「ポケモンの進化」を実際の生物進化に近づけて、生物進化を体験するゲームにするのもいいのではないだろうか。

進化的変化は、遺伝的に変化した性質が世代を超えて引き継がれることで生じる。また、個体の一生の成長の過程で変化した性質が次世代に伝えられるのではなく、卵や精子といった次世代に伝えられる細胞で生じた遺伝的変化が伝えられる。

たとえば、「かえんポケモン」に分類されているトカゲの仲間のようなポケモンに、ヒトカゲがいる。ヒトカゲはリザードへ進化するが、それが実際の生物進化のように遺伝的な変化を伴ったものとするならば、ヒトカゲが生きている間にリザードへと進化するのではなく、ヒトカゲの産んだ卵から、リザードが生まれるという設定が必要である。

より生物進化に近づけるには、各ポケモンの姿や能力に個体差があり、それが次世代に引き継がれ、集団内で異なる姿や能力をもったポケモンの数が変化するという設定も必要だ。具体的にいえば、ヒトカゲの卵からヒトカゲやリザードが産まれるとき、形態にわずかな違いがあるヒトカゲやリザードが産まれてくるようにするということだ。さらに、この個体間の形態の違いは、戦闘の勝敗を左右する先天的な能力（個体値）の違いに影響する。現在のポケモンでも、攻撃力や守備力、体力のような戦闘に必要な能力が、同じ種類のポケモンでも個体ごとに少しずつ異なっている。しかし、プレイヤーが捕まえる前の「野生の」ポケモンでは、能力の遺伝は起こらないようだ。

また、高い能力をもったヒトカゲやリザードの個体は、戦闘能力が高いので競争に勝ち残り、多くの卵を産むという設定を作るのもありかもしれない。その結果、強い能力と関係する形態をもったヒトカゲやリザードが生まれてくる頻度が高まり、特定のエリアでは、同じヒトカゲやリザードでも特定の形態をもった個体がより多く出現するようになる。

これらの設定により、ポケモンは実際の生物の進化に近いものとなる。ただし、この路線で改良したポケモン進化ゲームが、楽しめるものになるかどうかは分からない。

生物進化の誤った定義

ポケモンの進化の場合は、これが生物進化とは異なるということを理解したうえで、開発者はあえて「進化」と呼ぶことにしたのだろう。それでは「生物における進化」とはなんだろうか。

実はこれに正しく答えられる人は少ない。「生物における進化とは何か」という点で、私が想定していた以上に、多くの人は誤解をしている。実際に、文系・理系を含めた大学1年生向けの私の講義で質問したところ、適切な回答をしたのは数％の学生だけであった。また、ウェブ上で検索してみても、様々な定義が散見される。一般の人に進化がどう定義されているかをあらためて見てみると、意外なほど誤って進化が理解されていることに少し驚いた。

ここでいう「誤った」定義というのは、現代進化学で定義されている「生物進化」と違っているということである。元来使われていた「進化」の意味は、現代進化学での進化とは違っていた。進化（エボルーション＝evolution）という言葉は、もともとラテン語の「Evolutio（拡げること）」を意味している。この進化という言葉が生物学上初めて用いられたのは、子宮のなかでの胚の成長を表すときであったらしい。[2] つまり、すでに存在している構造をほどき、拡張するという意味で用いられていた。これは、ダーウィンの進化論が発表された1859年より前の話である。ダーウィン自身は、初期にエボルーションという言葉を用いていなかったようだ。したがって、進化という言語の起源などを探求しても、「正しい生物進化の意味」が分かるわけではない。

以下にウェブ検索で見つかった典型的な誤りである生物進化の定義も挙げておこう。

① 生物が、周囲の条件やそれ自身の内部の発達によって、長い間にしだいに変化し、種や属の段階を超えて新しい生物を生じるなどすること。（デジタル大辞泉、goo辞書）

② 長大な時間経過に伴い生物が変化していくことをいう。生物の形質（形態・生理・行動など）が生息する環境に、より適合したものになる、既存の種から新しい種が形成される、単純な原始生命から複雑多様なものへ変化する、などがその変化の内容である。（日本大百科全書〈ニッポニカ〉）

③ 進化というのは「ある種の子孫に、その種と遺伝子が異なる新しい種が現れること」。（福井県立恐竜博物館）

④ 生物が、単純微小な原始生命から、段階的に、複雑多様なものへと変化して来たこと。（岩波国語辞典）

⑤ 生物は不変のものではなく、長大な年月の間に次第に変化して現生の複雑で多様な生物が生じた、という考えに基づく歴史的変化の過程。（大辞林）

⑥ 進化とは「効率」。その環境において、効率のよい方が生き残れる。それを進化と呼んでいるのです。(https://diamond.jp/articles/-/242914?page=2)

生成ＡＩであるＣｈａｔＧＰＴにも「進化とは何か」と聞いてみると、次の回答が返ってきた（２０２３年10月時点）。

生物種が長い時間スケールで変化する過程を指します。進化は、生物種が遺伝的変化を経験し、新しい種や個体の形成につながるプロセスです。

この答えは直前の②の定義と類似していて、「正しい」進化の説明とはなっていなかった。ＣｈａｔＧＰＴは、蓄積された膨大な文書データから、より使用頻度の高い単語の繋がりが選択される。つまり、ＣｈａｔＧＰＴの学習に使用されているデータは、間違った進化の説明を記載しているものが多いということだ。

生物内部の発達による変化

①の定義では、進化を「それ自身の内部の発達による変化」としている。ポケモンの進化でもみたように、生物個体自身の一生における発達過程は、それが次の世代に伝えられない限り進化とはいわない。「内部の発達による変化」はむしろ、先述の最初に生物学で用いられた、エボルーションの意味である「胚の成長」と近い。

また、ダーウィンより早く生物の進化について考えていたジャン＝バティスト・ラマルクは、すべての生物はそれ自身が必要とする部分が発達し、変化することで、進化すると考えた。そして、生物は何度も自然に生じ、時間とともに単純な生物から複雑なものへと変化していくので、現在存在している複雑な生物はより昔に生じ、単純な生物は最近生じたとされた[2]。ラマルクは基本的に、生物自身が複雑なものへ変化していく内在的な力をもっており、環境に応じて生物が必要とするものを発達させると考えていたようである[2]。つまり、「それ自身の内部の発達による変化」という考えは、ダーウィンよりもラマルクの考えた進化に近いといえるだろう。

では、これをなぜ進化といわないのか。それはポケモンのところでも述べたように、一生のうちに発達した性質は、次の世代に伝えられるわけではないからである（一生の間に生物が獲得した性質が次世代に伝わることを獲得形質というが、これについては第2章のエピジェネティク遺伝の説明でも触れる）。次の世代に伝えられないと生物の変化は1世代で終わってしまう。これは生物の世代を超えた変化に影響を与えない。

ラマルクの進化の定義のなかで、現在の生物学的観点から問題だとされる点は、「生物はそれ自身の内部に自らを発達・変化させるような能力をもっている」という内容が「生物が目的をもって変化している」という意味を想起させることである。つまり、生物は自らの「意志」や「内部の秘められた力」で進化していくということを意味しているようにも解釈できる。これは、科学的な定義というよりも、どちらかというと思想的な嗜好が反映しているといえる。

複雑多様なものへの変化

生物進化を「単純な生命から、段階的に、複雑多様なものへと変化」としている定義も多い（22ページの定義②、④、⑤）。

もし生物が、常に単純なものから複雑なものに進化していくのであれば、地球上の単純な生物は徐々に減って、複雑な生物が増えていくはずである。しかし、現在の地球上に生息している生物の大部分は、細菌などの微生物であると推定されている。[3] それに、細菌やウイルス、原虫、リケッチアなど様々な微生物は進化できていないのではなく、我々哺乳類と比べても比較にならないほど速いスピードで、新しい遺伝情報をもった個体が出現し、進化しているのである。そして、そのほとんどは複雑な形質を進化させているわけではない。

それに生物は、より単純なものへと進化することもある。とくに、もともと自由に生活をしていた生物がほかの生物に寄生すると、自分で餌を探す必要がなくなるために、いくつかの性質は消失する方向に進化し、構造は単純化する。

たとえば、人間の消化管に寄生するサナダムシは、もともとプラナリアのような生物であったが、ほかの生物に内部寄生することにより眼や腸が消失し、代謝や消化、神経関係の遺伝子が消失するように進化している。[4] また、マイコプラズマという生物は、ウイルスを除けば最も小さい生物で、細菌から進化した。祖先である細菌から多くの遺伝情報が失われ、600に満たない遺伝子しかもっていない（ちなみに大腸菌は約4400個の遺伝子をもっている）。より単純な生物に進化した生物である。

「エボルーション」という言葉は「進歩」あるいは「前進」的な変化と結びつけられる場合が多い。ただ、ダーウィン自身は「エボルーション」という言葉をあまり用いなかった。ダーウィンの進化論とエボルーションという言葉を結びつけたのは、ハーバート・スペンサーという哲学者である。彼は、エボルーションは「生物はより高いレベルの体制に向かう必然的進歩である」とした。ダーウィン自身はこのような考えに懐疑的であったとされるが、[2]『種の起源』の第6版でエボルーションという言葉を用いている。

またダーウィンは、進化は梯（はしご）を上へ上へと登るような進歩的な変化ではなく、樹木の各枝の先に向かうように、個々の生物がそれぞれの特徴を変化させていくことだと考えていた。しかし、ダーウィンも自らの進化論を一般大衆向けにアピールするときは、進化を進歩の意味で用いることもあったようだ。[5]ダーウィンの考えがどうであれ、進化が進歩と結びついて用いられるようになったのは、スペンサーの影響が大きいのかもしれない。ダーウィンの時代に「進化」がどのように捉えられていたかについては、千葉聡氏の『ダーウィンの呪い』に詳しい解説がある。[6]

長大な年月をかけた変化

生物は何万年、あるいは何十億年をかけてしだいに変化し、進化してきた。しかし、長大な時間をかけた変化だけが生物進化ではない。

たとえば、２０２０年から感染が拡大している新型コロナウイルス（SARS-CoV-2）は、常に新しい変異株が生じている。そのなかで感染力の強い変異株が生じたとき、感染者を増加させている。このように、新型コロナウイルスは刻々と進化している。

また、ガラパゴス諸島に生息するダーウィンフィンチの一種ガラパゴスフィンチ（*Geospiza fortis*）は、急速に形態などを進化させることで知られている。たとえば、１９７７年に干ばつが生じ、島に硬い種子が増えたときは、１～２年で平均の嘴（くちばし）の高さ（厚さ）が数ミリ高く変化したことが観察された。これは、硬い種子を食べることのできる嘴の高い親が生き残りやすく、その親から生まれた子どもも高い嘴をもっていた結果である。数年でのこのような変化も進化といえる。

ダーウィンフィンチでは、干ばつや大雨といった環境変化によって、数十年の間に嘴が高くなったり、低くなったりする変化を繰り返している。[7] この短期間の変化は、長期間の変化の一部であり、どちらも進化的変化といえるのだ。もし10年に1回干ばつが起こると、２００年くらいの間にこのダーウィンフィンチは、体のサイズが2倍ほどもあるオオジフィンチくらいに進化すると推定されている。[7] １～２年という短期間の進化が積み重なり、２００年ほどでかなりの違いをもたらす進化が達成されるのだ。

そのほか、よく見られる誤解が「新しい種の出現」を進化とする定義（22ページの定義②と③）と環境への適合や効率化を進化（22ページの定義②と⑥）とする定義である。新しい種が形成されなければ進化といえないわけではないし、環境へ適応したり、生存の効率化を高めたりすることだけが進化というわけでもない。「新しい種の出現」については第４章で説明しよう。この章では、進化が環境への適応だけではないという点を見ていきたい。

進化とは何か

それでは、まず「進化」とは何かを整理しよう。

ダーウィンによるもともとの考えは、変化を伴った由来（descent with modification）である。言い換えると、「生物の伝達的性質の累積的変化」と定義できる。簡単にいうと、生物の世代を超えて伝えられる性質が変化していくことである。

この進化の定義は、より包括的に定義されたものである。たとえば、生物の伝達的性質として文化がある。私たち人間の行動や習慣などは、親や周りの人たちから子どもに伝えられていく。また、制度や技術などの知識は情報として伝達される。これらの「伝達的性質」は追加、修正をしながら次世代に伝えられていく。このような伝達的性質の累積的変化を「文化進化」といい、広い意味での進化ということになる。しかし、一般的にこれは「生物進化」とは区別して使われる。

世界的によく使われている大学の進化学の教科書では、生物の「進化」は次のように定義されている。「1つまたは複数の形質において遺伝的に異なる個々の生物の割合が、時間とともに変化することである」[8]。また、科学雑誌『Nature』が提供している大学生や高校生向けの教育リソースである『Scitable』では、「進化とは、時間とともに集団の遺伝素材(genetic material)が変化する過程である」としている。ほかにも、進化や生態学に関する用語のキーワードを編纂した辞書では、「世代を超えた生物または集団の特性の累積的変化」と記載されている[9]。

これらの定義が示唆している重要な点は、「生物の遺伝的性質が世代を超えて変化していく」ということと、「集団中での生物の割合(頻度)が時間とともに変化する」ということである。本書ではこれらにしたがって、これ以降の進化についての解説がしやすいように、次のように生物進化を定義しよう。

生物のもつ遺伝情報(主にゲノム配列)に生じた変化が、世代を経るにつれて、集団中に広がったり、減少したりすること、またそれに伴って、生物の性質が変化すること。

遺伝情報の主要な要素はゲノムである。ゲノムとは、ある生物がもつＤＮＡの塩基配列に表された遺伝情報すべてを指す。つまり進化は、生物個体のＤＮＡ配列に変化が生じ、その変化した配列をもつ生物個体の集団内での割合が変化すること（つまり、その配列の頻度が変化すること）で生じる。他方、生物の遺伝情報にはゲノムのＤＮＡ配列以外に伝えられる情報もある。これについては第2章で解説したい。

ただし、生物によっては個体とか集団という概念がうまく適用できず、この定義を正確に当てはめることができないものもある。また、ウイルスを生物とみなすかどうかの議論はあるが、ウイルスのなかにはＲＮＡを遺伝情報とするものもあり、その場合、ＤＮＡ配列ではなくＲＮＡ配列の変化が重要になる。しかし、それらの生物も、大筋において、この定義にもとづき進化について議論することは大きな問題にはならない。

本書では、集団中で頻度を変化させていくＤＮＡ配列を「アレル（allele）」というあまり聞き慣れない用語で説明する。アレルとは何かについてはあとで詳しく説明したい。

現在、遺伝学の用語は専門家でも少し混乱していて、分かりづらいことが多い。たとえば、これまでバリエーション（variation）という英語は変異と訳されていたが、遺伝学会などによる用語が改訂され、「多様性」と訳されるようになった。しかし、多様性はダイバーシティ（diversity）の訳であり、バリエーション（変異）とは異なる意味で用いられてきた。そのため、用語の使い方に混乱が生じ、改訂に対する批判も出されている。[10]

そこで、本書で用いる重要な遺伝学用語についてはその意味を図表1‐1にまとめた。本書でも、できるだけ分かりやすく説明する予定であるが、「アレル」「変異」「多様性」「遺伝子」「ゲノム」という用語は、進化を説明するうえで欠かせないので、分からなくなったらこの章での解説や図表1‐1を再度参照してほしい。

ゲノムがもつ遺伝情報と変異

進化について書かれた一般向けの書籍では、これまで主に遺伝子という言葉を用いて語られることが多かった。しかし、今、進化について解説するとき、遺伝子という言葉では説明が困難になっており、ゲノムおよびその配列の個人や個体の間の違いについての理解や遺伝子以外の用語が必須になってきている。そこでまず、生物がもつ遺伝情報であるＤＮＡ配列、そして個体間の違いとして見られるＤＮＡ配列の変異について具体的に見てみよう（遺伝子

用語	英語	本書での意味	改正された遺伝学用語上の意味
アレル	allele	ゲノム上の同じ位置にある、変異を構成する配列。DNAの1塩基の変異によるアレルはSNPアレル、同一遺伝子の複数のタイプの1つであるアレルは対立遺伝子である（図表1-3参照）。	アレル
変異	variation	集団間、個体間、ゲノム間で個体の性質やDNA配列・遺伝情報が違っていること。	変異 ※variationは多様性の意味。変異の意味はmutation（突然変異）
一塩基変異（SNV）	single nucleotide variants	ゲノムのある箇所で1塩基がゲノム間で違っていること。	一塩基多様体
変異サイト	variation site	集団内で変異あるいはアレルが存在するゲノム上の位置。	突然変異サイト
遺伝的変異	genetic variation	(1) 個体間の性質の違いのうち、遺伝的違いによるもの。 (2) 個体間やゲノム間でDNA配列が異なっていること。	遺伝的多様性
遺伝的多型	genetic polymorphism	集団中に異なるタイプのアレルや遺伝子型が存在すること。集団中で稀なタイプの頻度が任意の値（たとえば1％）以上ある場合は、多型があるとみなされる。	遺伝的多型
遺伝的多様性	genetic diversity	集団や種内に存在する遺伝的変異の全体あるいは程度。①同じ変異サイト内でのアレルの種類や数の幅、その程度。②ゲノム間での配列の違いの程度。指標として塩基多様度など。	遺伝的多様性 ※variationもdiversityも同じものとして扱われる
遺伝型	genotype	個体が持っているゲノム配列の総称。特定のゲノムサイトにおける個体のもつアレルの組み合わせのこと。	遺伝型
表現型	phenotype	個体が持っている形質・性質。	表現型
表現型変異	phenotypic variation	個体間で個体の性質（表現型）が異なっていること。	表現型多様性
突然変異	mutation	DNAが複製されるとき、複製ミスや損傷などによってDNAの配列が変異すること。	変異
遺伝子	gene	遺伝子の定義は第2章第3節参照。	遺伝子
ゲノム	genome	ある生物が持つDNAの塩基配列に表された遺伝情報のすべて。	ゲノム
適応度	fitness	個体あるいは遺伝型が一生に残す子どもの数の期待値（繁殖まで生き残る確率×生き残ったときに得られる子どもの数）世代が重なるような生物では、もっと複雑に定義される。また、遺伝子あるいはアレルの適応度の定義とは異なる。	—

図表1-1　本書でよく使われる用語の意味

2017年に遺伝学で使われている用語が一部改訂された。その改訂のいくつかは進化学で使うには違和感があり、本書ではそれに従っていない。

の意味については第2章第3節で触れる）。

ゲノムのもつ遺伝情報はＤＮＡの塩基配列によって構成されている。塩基配列とはＧ（グアニン）、Ｃ（シトシン）、Ｔ（チミン）、Ａ（アデニン）の４種類の塩基の連なりのことだ。

ＤＮＡの塩基が連なった鎖は、ヒストンというタンパク質に巻きついて、染色体を構成している（図表１‐２）。ヒトは、通常22対の常染色体と呼ばれる44個の染色体と１対の性染色体（ＸＸかＸＹ）をもっている。これは父親と母親からそれぞれ23本の染色体が引き継がれるためで、１人のヒトは２組のゲノム情報をもっていることになる。

ヒトのゲノム配列のすべては２０２３年に決定された。それによると、１組のゲノムに含まれるＤＮＡ配列数は30億５４８１万５４７２塩基（22本の常染色体とＸ染色体[11]、それとは別にＹ染色体は６２４６万29塩基[12]）であった。もっとも、これはある１つのゲノムＤＮＡ配列が決定されたときの値で、ＤＮＡ配列の塩基数は個人によって異なっている。また、真核生物の細胞にはミトコンドリアというエネルギーを作る小器官が存在しているが、これらも約１万６０００塩基（１つの決定された配列は1万６５６９塩基あった[11]）からなる独自のＤＮＡをもっており、これをゲノムとして含める場合もある。

ここで、日本人の集団を想定してみよう。現在約１億２０００万人の人が日本に暮らして

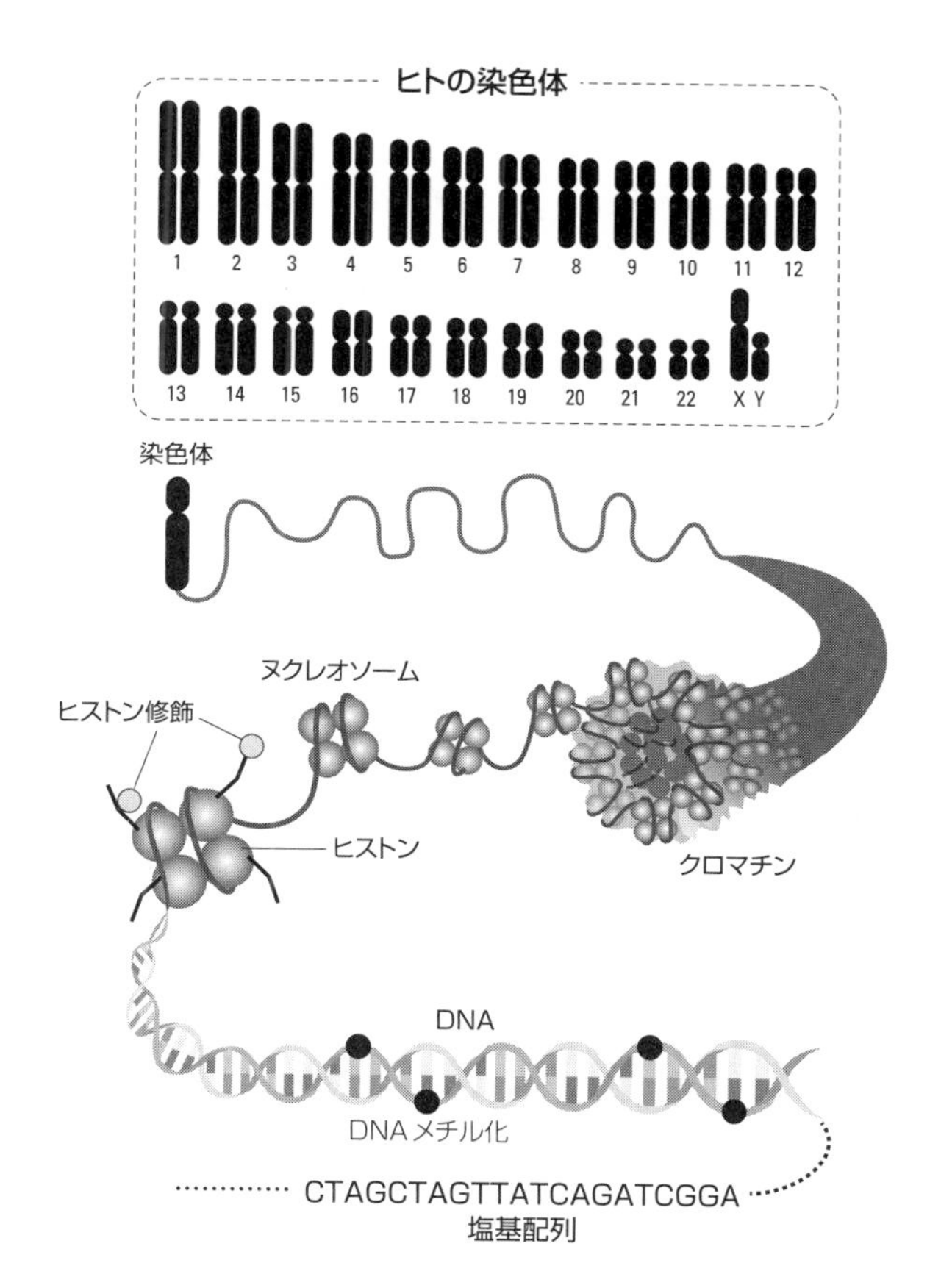

図表1-2　ヒトにおけるゲノムの組成

DNA配列が連なる鎖は、ヒストンというタンパク質に巻きつき、折りたたまれて染色体を構成している。1人のヒトは通常、父親から23本（1つはXかY性染色体）と母親から23本の染色体を引き継ぎ、2組の染色体セットをもつ。この1組の染色体に含まれるDNA配列すべてをゲノムと呼ぶ。さらに、細胞の核に存在する染色体以外にミトコンドリアもゲノムをもつが、これも含めてヒトゲノムともいう。

いるとする。1人の人は、父親と母親からそれぞれ引き継いだゲノムをもつので、1人あたり2つのゲノムをもつことになる。1億2000万人のヒトがもっているゲノムのDNAの塩基配列は、30億×2×1億2000万人として、合計7・2×10の17乗ほど日本人集団に存在することになる。

ゲノム上には様々な種類の突然変異が生じ、配列が変化する。配列が変化することによって、ゲノム間、個体間で遺伝的変異が生じる（図表1－3）。このような変異の種類のうち、最もよくある変異が、DNA配列の1塩基だけがゲノム間で違っている一塩基変異（SNV）である。図表1－3で説明すると、ゲノムのある位置（変異サイト）では、塩基がAのこともあればGのこともある。これが一塩基変異だ。

これを実際のヒトで見てみよう。あなたのゲノム配列と、すでに配列が決定された基準となる配列を比べてみると、約30億塩基のうち、おそらく300万～400万箇所（ゲノム上の0・1％）ほど一塩基変異がある。[13] また世界中の約2500人の間で比べた研究では、ゲノム上の約2・8％、約8500万箇所で一塩基変異が見つかっている（性染色体に含まれるゲノムは除外してある）。[13] さらに多くの人（イギリス人15万人）のゲノム配列を比べてみると、約6億近くの一塩基変異が見られた。つまり、ゲノム上の約20％は個人あるいはゲノム間で

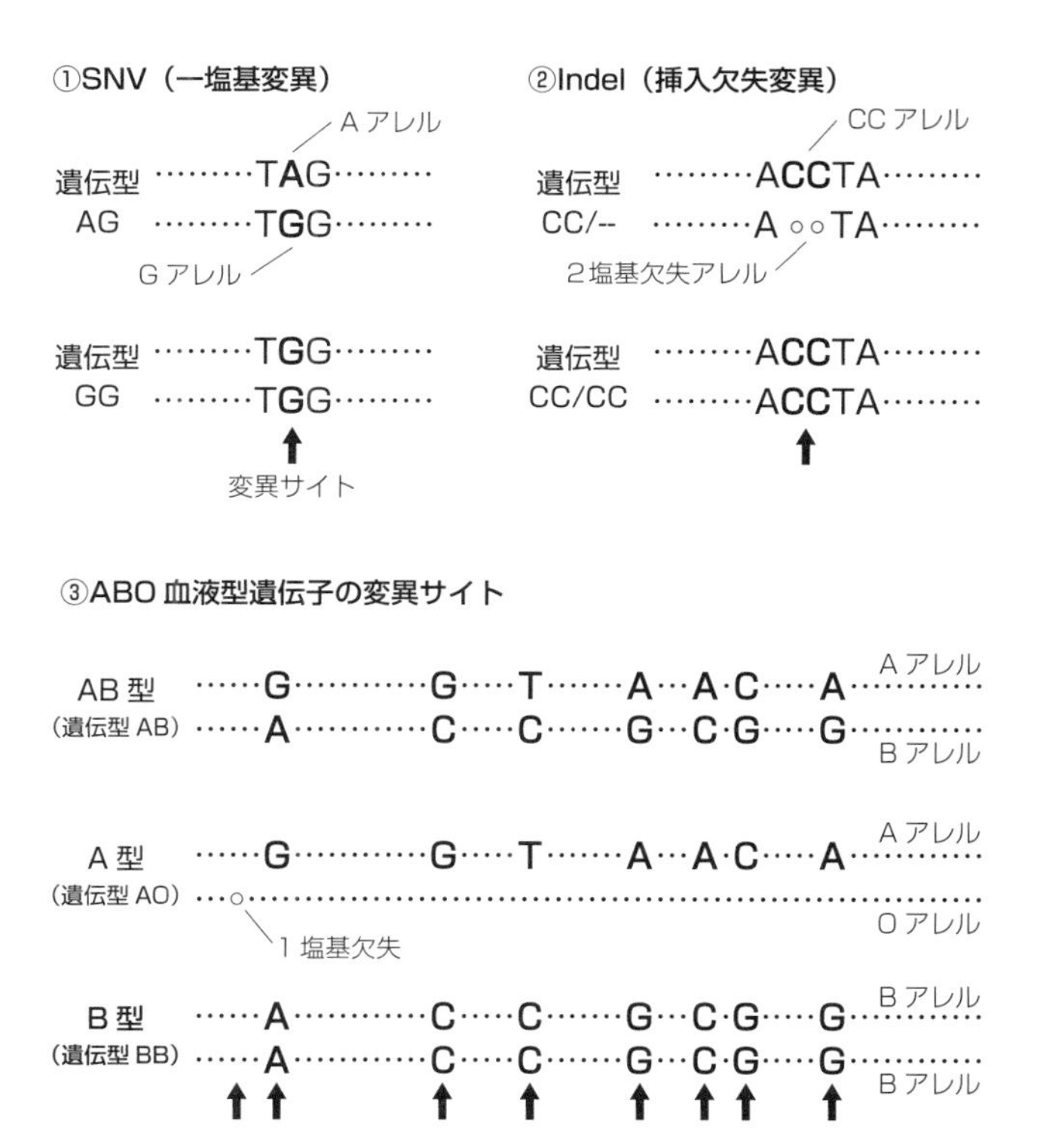

図表1-3　アレルとは何か

①ゲノム間で1箇所にDNA塩基がAあるいはGという違いが見られる。これを一塩基変異（SNV）と呼ぶ。このときAの塩基をAアレル、Gの塩基をGアレルという。②CCという2つの塩基が挿入されているゲノムと欠失しているゲノムの変異がみられる。これをIndel（挿入欠失）変異という。③ABO血液型遺伝子の変異。赤血球表面の糖の構成に影響する酵素をコードしているDNA配列が影響している。この遺伝子を構成している一連のDNA配列がアレル（対立遺伝子）であり、Aアレル、Oアレル、Bアレルの変異が存在。異なるアレル間では、その配列の違いよって翻訳される酵素の働きに違いをもたらす。

異なっているのである。[14] もっともそれらの一塩基変異の多くは、稀なほうのアレル（図表1-3の①ではA）が、何万人も調べて1～2人しか見つからないという変異のようだ。

ゲノム上で生じる変異としては、このような一塩基変異だけでなく、少数の塩基が欠失したり挿入したりする挿入欠失変異（Indel 変異）など、図表1-4で示すように様々な種類がある。挿入欠失変異で見てみると、2500人のゲノム間では、3600万箇所で変異が見つかっている。[13]

アレルの変異と集団内での頻度

次に、アレルとは何か、そして、アレルの集団内での頻度とは何かについて見てみよう。たとえば、ゲノム上にある特定の箇所の塩基が、Gの場合とAの場合があるとしよう。このときGあるいはAをアレルと呼び、1人の人は2つのアレル（父親と母親から引き継いだそれぞれのアレル）の組み合わせでGG、GA、AAのいずれかをもつことになる。これを遺伝型という（図表1-3の①）。

ここで、約3000年前の日本の人口が100万人と仮定し、GG、GA、AAのそれぞれの遺伝型をもっている人が、45万5000人（45・5％）、43万9000人（43・9％）、

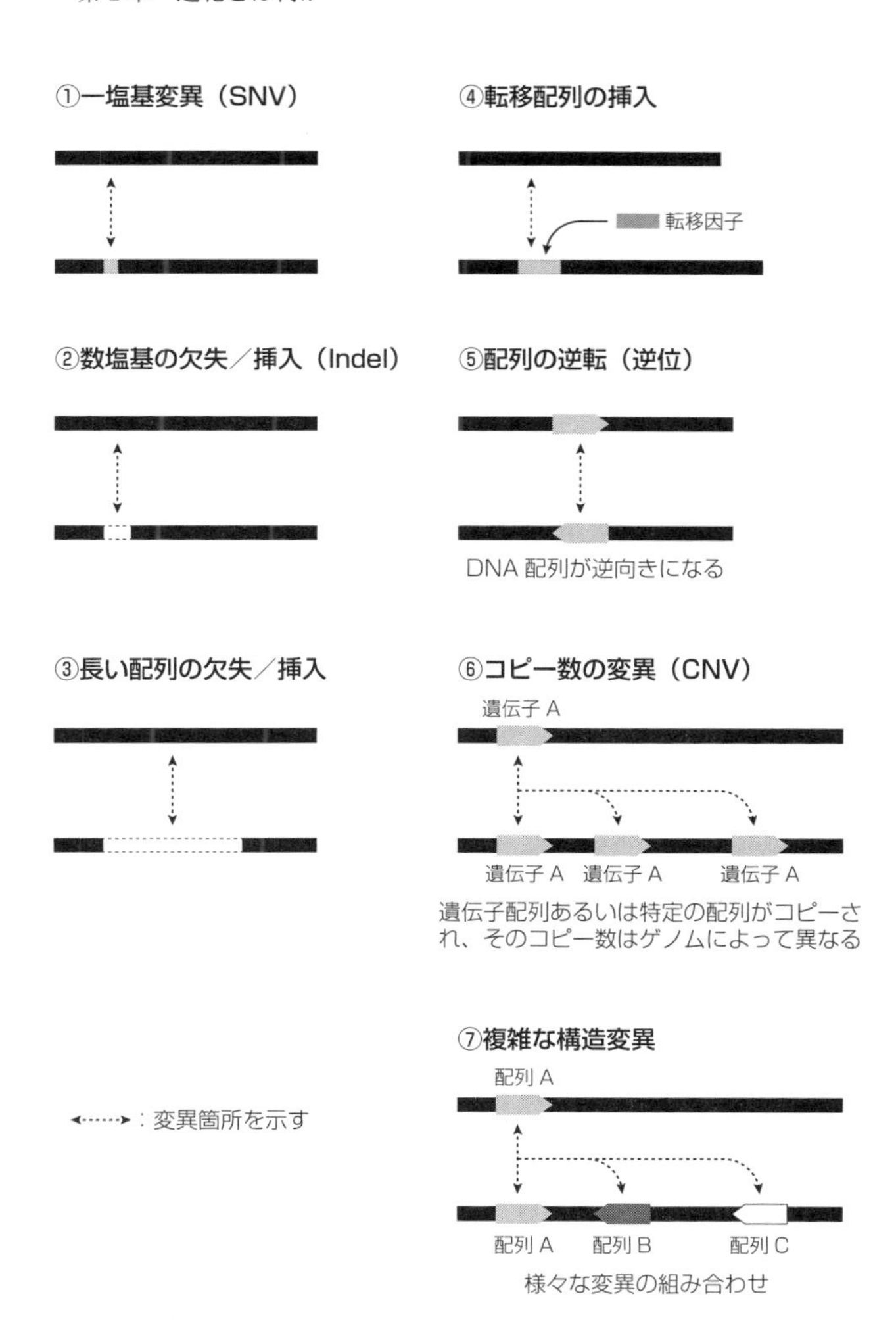

図表 1-4　DNA 配列に起こる様々な変異

10万6000人（10・6％）だったとする。その場合、100万人あたりのGアレルの頻度は約0・675（67・5％）、Aアレルの頻度は0・325（32・5％）となる。これが集団中のアレル頻度だ。

同様に現代の日本人を約1億2000万人とし、GG、GA、AAのそれぞれの遺伝型をもつ人が3840万人（32％）、5880万人（49％）、2280万人（19％）だったとしよう。Gの頻度は約0・565、Aの頻度は0・435となり、3000年前よりもAアレルの頻度が上昇していることになる。親から子どもへ伝わるまでの1世代が約30年とすると、約100世代でAアレルの頻度は0・11増加したということだ。これが進化である。ゲノム上の遺伝的変異を構成するアレルの頻度が、世代を経て変化していくことで進化は生じるのだ。

ゲノム上の配列のなかには、RNAを介してタンパク質が作られるコード領域が含まれている。ヒトのゲノム上には、約2万のコード領域（これを遺伝子と呼ぶことも多い）が存在している。[11]このような領域は30億塩基の1〜2％にすぎない。残りの部分は、タンパク質の設計図である遺伝子の働きを調節したりする部位も含まれるが、多くは生物にとって機能しているかどうか不明な領域であると考えられている（これについては、第3章第2節で解説する）。

ヒトの第12番染色体のゲノムに位置しているGとAの一塩基変異は、アセトアルデヒド分解酵素を作るコード領域（*ALDH2*）のなかにある。アセトアルデヒドは、お酒を飲むとアルコールが分解されてできる有毒物質だ。遺伝型がＧＧの人はアセトアルデヒドをよく分解できてお酒に強く（活性型）、ＡＡの人は全くお酒が飲めず（不活性型）、ＡＧの人はお酒は飲めるが顔が赤くなったりする（低活性型）。このように遺伝型が、個人の性質（この場合は、お酒を飲んだときの反応）に影響する場合は、遺伝型の進化に伴って個体の性質も進化することになる。ちなみに遺伝型に対応する性質は表現型（この場合、活性型、不活性型、低活性型）と呼ばれる。

ここまで一塩基変異を構成するある１つの塩基を、たとえばＡアレルやＧアレルと呼んだ。一方で、複数の連なった塩基配列もアレルと呼ばれる（図表１‐３の③）。たとえば、タンパク質をコードしている一連のＤＮＡ配列にゲノム間で違いが見られる場合、それぞれ異なる一連のＤＮＡ配列もアレルという。当初、アレルという用語が対立遺伝子と訳されていたように、もともとは、ゲノム上の同じ位置にあり、対になっているそれぞれの遺伝子に対してアレルと呼んでいた。

ＡＢＯ血液型遺伝子の例で見てみよう。Ａ型、Ｂ型、Ｏ型、ＡＢ型の違いは、赤血球表面に突き出している糖の構成の違いを反映している。この血液型の違いを決めるのは、ＡＢＯ

血液型遺伝子の3つのアレル（A、B、O）である。AAあるいはAOという遺伝型ならA型、BBあるいはBOという遺伝型ならB型、OOならO型、ABならAB型という具合である（図表1－3の③、37ページ）。この血液型という表現型を決定するAアレルとBアレルの間では数箇所の変異サイトがあり、そのうち2箇所がとくに表現型の違いを作るのに重要であるとされる。[15]また、Oアレルは、1箇所に1塩基が欠失する変異サイトがあり、これが原因で遺伝子が働かなくなるように変化している。このようにA、B、Oアレルは遺伝子を構成する一連のDNA配列に、それぞれの間で数箇所のDNA塩基の違いがある。一連のDNA配列は、父親や母親から別々に引き継がれ、遺伝型として組み合わさる。本書でも、1塩基の違いの一塩基変異のアレルから、遺伝子を構成するような一連のDNA配列まで含めて、アレルと表記する。

「アレル」という言葉を本書で主に用いるのは、タンパク質に翻訳されるDNA配列が集団中で頻度を変化させることだけが進化ではないからだ。タンパク質の翻訳を調節する配列、何の役割も果たしていない配列、さらにはゲノムをもっている生物個体とは関係なく機能している配列などの進化も重要なのだ。どのように重要なのかは、本書を読み進めてもらうと分かる。また「遺伝子」という言葉も、実は分かりづらい用語である。この遺伝子の定義については第2章第3節で述べたい。

自然選択による適応進化

進化の定義として「環境に、より適合したものになる」「その環境において、効率のよい方が生き残れる」とするものがあった。これはおそらく、「適応的な性質」が生じることを進化と定義したのだろう。適応的な性質が自然選択によって進化する。読者の皆さんもこうした話を一度は聞いたことがあるかもしれないが、それは進化的帰結の一部でしかない。

まず、適応進化の一例を見てみよう。

工業暗化という現象は「適応進化」の実証例として有名である。19世紀後半イギリスのマンチェスターにおいて、もともと淡色の翅(はね)をもつオオシモフリエダシャクというガに暗色の翅をした個体が出現し、急速に集団中にその割合を増加させていった（図表１‐５）。

マンチェスターでは、産業革命により19世紀初頭からしだいに石炭が使われるようになり、大気汚染が問題になっていた。１８４８年には暗色の翅をもつガの記録がある。この頃は、まだ珍しい個体であったと考えられている。その後、暗色の翅をもつガの頻度は急激に増加し、１９００年頃にはほとんどが暗色の翅で占められた。のちに大気汚染が緩和されていく

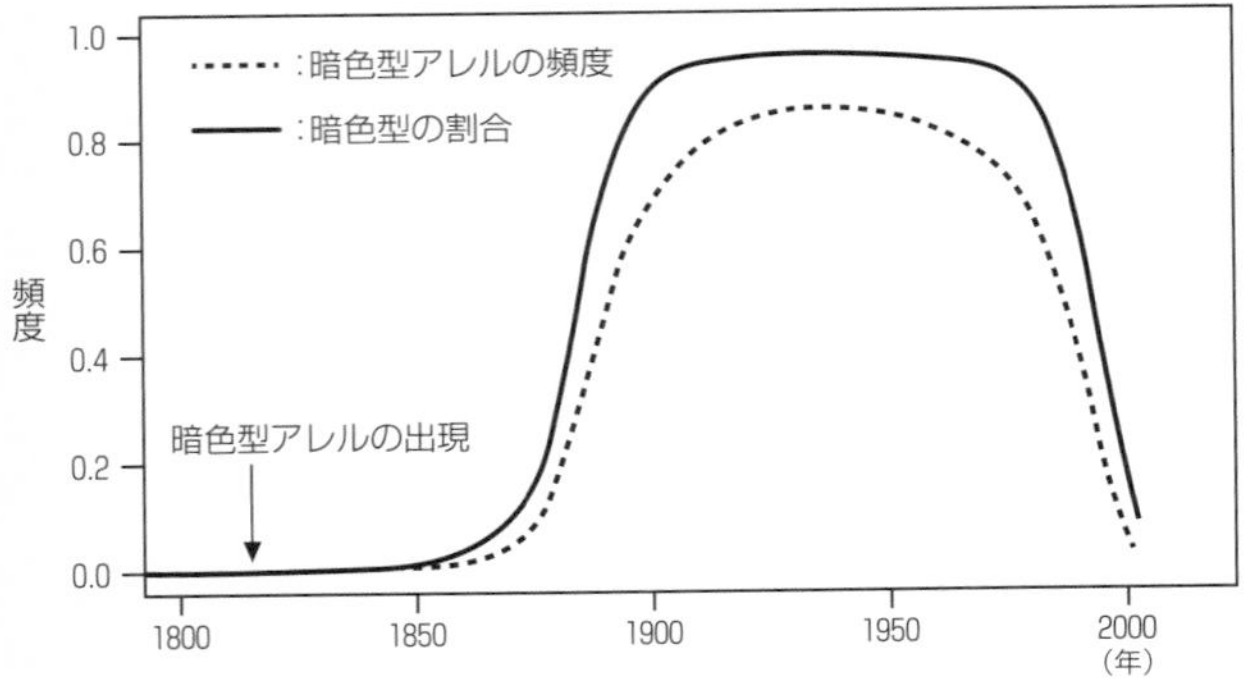

図表1-5　オオシモフリエダシャクの暗色型翅と暗色型アレル頻度の推移

出典）文献16のExtended Data Figure 4 をもとに作成。
右写真："Biston.betularia" Chiswick Chap 2006 / Licenced under CC BY-SA 2.5 (https://commons.wikimedia.org/wiki/File:Biston.betularia.7200. jpg？ uselang=ja)
左写真："Biston.betularia.f.carbonaria"Chiswick Chap 2006 / Licenced under CC BY-SA 2.5 (https://commons.wikimedia.org/wiki/File:Biston.betularia.f.carbonaria.7209.jpg)

と、１９７０年頃から暗色型の頻度が減少し、現在では淡色型のガがほとんどを占め、産業中心地では暗色のガの割合が約99％から5％未満に減少した[16]（図表１‐５）。

もともと地衣類が着生して白っぽくなった樹木の幹では、淡色の翅をもつ個体は捕食者に見つかりづらかった。しかし、地衣類は大気汚染に弱く、死滅すると黒ずんだ樹皮がむき出しになってしまう。そのため、暗色の翅をもつ個体が生存上有利になり、その頻度を増加させていったと考えられている。

この翅色の進化は、遺伝子レベルでも詳細に研究がされている[16]。その研究によると、*cortex* という遺伝子に突然変異が生じたことで、暗色翅のガが生まれたようだ。*cortex* はチョウの色素沈着や鱗粉の発生速度を制御する遺伝子である。そして突然変異は、*cortex* 遺伝子を構成するＤＮＡ配列のなかに、約２２００塩基のＤＮＡが挿入されたために生じた。この塩基配列は転移因子（トランスポゾン）と呼ばれ、ゲノムのある領域から別の領域に移動することができる配列である（転移因子については、第3章第2節参照）。また、ゲノム配列の解析による突然変異の出現時期の推定では、１８１９年という値も得られた[16]（図表１‐５）。これは、マンチェスターで最初の暗色個体の記録がある１８４８年と整合性もとれている。

この実例では、突然変異によってゲノム上の配列の違いが生まれ、新たなアレル（トランスポゾンが挿入された *cortex* 遺伝子の配列）が個体に生じ、個体の表現型が暗色翅に変化した。その暗色型アレルはしだいに頻度を増加させ、集団中に占めるようになった。しかし、1970年以降、大気汚染が改善されたことと相関するように、このアレル頻度は減少した。暗色型個体の野外における観察頻度から、暗色型アレルの頻度変化が推定されている。その頻度変化は図表1‐5（44ページ）に示した通りだ。このアレル頻度の変化により暗色の翅をもつガの頻度は増加し、その後、減少したことになる。このアレル頻度の増加と減少は、大気汚染の程度と一致しているようにみえる。

それでは、こうしたアレルの頻度増加は何が原因で起きたのだろうか。暗色翅アレルをもった個体は、白っぽくなった樹木の幹に止まるとよく目立ち、鳥などに捕食されやすくなる。逆に黒ずんだ幹では、捕食されにくくなる。[17] この捕食されやすさが原因で、白い樹木では淡色翅の個体が暗色翅の個体に比べて平均的により多くの子どもを残し、黒ずんだ幹では暗色翅の個体がより多くの子どもを残す。その結果、アレル頻度が増減する。個体が生まれてから一生に残す子どもの数は「適応度」（繁殖まで生き残る確率×生き残ったときに得られる子どもの数、図表1‐1、33ページ）と呼ばれるが、実際に1970年以降では、暗色翅の個体の平均適応度が淡色翅の個体に比べて、5〜20％も低かったことが推定されている。[17]

オオシモフリエダシャクの翅色の進化は、周りの環境（白い樹皮か黒い樹皮か）に対してより適応度の高い遺伝型が増加することで生じた。これが、正の自然選択による適応進化である。ここで「正」とは、大気汚染が進んだ環境では、暗色型が淡色型に比べて適応度が高いために、暗色型の頻度が増える方向に働いたことを意味する。それに対して「負」の自然選択とは、頻度を減少させるような選択のことである。大気汚染の環境で、淡色型が暗色型に比べ適応度が低いために頻度が減っていくのは負の自然選択である。つまり、オオシモフリエダシャクの翅色の進化の場合、暗色型の頻度が増えると必然的に淡色型の頻度は減るので、どちらに注目するかで「正」か「負」かが決まる。補足しておくと、本書でものちに使われる「有害なアレル」という言葉は、突然変異で生じた新しいアレルが、以前から存在したアレルに比べて個体の適応度を下げるような有害な効果をもっていることを指すが、このとき、自然選択はそのアレルを集団中から除去したり、頻度を減少させるように働く。つまり、負の自然選択である。

前に述べたダーウィンフィンチの嘴の高さの進化も思い出してほしい。これも適応進化の例だ。干ばつや大雨といった環境変化によって、自然選択を受けて嘴の高さが進化していることが示されている。では、この嘴の進化の場合はどのようなアレルの頻度変化が関係しているのだろうか？　１９８８～２０１２年まで、毎年採集された血液から約１９００個体のゲノム配列を調べたところ、主に、６つの変異箇所において、それぞれのアレルが頻度を増加させたり、減少させたりすることで、嘴の高さが進化していることが示された。[18]このアレルは比較的長いＤＮＡ配列で、その中に複数の遺伝子（コード領域）が含まれ、一緒に遺伝するらしい（このような領域を超遺伝子と呼ぶ）。嘴の高さといった連続的に変化する性質は、嘴を高くしたり低くしたりする複数の変異箇所をもつアレルが影響していることが分かる。

適応というやっかいな用語

正の自然選択によって進化することを適応進化と呼んだ。ここからは、進化学における「適応」という用語について考えてみよう。

適応とは、「その特性をもつ生物の生存や繁殖を、ほかの特性状態に比べて向上させる特性のこと」である[8]（この定義を以下では適応Ａと呼ぶ）。また、「自然選択によって進化した生物の特性」と定義される場合（適応Ｂ）と「自然選択によって、生存や繁殖に影響を与えるような特徴が進化する過程」として定義される場合（適応Ｃ）もある。[8]

そして、この適応という用語の使い方はやっかいである。ヒトの乳糖分解酵素（ラクターゼ）の進化の例で見てみよう。

通常、ミルクに含まれる乳糖は、赤ちゃんは消化できるが、成長すると消化できなくなる。しかし、ヒトが牧畜を開始し、牛やヤギの乳を飲むようになって、ヨーロッパでは、大人になっても乳糖を分解可能なラクターゼ遺伝子（＝持続性アレル）が自然選択により、進化したことはよく知られている。ただ、誰しもミルクを当たり前に飲むようになった現代の環境で、これを適応と呼べるのだろうか。もう少し詳しく説明しよう。

ヒトがミルクを消費し始めたのは、紀元前７０００年紀のアナトリア（現在のトルコ共和国のアジア域）であるといわれている。古代の人の骨（歯）から抽出したゲノム配列を使って、持続性アレルの頻度を調べたところ、イギリスでは、３０００年前頃から持続性アレルが出現し、２０００年前頃に急速に自然選択によって増加したことが示された[19]。また、ヨーロッパの鉄器時代（約２０００年前）には、人口が増加して農畜産物に依存するようになり、気候変動による不作で飢餓（きが）の影響が大きくなったり、感染症のリスクが増大したりして、持続性アレルをもっているかどうかが生存に影響した可能性も指摘された。

ただ、現在のイギリス人を対象に、持続性アレルをもつ人とそうでない人とを比べたところ、死亡率には差がないことが示された。持続性アレルをもたない人は牛乳を飲んだあと、腹部膨満感、痙攣、下痢などの軽度から重度の症状を経験することがあるが、大量に牛乳を飲まない限り、生存に影響するほどではないという結果だ。つまり、持続性アレルをもっているかどうかは、現代のイギリスでは生存率に差はなく、自然選択は働いていない。

次は、ニュージーランドに生息する土着のオウムであるケア（*Nestor notabilis*）という鳥の例を見てみよう。この鳥の嘴は長く鋭く、ある種類の種子を割るのに適している。ニュージーランドに家畜化された羊がもち込まれたとき、このオウムはこの嘴を使い、羊の皮膚を突き破って脂肪を食べるようになった。[8] このケースでは、ケアの嘴の形は現在、ニュージーランドで生存率を向上させている。しかし、この嘴が進化したのは、種子を割るという性質に自然選択が働いた可能性が高い。

この持続性乳糖分解という性質と脂肪を食べる鳥の嘴という形態は「適応」といえるだろうか。持続性乳糖分解という性質は、現在のイギリスでは生存率を向上させていないので、適応（適応A）とはいえないが、過去の自然選択によって進化した性質という意味では、適応（適応B）といえる。嘴の形態は、現在のニュージーランドでは適応Aといえるが、それが進化した理由は、別の性質での自然選択によるので適応Bとはいえない。

ここで、「適応」の定義についての問題を取り上げたのは、定義の不確かな使い方を指摘したいからではない。生物において「生存や繁殖を向上させる性質」と「自然選択による進化」との複雑な関係を理解してほしいためだ。自然選択によって進化した性質は、私たちが観察できる状況で、必ずしも生存や繁殖を向上させているわけではないかもしれないし、現在、生存や繁殖を向上させている性質は、その性質が生存や繁殖を向上させていることとは別の要因によって集団中で頻度を増加させて、進化したかもしれないのである（適応の概念の問題について、詳しくは筆者の note 記事「進化における『適応』という言葉をめぐって」を参照）。

1-2 有害な進化も起こりうる

ランダムに選ばれることによる進化

ここからは、もう一度GアレルとAアレルの変異をもつ一塩基変異サイトを例に見ていこう。個体はGG、GA、AAの遺伝型のどれかをもつ（図表1-3参照、37ページ）。そして、GGとGAの遺伝型の個体はAA型の個体よりも、平均して1・2倍の子どもを残すとしよう。そうすると、しだいにGアレルの頻度は集団中で増加していく。つまり、個体（遺伝型）間で適応度（個体が一生に残す子どもの数）の差があると、適応度の高い個体のアレルが頻度を増加させる。これが自然選択である。

それでは、GG、GA、AAという遺伝型の違いが個体の生存や繁殖に影響しない場合を考えてみよう。平均適応度（同じ遺伝型をもつ個体の適応度の平均）に差がない場合である。

まずはGGが2個体、GAが6個体、AAが2個体からなる10個体の集団を想定する。集団中には、20のアレルが存在することになり、Gアレル、Aアレルともに10個で、その頻度は10÷20＝0・5である。ここで、20個のアレルから、ランダムに選ばれたアレルが複製されて、次世代の子どもに伝えられる。この状況を想定してシミュレーションしてみよう。

最初に、この20個のアレルから2つのアレルをランダムに選ぶ（ここでは、単純化のために、同じアレルが2回選ばれることも可とする）。これで1個体目の子どもの遺伝型が決定する。たとえば、最初がAアレルで次がGアレルだとすると、子どもの遺伝型はAGとなる。このようにして、次のような10個体の子どもが生まれた。

［AG］［GG］［GG］［AA］［GA］［GG］［AG］［AA］［GG］［AG］

Gの数を数えてみると12個、Aは8個なので、Gの頻度は親世代から子世代で0・5から0・6に上昇したことになる。この頻度の変化は、ランダムにアレルを選んで、子どもに引き継いだことの結果である。ちなみに、20個のアレルの場合、次の世代に0・5から0・6に頻度が変化する確率は約0・120（100回中12回）である。0・5から0・5へと頻度が変化しない確率も0・176（100回中17・6回）にすぎない。これは、20回コインを投げてちょうど10回表が出る確率と同じである。

子ども世代のGアレルの頻度は0・6だったので、その次の世代は、Gアレルが12個、Aアレルが8個のなかから、ランダムに10個のアレルを選ぶことになる。この場合、Gアレルのほうが選ばれやすくなるが、Aアレルが増える場合もある。

これを100世代まで繰り返したのが図表1‐6である。ここで見たように、ランダムにアレルが次世代に選ばれることで、アレルの頻度が変化することを遺伝的浮動という。図表1‐6の結果を見てみると、遺伝的浮動によって起こるアレル頻度の変化は、10個体の場合、60世代までには必ず全個体がGアレルだけになるか、Aアレルだけになるかのどちらかになっている（Gアレル頻度が1になった場合、Gアレルで固定したという）。個体数が増加すると、

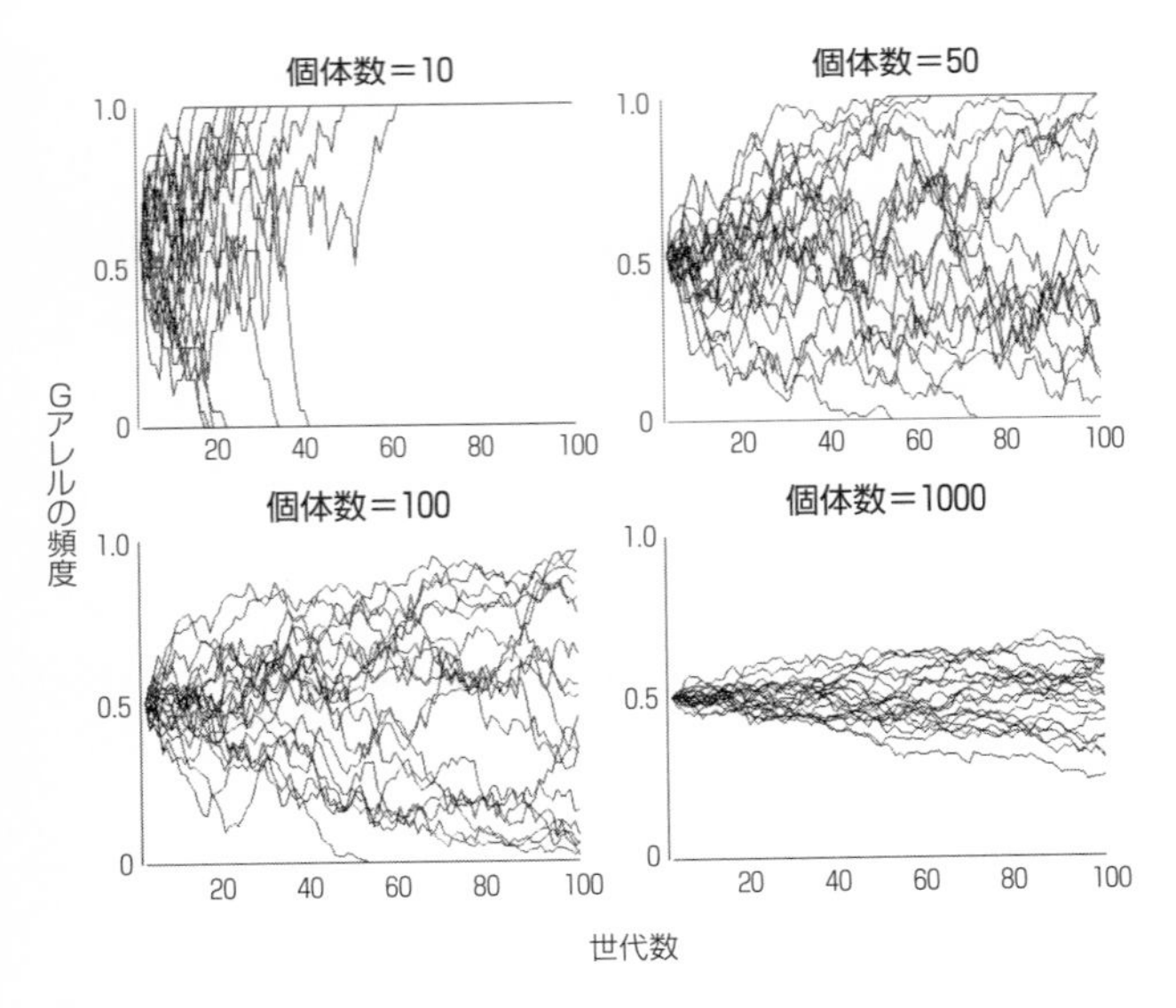

図表1-6　遺伝的浮動によるGアレルの頻度変化

同じ条件で20回繰り返した結果。Gアレルの初期頻度は0.5とした。１つの折れ線は１回の試行での頻度変化を示しているが、20回それぞれ違う頻度変化をしていることが分かる。

頻度が1世代で変化する程度は小さくなるが、それでも結局は、Gアレル頻度が増えるか、Aアレルが増えるかのどちらかである。図表1-6の1000個体の場合は、100世代ではまだ固定されていないが、世代を重ねればいつかは固定される。これは、個体数がどれだけ多くても、無限でない限り同様の結果になる。

先述の例では、最初のGの頻度を0・5から始めた。では、すべてAアレルで固定している10個体の集団で、1つのAアレルからGアレルが突然変異で生じた状況ではどうなるだろうか。集団中には20個のアレルがあり、19個がAアレルで1個がGアレルとなる。このとき、20個のアレルのどれか1つが遺伝的浮動によって頻度を増加させ、固定されると予想できるだろう。つまり、新たに生じたGアレルが将来固定する確率は20分の1であり、絶対に固定されないということはないのである。

そして、このような遺伝的浮動は、進化においてアレル頻度変化の強力な要因となる。

遺伝的浮動によるゲノム配列の置き換わり

直前の例では、ゲノム上の変異サイト（一塩基変異サイト）がGアレルでもAアレルであっても、生物個体の生存や繁殖の違いを引き起こさなかった。このような変異は中立変異と呼ばれ、中立なアレルの頻度は遺伝的浮動の効果によって変動し、進化する。

　ここで、ある生物集団において全個体でゲノム上のとある配列が…AGCTCGCATAG…だったとしよう（祖先集団、図表1-7）。ここで、左から2番目のGのサイトに1個体だけG→Cの突然変異が生じた。このCアレルは、たまたま遺伝的浮動で頻度を増加させることができ、すべての集団がCになり、…A**C**CTCGCATAG…という配列になる。続いて、右から3番目のサイトに1個体T→Gの突然変異が生じ、これも集団中に固定した。とすると…A**C**CTCGCA**G**AG…の配列をもった個体がすべてを占める。このように時間とともに…AGCTCGCATAG…だった配列が…A**C**CTCGCA**G**AG…に進化していく（集団1、図表1-7）。まずはこの状況を想像してほしい。

　では、今度は…AGCTCGCATAG…だった祖先集団が2つに隔離され、遺伝子の交流が途絶えたとしよう。そして、一方の集団1は…AGCTCGCATAG…だった配列が遺伝的浮動による置き換わりによって…A**C**CTCGCA**G**AG…になったのに対し、もう一方の集団2は…**G**GCTCGCATA**A**…となった。このとき2つの集団の配列の違いは4箇所となる。時間が経つにつれて、この配列の違いはより大きくなっていく（図表1-7）。

　このように、中立なアレルが遺伝的浮動によって集団中に固定し、DNA配列の塩基が置

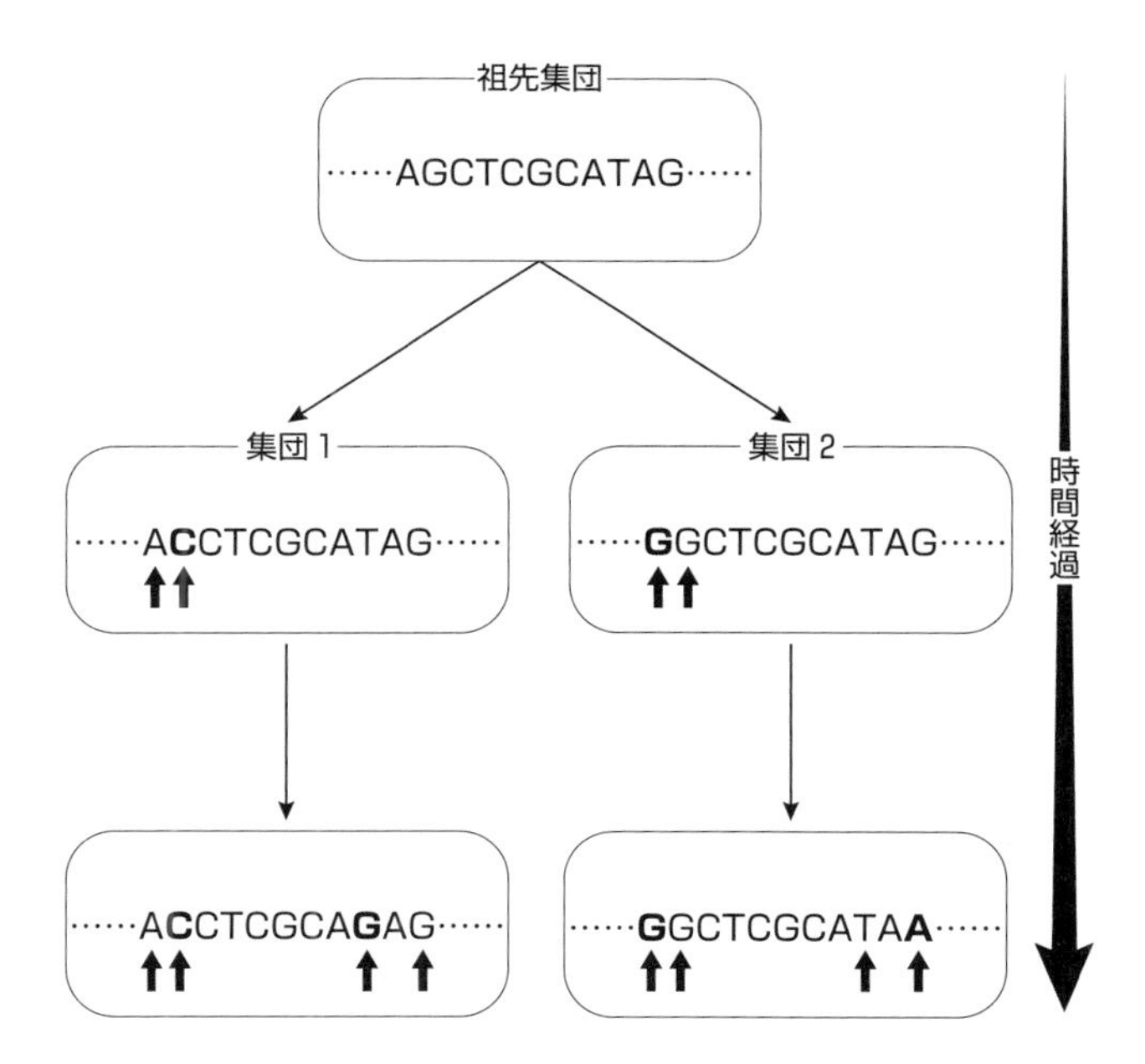

図表１-７　遺伝的浮動によるDNA 配列の分化

図表はもともと１つだった集団が２つの集団に隔離され、集団の個体のもつDNA配列が遺伝的浮動で進化していく状況を表している。DNA配列は、集団が分岐してから、時間とともに塩基配列が変化し、２つの集団の間でのDNA配列の違いは増加していく。矢印は２つの集団で塩基配列が異なる箇所を示す。

き換わっていくことでも、ゲノム上の配列は進化していく。異なる隔離された集団では別々の突然変異が生じるため、しだいに異なるゲノム配列をもつ集団へと分化していくのだ。このような進化を中立進化と呼ぶ。この配列の置き換わりの速度、つまり進化の速度は、突然変異率に依存して一定であるというのが国立遺伝学研究所の故木村資生氏による中立説だ。もし、新たに突然変異で生じたアレルが、以前から集団中に存在していたアレルよりも個体の適応度を増加させる場合は、中立な進化よりも早く塩基が変化していくと予想される。

同じ機能をもつタンパク質のアミノ酸配列の違いは、大部分は中立進化によるものと考えられている。たとえば、ヘモグロビンは、酸素を運ぶという役割があるが、生物によってこのヘモグロビンのアミノ酸配列が異なっている。

ヒトのゲノム配列のうち、タンパク質に翻訳される領域は1～2%にすぎない。そのほかの領域は遺伝子の発現を調節したりする領域を除いて、約90%近くは機能をもっていないか、どんな機能をもっているか分からないジャンク（がらくた）領域だといわれてきた（近年ではゲノム領域のほとんどは何らかの機能をもつとする主張もあるが、反論もある。この点については第3章第2節で解説したい）。また、ヒトのゲノムの約半分は、工業暗化のところでも紹介した遺伝子に挿入された配列のように、ゲノム上で配列を移動できる転移因子か、転移したあとの残骸であることが分かっている。木村氏の分子進化の中立説では、ゲノム領域の多くは中立進化していると推定している。しかし、具体的にゲノム配列のどの程度が中立進化しているのかについては不明な点もある。

有害なアレルの進化

適応進化は、生物の生存や繁殖を向上させるアレルが増加していくことであり、中立進化は、生存や繁殖に関係なく進化することである。それでは、生存や繁殖を低下させるような進化は起きるだろうか。

再度、ＧアレルとＡアレルが10個ずつ計20個ある場合を考えてみよう。前回は、ＧアレルとＡアレルが同数存在すれば、選ばれる確率が同じだとした。ここでは、ＧアレルとＡアレルが同数あったとしても、ＡアレルはＧアレルに比べて選ばれる確率が20％低い状況を想定する。これはＧアレルをもつ個体のほうがＡアレルをもつ個体に比べて、生存率や繁殖に有利であるということだが、逆に、ＡアレルはＧアレルに比べて不利あるいは有害ということにもなる。有害なアレルとは、一般的に集団内でもとからいた個体に比べてそのアレルをもつことで個体の適応度が低下するような場合をいう。

しかし、Aアレルは G アレルに比べて選ばれにくいにもかかわらず、20回繰り返してAアレルのほうが多く選ばれる（すなわち20回中11回以上）確率は0・233である。10回繰り返してAアレルのほうが多く選ばれる（すなわち10回中6回以上）確率も0・250である。つまり約4分の1の確率で有害にもかかわらず、Aアレルのほうが次世代では頻度が増えたことになるのだ。

つまり、自然選択によってAアレルの頻度が減少する力とAアレルが遺伝的浮動によって増加する力は同時に働くのだ。個体数が少ないほど、またAアレルの有害の程度が小さいときに、Aアレルの頻度が増加する確率が高まる。

では次に、集団の個体すべてがGアレルをもっている状況を想定しよう（すべての個体の遺伝型がGG）。集団中に突然変異により遺伝型GAが1個体生じる。Aアレルをもっていると20％生存率が低下するので、通常は自然選択によりAアレルは淘汰され、集団から消失する。しかし、先述したように個体数が少ないときは偶然にAアレルが選ばれ、数世代にわたって集団中に存在することになる。実際の生物集団では、20％も生存率を下げるような有害アレルは、最終的には集団から除去されるだろう。しかし、Aアレルによる生存率の低下が1％とか0・1％にすぎないと、個体数が少ない場合は、有害なアレルにもかかわらず、遺伝的浮動によって頻度を増加させ、集団中のすべてがAアレルに固定することもありえるのだ。

アレルの有害の程度が小さいと、そのアレルが集団中に固定しても生物個体や集団にはそれほど影響を与えない。しかし、そのような有害なアレルが、ゲノム中のいたるところで発生し、集団中に増加していけば、有害な効果が積み重なり、集団中のすべての個体の生存率を低下させていく。とくに有害の程度が中程度（たとえば数％）の場合、個体数が少ないと遺伝的浮動によって集団中で頻度を増加させていく可能性がある。さらに、その有害な効果が蓄積することで、集団の個体数を減少させていく効果が働くことも予測されている[20]。

より強い有害な効果をもつアレルに関しては、頻度の増加や固定までにはいたらない。しかし、集団中に頻繁に生じることで、有害なアレルの頻度がある程度増加したり、低い頻度で長期間維持されたりはする。実際に、１つのゲノム上では有害な突然変異は多数生じているし、それが集団の個体で別々に生じているとすると、集団全体では1世代でかなりの数の有害なアレルが生じていることになる。

たとえば、ヒトのゲノム上で、タンパク質に翻訳されるコード領域（遺伝子）で見つかった約50万の一塩基変異サイトの47％では、有害アレルが変異として存在していると推定されている。[21] また、40人の日本人のゲノム配列を調べた研究では、コード領域にある一塩基変異アレルの約６００以上が有害（生存率を０・45％以上下げる）であるにもかかわらず、その集団中での頻度が０・98以上を占めている。[22] 頻度の低いアレル（０・05以下）も含めると、有害なアレルとなる一塩基変異サイトは７０００以上ある。そのなかには、生存率を１％以上低下させるものも少なくない。

ヒトでは、有害なアレルがゲノム上に多数蓄積しており、様々な疾患の原因にもなっている。また、中立説提唱者の木村資生氏が指摘したように、野生生物では自然選択によって淘汰され消失するはずの有害なアレルが、人間では医療の発達によって、有害ではなく中立なアレルとして次世代に伝えられる可能性が高くなっている。そのため、このような有害なアレルは人間集団にしだいに増加していく可能性がある。[23]

１-３　ダーウィン進化論は時代遅れ？

ダーウィンの進化論とは

キリスト教の信者が多いアメリカ合衆国では、ダーウィン進化論を否定する人は多い。１９９０年代以前の日本においては、宗教的理由というよりも、今西進化論（「種」全体が主体的に進化するとした進化思想）やラマルク的な左翼思想の影響もあって、ダーウィン進化論を否定するような本や言説が多く出されていた。現在では、ダーウィン進化論に否定的な本や解説は少ないが、ダーウィンの提唱した進化論が、現代の進化学から見てどれだけ通用するのかを理解している人は少ないだろう。ダーウィンの時代は、遺伝の仕組みも分かっていなかったし、詳しい生物発生の仕組みや様々な生物学の新知見もなかった。現在の生命科学の急激な進展からすると、ダーウィン進化論は時代遅れになっているのではないか、と思う人も少なくないだろう。

「ダーウィン進化論とは何か」という問いに、簡単に答えるのは難しい。その理由は、ダーウィンの著書『種の起源』には様々な内容が盛り込まれていること、現代にいたるまでにつけ加えられた理論を含めてダーウィン進化論と呼ばれていること、また、研究者によっても捉え方が異なるからだ。ただ、著名な進化学者であるエルンスト・マイヤーは、次の５つの重要な要素がダーウィンの進化論の根幹だとした。[24]

① 進化すること

生物の特性が、時間の経過とともに変化するという進化の考えを提唱した。生物が時間とともに変化するという考えは、ダーウィンが最初ではない。前節でも述べたように、ラマルクもしだいに複雑な方向へ変化すると考えた。しかし、のちの生物学に受け入れられる形で進化のアイデアを考えたのはダーウィンであった。

② 共通の祖先と分岐

ダーウィンは、生物は共通の祖先が枝分かれして進化したと考えた。この考えは、当時はかなりラディカルであった。これによると、人間もほかの生物と同じ共通の祖先から進化してきたということになり、人間は神が創ったと信じられていた西欧の社会では受け入れがたかった。

③　漸進性

生物間の違いは、それが大きく異なっているものでも、数多の小さな変化（進化）の積み重ねの結果だとダーウィンは考えた。しかし実際の生物界を見ると、違いが不連続であったり、中間的な形質をもつ生物や中間的な化石が見つかっていないこともある。その原因について、ダーウィンはその中間となるものの絶滅か、化石の不完全さであると考えていた。

④　集団内の個体の変異による進化と種分化

ダーウィンは、次世代に伝えられる性質の割合が、集団内で変化することによって進化は起こると考えた（変異型進化という）。変異型進化の考え方は、ダーウィンのオリジナルアイデアであり、現代の進化学でも進化メカニズムのフレームワークとなっている最も重要なものである。この考え（また漸進進化の考えも）は、種は突然に出現するという当時の考えやラマルクの進化論（種内のすべての個体が変化するようにプログラムされていると考える変形型進化）とは大きく異なっていた。そして、変異型進化の考えによって、種内で生じる進化も種間で生じる進化も同じメカニズムで説明できるようになったのである。

種の間で見られる形態の違いは、もとは同種の別々の集団で、それぞれ違う形をした個体の子孫が少しずつ増えていくことで説明可能である（第4章参照）。この種の分化が生じる場合としては、たとえば、同じ島に住んでいる種が別々の種類に分かれていく場合と、ほかの島に移り住んで別々の種に分かれていく場合とを考えていたようである。

ただ種分化について、マイヤーとダーウィンの考えは違っていたようだ。ダーウィンは、種を便宜的に用いられる単位として考えていたが、マイヤーは種は実在すると考えていた。種分化や種の捉え方については第4章で詳しく述べよう。

⑤ 自然選択

ダーウィンの自然選択説は、要約すると次の4つのプロセスからなる。

（1）同じ種のなかでも個体によって少しずつ違っている（変異の存在）。

（2）生き残れる数より多くの数の子どもが生まれてくる（生物の過剰な繁殖能力）。

（3）どんな生物も子孫を残すために周囲の環境や生物と奮闘する（生存のための奮闘）。

（4）（3）が生じるなかで、生存や繁殖により有利な性質をもつ個体は、その性質をもっているために多くの子孫を残すことができる（有利な変異の保存）。

自然選択もダーウィンの重要なオリジナルの考えであるが、同様の考えがＡ・Ｒ・ウォーレスからも提出されていた。しかし、ウォーレスの自然選択は、ダーウィンとは少し違っていて、個体ではなく品種間や種間にそれが働くと考えていたようである。[25]

このダーウィン進化論の５つの概念は、現代の進化学においても基盤になっているといえる。ただし、③の漸進性については、生物は少しずつ変化するような進化をするのか、それとも一度に大きく変化するような進化も可能なのかについて、今も議論がある。この点については第４章で議論する。

進化の総合説の登場

ダーウィンは、生物の性質がどんな仕組みで次世代に伝わるかは理解していなかった。彼は、親の体の各部に自己増殖性のあるジェミュール（gemmule）という粒子を想定し、それが器官や細胞などの情報を内部に貯め、生殖細胞に集まって、子孫に伝えられると考えた。[26]

この考えでは、異なる性質をもった個体同士が交配し続けていくと、各個体の伝えられる情報はだんだんと薄められることになり（混合遺伝という）、世代を超えて累積的に性質が進化することはできない。またこの考えは、生きていたときに変化した体の情報が、生殖系列に移動して次世代に伝わることを意味し、獲得形質が遺伝することにもなる。

この性質の遺伝について重要な発見をしたのは、グレゴール・ヨハン・メンデルである。彼は、しわのあるエンドウ豆としわのない丸いエンドウ豆を様々な組み合わせで交配し、「しわ」か「丸」かという形質が、どのように遺伝するのかを示した。対立遺伝子（アレル）であるＲアレルとｒアレルを想定し、遺伝型ＲＲまたはＲｒのとき「丸」、遺伝型ｒｒのとき「しわ」になり、遺伝型ＲｒとＲｒを交配させると「丸」と「しわ」が３：１で生じることを明らかにしたのである。これは、遺伝型Ｒｒの個体の胚あるいは花粉はＲアレルかｒアレルを同じ確率でもつので、ランダムに組み合わさるとＲＲ：Ｒｒ：ｒｒが１：２：１で生じると予測できる。メンデルが発見した遺伝の法則によって、生物の個体間の性質の違いは、１つの単位として独立に伝わる遺伝子（アレルあるいは対立遺伝子）によって説明できるようになった。

ところで、メンデルが注目したエンドウ豆の性質の違いを説明する遺伝子とは、実際にはどのようなものだろうか。豆に含まれるデンプンにはアミロースとアミロペクチンがあり、その比率によって豆の粘りや食感が異なる。エンドウ豆の「しわ」か「丸」という表現型の変異に影響するのは、種子でアミロペクチンの合成を担うデンプン分枝酵素をコードする*SbeI*遺伝子である。メンデルは、この遺伝子のアレルの違いがもたらす性質を見つけて、遺伝の仕組みを解明したのだ。[27]

メンデルの重要な発見は、１８６５年に発表されたときには注目されなかったが、１９００年頃になり、ド・フリースやウィリアム・ベイトソンらによって、遺伝の法則を説明する重要な理論として再発見され、注目されるようになった。現在ではメンデルの遺伝法則に合わない遺伝現象が多く知られているとはいえ、メンデルの法則は現代遺伝学の基礎をなし、進化生物学でも基本的概念になっている。

また、ド・フリースによって突然変異の概念も提唱された。もっともド・フリースによる突然変異は、一挙に新しい種を作るものと捉えられていたようである。しかし、のちに突然変異という概念は、現在のものと同様、集団内の個体に遺伝的変化を提供するものとして用いられるようになる。

そして、遺伝子（アレル）による性質の遺伝、突然変異、自然選択という要因が進化に果たしている役割は、正しく認識されるようになる。つまり、集団中のアレルに突然変異が生じ、それが頻度を変化させることで進化が生じるという枠組みである。さらに、エンドウ豆の丸やしわといった違いなど、不連続で区別できる生物の特徴がどのように遺伝するのかだけでなく、体の大きさや肢の長さといった連続的に変化する生物の性質（量的性質）の違いについても、多数の遺伝子（座位）の異なる複数のアレルによるものであることが示された。それによって、連続的に変化する性質の進化も、アレルの頻度変化によって説明することが可能になったのである。

こうした背景のなか、1920〜1930年代にはロナルド・A・フィッシャーやシューアル・ライト、J・B・S・ホールデンらによって集団遺伝学という分野が確立する。集団遺伝学とは、生物の集団がどのようなアレルの種類や頻度で構成されているか、それがどのような要因で維持され、あるいは変化していくのかを探る学問分野である。ここで、進化の要因として、遺伝的浮動や自然選択、突然変異、個体数のほか、集団間の移動（遺伝子流動）や個体の交配様式、組換え（第2章第1節参照）などが考慮され、理論的な解析がなされた。

そして、このようにアレルの集団中での動態が正しく理解されることで、ダーウィンが誤って想定した遺伝のメカニズム（獲得形質の遺伝や混合遺伝など）が正され、近代遺伝学を取り入れた形でダーウィン進化論が新たに修正、確立される。さらに、１９３０～１９４０年代にかけては、集団遺伝学を基盤に、系統分類学や古生物学、生物の地理的な分布を調べる生物地理学、さらに野外の生物を観察する生態学などが取り入れられ、生物のもつ性質の進化を説明しようとした動きも起きた。これが「進化の総合説」と呼ばれるものである。また「ネオ・ダーウィニズム」と呼ぶことも多い。もっとも、厳密に進化についてのどのような理論を「進化の総合説」あるいは「ネオ・ダーウィニズム」と呼ぶのかについては、研究者によって違っていて明確ではない。

現在、「ネオ・ダーウィニズム」という言葉が、現代進化学のなかで用いられることは少なくなってきた。ネオ・ダーウィニズムあるいは総合説は、自然選択万能の立場だとみなされ、そのことに対して批判する人は多い。実際に、１９８０年代には遺伝子や個体に働く自然選択の役割（これについては第3章を参照）を強調する側（たとえばリチャード・ドーキンス）と、個体ではなく、種が重要であるとする側（たとえば、Ｓ・Ｊ・グールド）らによる激しい論争が行われた。また、分子レベルでは大部分が遺伝的浮動によって進化しているとする木村資生の中立説も、ほとんどの性質は自然選択が働いているという主張と対立した。

しかし、このような大きな論争は、２０００年代になるとあまり見られなくなった。その原因の1つは、ゲノムレベルから進化を検証することが可能になったことや、遺伝子と生物の様々な性質の関係を研究する進化発生学など、実証研究が中心になってきたことではないかと思う。

総合説から何が修正されたのか

現在、生命科学は急速に進展し、様々な新しい現象や機構が明らかになってきている。総合説の確立から100年近くが経った現在、ダーウィン進化論あるいは総合説は、どのような概念がつけ加えられ、修正されるようになったのだろうか。また、ダーウィン進化論の根本的な枠組みは、見直す必要があるのだろうか?

ケヴィン・レイランドは進化の総合説を一部修正して、拡張すべきだと主張し、それを「拡張した進化総合説」と呼んだ。[28,29] 以下は、彼らが追加修正するべきだと主張した主要な点である。

自然選択の役割の過大評価

自然選択が、適応進化の主要な要因であることは間違いない。しかし総合説では、その重要性が過大評価され、自然選択が制限されることやそのほかの要因が軽視される傾向にあった。たとえば、生物の性質がどれくらい速く変わっていくのかという進化の速度や、どのように変化していくのかという進化の方向性を決める要因は、自然選択の働きに依存すると考える研究者が多かった。しかし、自然選択が効率よく働くには、集団内に存在する遺伝的変異が必要である。しかし、集団内の遺伝的変異の全体や程度（遺伝的多様性）は様々な要因によって制限されており、それが自然選択の働きを妨げていることが示されている[30]（この点は、第2章で触れる）。

また、生物は自然選択によって環境に適応した最適な形態に進化できるわけではない。ある方向への変化は可能だが、別の方向への変化は制約されている。たとえば、脊椎動物の肢1本の指は基本的に5本で、本数が減少する進化はしばしば生じているが、増加する進化はほとんど生じない。このような生物の形の進化を説明するためには、様々な遺伝子の働きと同時に、細胞同士の相互作用や、形を支配する物理法則などを理解しなければいけない。つまり、生物が卵からしだいに成体へと発生していく発生学が進化に及ぼす影響を解明する、いわゆる進化発生学と呼ばれる分野が必要である（形態の進化については第4章で触れる）。

複雑な遺伝の仕組み

これまでに遺伝子がどのように働き、制御されているのかについて、多くの知見が明らかになってきた。とくに、ゲノム上のＤＮＡの塩基配列は変化しなくても、ＤＮＡの配列が化学変化を受けて印（化学的修飾）がつけられ、それが遺伝子の働きを制御していることが明らかになった（エピジェネティク修飾という）。また、生物の周りの環境や食べ物などによって、それらの印がゲノム上に追加され、場合によってはそれが数世代にわたって遺伝することも明らかになってきた。ラマルク流の「生物が必要とするものが遺伝する」という獲得形質は否定されているが、一生涯に変化したものが次世代に引き継がれるという意味での獲得形質の存在は認識されるようになった。このエピジェネティク遺伝（epigenetic inheritance）については第２章で解説する。

突然変異のランダム性

「ランダムに生じた変異に自然選択が働く」と一般的には理解されている。しかし、突然変異は厳密にはランダムではなく、遺伝子やゲノム上の領域によって大きくその頻度（突然変異率）は異なっている。また、突然変異の生じる率も環境によって変化することが知られている。さらに、ゲノムレベルで生じるアレルの突然変異がランダムに生じたとしても、それによって生じる表現型はランダムとは限らない。ただし、特定の環境に遭遇したとき、その環境に有利になるような適応的突然変異が起こりやすくなるかという点については、否定的である。突然変異に関わる問題については第２章で詳しく解説しよう。

漸進性

ダーウィンは、生物の性質は徐々に変わっていくことで進化するという漸進的進化を主張した。しかし、生物の形や性質によっては、１つあるいは少数の変異で大きく変化することが可能である。生物は、小さな変化の積み重ねで大きく進化するのか、それとも一度に大きな変化を伴う進化も可能なのか。この点については第４章で解説する。

レイランドは、ここで述べた遺伝や発生の重要性に加えて、表現型可塑性の役割やニッチ構築の重要性も進化の主要な概念に加えて、「拡張した進化総合説」とすべきだと主張した。

表現型可塑性とは、同じ個体が環境に応じて形や性質を変化させることをいう。遺伝子が同じでも環境によってまず初めに性質を変化させておき、その後に遺伝的変化が追随することで進化が起こりやすくなるという機構が重要であるという指摘である（第2章で解説）。
　もう1つのニッチ構築とは、生物自身が環境を変えることで新たな生活様式などのニッチ（ある種がその個体群を維持することができる環境要因や、食物などの生活資源の範囲）を構築するという概念である。つまり、生物は既存の環境に適応するように進化するのではなく、生物自身が変化させた環境と相互作用しながら進化していくという指摘である。[28,29]
　レイランドが修正・拡張すべきだとしたこれらの項目は、確かに、生物進化を説明するうえで重要な点を含んでおり、ダーウィン進化論に追加されるべきものだろう。一方でこれについて、「拡張した進化総合説」と新しい名前をつけて進化学を推進しようとする学派と、わざわざ新しいラベルをつける必要はないという学派の間で、2014年に『Nature』誌上で「進化論に再考は必要か?」という論争が行われた。[28] この論争は、それぞれの理論や概念の是非を争うこれまでの進化論争とは異なり、両陣営とも新しくつけ加えるべき機構やメカニズムは進化において重要だと理解しているようである。両者の意見の違いは、進化の新たな概念として特別に「拡張した進化総合説」という名前をつけて推進すべきであるという主張か、これまでも考慮されてきた現象や概念なのだから取り立てて新概念として打ち出す必要はないという主張かの違いにすぎない。

先述したダーウィン進化論の５つの重要な要素は、現在の進化学でそのまま基盤となっているものである。さらに、ダーウィン自身は誤った遺伝の概念を想定していたが、メンデルの法則の再発見や集団遺伝学を導入することで、ダーウィン進化論はより明確になったといえるだろう。本書での進化の定義「生物のもつ遺伝情報（主にゲノム配列）に生じた変化が、世代を経るにつれて、集団中に広がったり、減少したりすること、またそれに伴って、生物の性質が変化すること」も、ダーウィン進化論を修正するのではなく、それを現代まで解明されている遺伝の機構を用いて言い換えたといえる。

現在ではもともとのダーウィン進化論や総合説からは、想像できなかったような生命現象や進化現象が明らかになっている。総合説が想定したよりも多様で複雑な進化メカニズムが働いていることは間違いない。また進化を、しばしばいわれるように「突然変異と自然選択（あるいは遺伝的浮動）によって生じる」と単純に説明できるわけでもない。しかし、ダーウィン進化論の基盤となる点は、そのまま現在の進化学でも通用しているといえる。結局のところ、ダーウィン進化論は時代遅れになることなく、その重要な理論的基盤をもとに発展してきたということができるだろう。

第1章のまとめ

● 進化とは「生物のもつ遺伝情報（主にゲノム配列）に生じた変化が、世代を経るにつれて、集団中に広がったり、減少したりすること、またそれに伴って、生物の性質が変化すること」である。長い時間をかけて生じる変化や、複雑な性質への変化だけが進化ではない。また、個体の生存や繁殖を低下させる方向への進化も生じる。

● ダーウィンが提唱した進化メカニズムの大きな枠組みは、現在の進化学にも引き継がれている。しかし、現在では、様々な生命現象が解明されてきたことで、より複雑で多様な進化メカニズムが明らかになりつつある。

第2章

変異・多様性とは何か

2-1 突然変異はランダムなのか？

突然変異はランダムじゃない？

２０２２年、Ｊ・Ｇ・モンローとＤ・ワイゲルらの研究グループは、シロイヌナズナという植物の突然変異率がゲノムの場所ごと、遺伝子ごとに異なることを発見し、その論文のなかで、次のように主張した。[1]

20世紀前半以来、進化論は、突然変異はその結果に関してランダムに起こるという考え方が主流であった。

我々は、（中略）突然変異は進化における方向性のない力であるという一般的なパラダイムに挑戦している。[1]

つまり、彼は「突然変異がランダム」であるという主流の考えに反論しているのである。

この論文の結果は様々なメディアで大きく取り上げられ、「進化に関する我々の理解が根本的に変わる」（Science Daily 2022 Jan 12）、「標準的な総合説のモデルの考え方が誤っていることになる」（Evolution News 2022 Feb 18）、「生物の教科書が書き換わる」（ナゾロジー２０２２年１月14日）などと喧伝された。

この論文の結果には、反論や疑義が呈され、決着はついていない。しかし、もしこの発見が正しいとして、それは本当に「現代の標準的な進化論が〝誤り〟である」ことを意味するのだろうか。またもし教科書が〝書き換わる〟なら、それはどう〝書き換わる〟のだろうか。この論文の詳しい解説と意義についてはのちほど触れるとして、まずは進化における〝ランダム〟とは何かについて考えてみよう。

進化の素材を提供する突然変異

ダーウィンの進化論で最も重要な考えは、個体の性質の間に違い（変異）があり、その一部が次世代に伝わることで、性質の頻度が集団内で変化していくというものだ。第１章でも述べたように、ダーウィンの時代には遺伝について正しく理解されていなかった。突然変異といった現象も理解されていたわけではない。そのため、なぜ個体間に次世代に伝わる性質の違いが存在するのかについては、全く分かっていなかった。

現代ではその個体間の違いを創り出すのが、突然変異によるゲノム配列の変異であると理解されている。突然変異によるゲノム配列の変化によって生じた新たなアレルが、集団中で個体間の変異を創り出す。そして、変異のもととなっている異なるアレルの頻度が集団中で増減することで、進化が生じる。つまり、進化を引き起こす素材となるのが、集団中に存在するゲノム配列の変異であり、それを創出するのが突然変異ということになる。

突然変異とは遺伝情報が質的・量的に変化することをいう（遺伝学用語として、単に変異と呼ぶよう推奨されているが、ここでは突然変異とする）。第1章の図表1－4（39ページ）で見たように、生物の集団中には様々な形の遺伝的変異、つまりゲノム配列の違いが存在する。それは、突然変異によって新たなアレルが生じるからである。

たとえば、一塩基変異の場合、ゲノム中の1つの塩基が別の塩基に変わる突然変異によって生じたアレルにより、集団中で変異が存在している（図表1－3、37ページ）。ほかにも1つあるいはそれ以上の塩基が挿入されたり、欠失したりする突然変異や、配列が逆向きに入れ替わったり、配列や遺伝子のコピーの数が増減したりする突然変異、配列がゲノム上の別の位置に移動したりする突然変異など、その種類は様々である（図表1－4、39ページ）。また、ゲノム配列が一塊になっている染色体がちぎれたり、結合したり、粉砕して細かくなるという染色体突然変異もある。

突然変異はランダムに生じるので、進化の方向性や速度を決めるのは、アレル頻度を変化させる自然選択や遺伝的浮動（51ページ）が主な要因とみなされることが多い。どういうことか、身長の進化を例に見てみよう。

ヒトの身長が高いか低いかには、ゲノム上の多数の変異箇所にあるアレルの違いが関与している（変異箇所は約１万２０００以上あると推定されている）[2]。また、ヒトの身長を高める突然変異が生じるか、低くする突然変異が生じるかはランダムであるとされている。

そして、ヒトの身長がしだいに高い（あるいは低い）方向に進化するのは、高身長の人の適応度が高いために、自然選択によって、身長を高くする多くのアレルが頻度を高めたためと想定される。あるいは、遺伝的浮動によって（図表１-６、54ページ）、たまたま身長を高くする多くのアレルが頻度を増加させたのかもしれない。実際に、ヨーロッパ人では身長を高くするようなアレルに自然選択が働き進化し[3]、日本人は低くなるようなアレルに自然選択が働いたと推定されている[4]。つまり、数千〜数万年前にかけて、ヒトの身長の進化は自然選択によって方向づけられていたのだ。ヨーロッパ人が高身長になったのは、身長を高くする突然変異が、低くなる突然変異より頻繁に生じた結果、身長を高くするアレルが増えたからではない。

しかし、方向性に偏りのあるアレルが生じやすい突然変異はよく知られているし、突然変異によって新しい変異が生じる確率は、ゲノムの位置によって一定ではないという現象があることが認識されるようになってきた。つまり、突然変異は全く、規則性がなく、でたらめに生じているわけでもなさそうだ。それでは、進化における「ランダム」とは何だろうか。

ランダムな突然変異とは何か

まずは「ランダム」あるいは「偶然」という本来の意味を考えてみよう。

そもそもランダムとは、次に何が起こるかに規則性がなく、予測不能という意味である。たとえば、箱のなかに白い玉が5個、黒い玉が5個入っている。そこから1個の玉を無作為に取り出したとき、白い玉が出るか、黒い玉が出るかは2分の1の確率である。玉をもとに戻してもう一度玉を取り出しても、確率は変わらない。すなわち2分の1の確率のもとで、次に白が出るか黒が出るかは規則性がなく、予測不能であり、ランダムといえる。

それでは白い玉が6個、黒い玉が4個入っている場合はどうだろうか？　このとき、白い玉が出る確率は10分の6で黒より出やすいが、やはり無作為に玉を取り出している限りは、白か黒かに規則性はなく、ランダムといえるのだ。「ランダムでない」とは、箱のなかに白い玉が5個、黒い玉が5個入っているにもかかわらず、白い玉がより選択的に取り出されたり、期待されるより高い頻度で、白・黒・白・黒…と規則的に取り出される場合だ。

実際の突然変異で見てみよう。4種類のDNAの塩基（A・G・T・C）のうち、AとGはプリン塩基、TとCはピリミジン塩基といい、プリン塩基からピリミジン塩基あるいはその逆の変化は、プリン塩基同士あるいはピリミジン塩基同士の変化よりも起こりづらい。また、同じプリン塩基同士でもGからAの変化が多いことが知られている。

このように突然変異のタイプによって突然変異率は異なる。しかし、たとえばAからC、T、Gの塩基への突然変異率はそれぞれ違っていても、その異なる突然変異率のもとでAからどの塩基に変異するかは、ランダムであるといえる。したがって、突然変異率が塩基や遺伝子によって違っていることを指して「突然変異はランダムではない」と主張することはあまりない。

進化において「突然変異がランダム」という意味を、ダーウィンフィンチに起きた嘴の進化の例をもう一度題材にして、もう少し明確にしてみよう。１９７７年、ガラパゴス諸島では干ばつが起こり、それまで餌としていた軟らかい種子が枯渇、硬い殻をもつ種子がほとんどを占めるようになった。一方、このフィンチの集団には硬い殻を割れない薄い（低い）嘴をもったものから、硬い殻を少しだけ割れる分厚い（高い）嘴をもった個体が存在していた。そして、そのなかから硬い殻を割れる嘴をもった個体が、この環境でより多く子どもを残し、分厚い嘴が自然選択で進化した。

このとき、フィンチの集団中には、突然変異によって嘴を分厚くするアレルも薄くするアレルも生じていたと考えられる。硬い殻の種子ばかりになったという環境が原因で、突然変異によるフィンチの嘴を分厚くする方向のアレルがより高い頻度で生じるようになったということはない。つまり、生物が置かれた環境で有利になるかどうかとは関係なく、突然変異が生じるということだ。言い換えると、「自然選択に有利となるアレルが、それが有利となる状況で、突然変異によって生じやすくはならない」ともいえる。[6] この意味で「突然変異はランダム」である。

適応的な突然変異は生じるのか

それでは、環境が変化したとき、その環境に有利になるような突然変異が起こりやすくなるということは本当にないのだろうか？

　実は１９８０年代後半～１９９０年代初めに、ジョン・ケアンズが大腸菌で行った実験から、環境が変化すると、その環境に適応的な突然変異が生じると主張して論争になっている。[7]彼は、乳糖を分解してエネルギーにすることのできない大腸菌を実験的に作成し、乳糖ばかりの環境で培養した。エネルギー源が存在しないために、大腸菌は増えることができない。しかし、そのような飢餓状態にしばらく置いておくと、「周りが乳糖」という環境が引き金となって、通常の環境よりも10～１００倍もの高い確率で、乳糖を分解できるようになる突然変異が生じたというのである。つまり、置かれた環境でより生存や繁殖が向上するような突然変異を、その環境が誘発するというわけである。このような突然変異を「適応的突然変異」という。

　通常は大腸菌が増殖して、増えていくなかでランダムな突然変異が生じ、そのなかにたまたま乳糖分解が可能になった大腸菌が選択的に増加していくと考えられる。しかし、この実験の場合は、細胞の増殖が抑制されているなかで、乳糖の分解が可能になった変異が生じたということを示したことになる。

　この現象については、様々な実験が行われ、その解釈についても様々な説が提唱された。[8,9]

結論から先に述べると、「乳糖の存在が乳糖分解への突然変異を誘発した」という考えには多くの反論がなされ、支持されているとはいえない。

実は、この実験は少しトリッキーである。大腸菌のもともともっていたゲノム上の遺伝子に突然変異が生じ、乳糖分解が可能になったわけではないのだ。実験では、乳糖が利用できない大腸菌に、乳糖分解酵素の遺伝子に1つ突然変異がある不活性遺伝子（*Lac*$^{-}$）を、染色体にあるゲノムＤＮＡとは別にプラスミドと呼ばれる環状ＤＮＡに組み込み、それを細胞内に挿入した大腸菌が使用された。また、そのプラスミドには、突然変異を誘発する*DinB*という遺伝子も組み込まれていた。

この大腸菌の「適応的突然変異」が生じたことについて、最近の研究での見解は以下の通りである。利用できるエネルギー源が枯渇し、大腸菌の細胞が増殖できない状況でも、細胞のなかでこのプラスミドは複製できる。そして、プラスミドを複数コピーもつ細胞は、変異率が高くなる。なぜなら、プラスミドがエラーを起こしやすい*DinB*をもっているからである。こうして、細胞は複製されず増殖しない状態でも、プラスミドは複製されて、*Lac*$^{-}$遺伝子に突然変異が生じる確率が増加し、たまたまLac^{-}からLac^{+}への変異を起こした細胞が乳糖を利用できるようになり、細胞の増殖が開始する。[9] 実際に、プラスミドに*DinB*がないと、この「適応的突然変異」は生じない。

つまり、Lac^-からLac^+への突然変異が乳糖によって誘発されるのではなく、プラスミドのなかでランダムな突然変異が増加し、その過程でLac^+への突然変異が生じたというプロセスである。一見、環境に対応して有利な突然変異が増加したように見える現象も、ランダムな突然変異と自然選択というプロセスを経ているということのようだ。

さらにこの実験では、乳糖を分解できる能力をもつ遺伝子の1箇所を変えて、分解不能にした遺伝子をプラスミドに入れ、細胞に導入している。一方で、もともと乳糖が分解できないような細菌は、1箇所の突然変異で乳糖が分解できるようになる可能性は少ない。複数の突然変異が積み重なり、複数箇所が変化することで、新たに乳糖分解の遺伝子が進化すると考えられる。乳糖が環境中にあるということで、乳糖分解の遺伝子の進化に必要な複数のアレルが突然変異によって生じやすくなるということは困難だろう。

突然変異率は進化する

生息する環境に有利になるような突然変異が生じるかどうかは、偶然であり、ランダムであるといえる。しかし、突然変異がどの程度の頻度で生じるか（突然変異率）は、すべてが偶然によるわけではない。

突然変異は適応進化の素材となる遺伝的多様性を集団中に提供する。そのため、生物個体にとっては「突然変異率を高め、環境で生存や繁殖を向上させる個体が出現する機会を高める」という戦略を取るのも1つの手かもしれない。これは、特定の環境に生物が遭遇したとき、「その環境に有利になる方向の突然変異がより頻繁に生じるようになる」ということではない。突然変異で生じるアレルの多くは、生存や繁殖に影響しない中立なアレルや生存力を下げる有害なアレルである。そのため、突然変異が生じる頻度が高くなると、それだけ多くの有害なアレルも生じることになる。

突然変異が生じる確率が変化することは古くから知られており、現在では様々な要因が突然変異率に影響することが示されている。たとえば、先述した*DinB*遺伝子は、DNA配列を鋳型にDNAを合成するとき、複製エラーが起きやすくする突然変異誘発遺伝子の1つである。また、*Mutyh*という遺伝子は、活性酸素などで傷つけられたDNA塩基を修復するが、この遺伝子に突然変異が生じて機能しなくなると、A、T、G、Cという4つの塩基のなかで、AよりもCへの突然変異が増加することが知られている。[10] 人間では、この*Mutyh*の突然変異で生じたアレルが大腸癌と関係しているらしい。一方で、突然変異を増加させる*Mutyh*の変異アレルは野生のマウス集団でも存在しているようだ。個体にとって有害なアレルだが、何らかの原因で自然選択によって除去できていないという。[10]

ほかにも、繰り返しの配列（たとえば、CACACA…など）が多い場合は、その繰り返しの回数が変化しやすくなったり、特定の配列をもつことで、ゲノムの構造が不安定になり、突然変異が増加したりすることもある。さらに、突然変異率には転移因子（第3章第2節）やエピジェネティク修飾（第2章第3節）といった要因も関与する。

このように、突然変異率は様々な要因で変化可能である。とすると、突然変異率自体が進化可能であると考えられるかもしれない。ゲノム上で突然変異が生じる確率は、生物によって異なっている。突然変異率の違いは、進化の結果なのだろうか。それを説明する有力な説がドリフトバリア仮説と呼ばれるものだ。[11]

基本的に突然変異はDNA複製の際のエラーで生じ、多くのエラーは有害な（生存率や繁殖能力を低下させる）ものである。生物個体は、次世代に有害なアレルを引き継がないよう、正確に複製されるほうがより多くの子どもを残すことが期待できる。そのために、自然選択は、複製エラーを少なくする方向に働くと考えられる。

しかし、突然変異によって生じた様々なアレルの有害な効果が小さいときは、自然選択による突然変異率を低下させる力は制限され、遺伝的浮動の力が突然変異率を増加させる方向に働く場合もある。つまり、自然選択によってエラー率はある程度までは低下するが、自然選択の力を弱める遺伝的浮動の力によってエラー率の低下は阻止されるという説がドリフトバリア仮説だ。もう少し単純化していうと、突然変異を完全に阻止できるほど、自然選択の力は強くないということである。

第１章で解説したが、遺伝的浮動は個体数が少ないほどその効果は大きくなる。そこで、ドリフトバリア仮説から予想されるのが、個体数が多い生物ほど突然変異率が小さくなるということだ。実際に、実験に使われている約30種の生物で比べてみると、１塩基あたりの突然変異率は、個体数が多い生物ほど低くなっているのが分かる（図表２-１）。つまり、個体数が多いほど、突然変異率を下げる自然選択が有効に働いているということである。[11] 同様に、哺乳類、魚類、鳥類、爬虫類の68種のゲノムレベルでの突然変異率を調べた研究でも、過去３万〜１００万年前の平均的な個体数が多い種ほど、突然変異率は低いという傾向が示されている。[12]

ところで、ここでいう個体数とは、現実に生息している実際の個体の数ではない。集団内で個体がランダムに交配していると想定したときに換算される「個体数」で、「有効集団サ

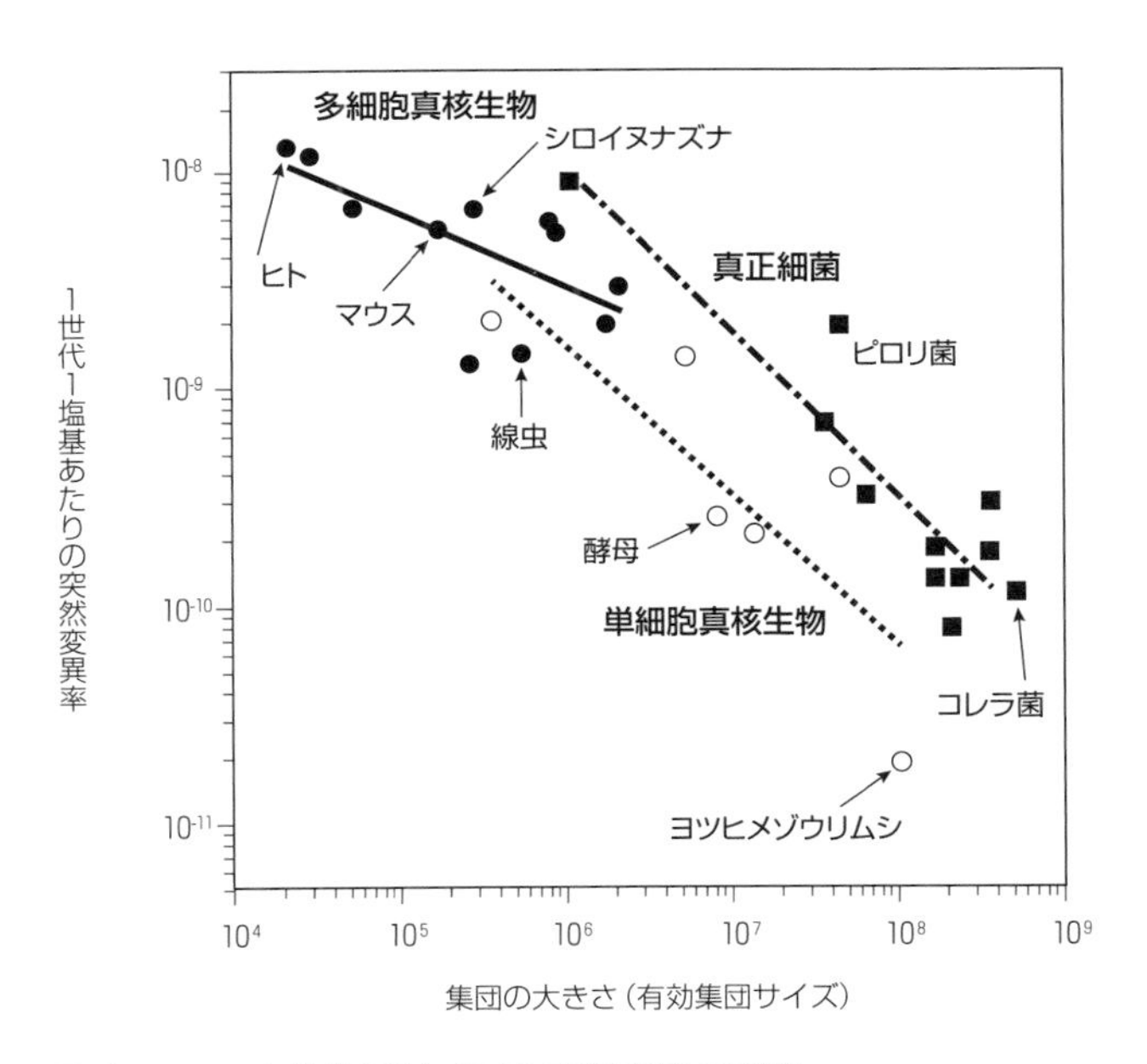

図表２-１　有効集団サイズと突然変異の関係

有効集団サイズの説明は本文を参照。出典）文献11のFigure 3のｂをもとに作成。

イズ」という。１匹のオスが何匹ものメスと交配して子どもを残したり、個体数が変動したりすると、この有効集団サイズは、実際の個体数よりも少なくなる。たとえば、同じ１００個体の集団でも、オスが50匹、メスが50匹の場合は、ランダムに交配しているとすると有効集団サイズは１００となるが、オスが20匹、メスが80匹の場合、１匹のオスが平均して４匹のメスと交配していることになり、有効集団サイズは64となる。後者の場合は、実際の個体数は１００であるが、遺伝的浮動によってアレルが変動する効果は個体数が64相当ということになる。

　話が少し逸れたが、高い突然変異率が生物にとって不利な現象であるということは、次の例からも分かる。たとえば、突然変異によって高い突然変異率をもつようになった細菌は、比較的早く突然変異率を下げる方向に進化することが知られている。[11] また、次世代に伝えられる情報と伝えられない情報とでは、後者のほうが誤りを許容できるはずだ。ヒトにおいて、卵など次世代に伝えられる可能性のある細胞では、１回の細胞分裂に際して１塩基あたりの平均突然変異率は約6×10^{-11}であるが、体を構成する次世代に伝えられない細胞分裂の際の突然変異率は、その10〜１００倍である。[11] これらのことは、ドリフトバリア仮説が予想するように、自然選択が有効に働くことが可能なら、突然変異率は低い方向に抑えられているといえる。

とはいえ自然選択の力は限られていて、遺伝的浮動の力に抗して突然変異率を減少させる効力には限界があるのだ。また、物理・化学的な要因から、自然界で完璧なＤＮＡの複製を達成することができず、エラーを完全に阻止することができない可能性もある。さらには、条件しだいで、自然選択によって突然変異率がある程度高く進化することもある。しかし、現在のところ、これらの様々な要因がそれぞれどの程度影響して、個々の生物の突然変異率を決定しているのかは、よく分かっていない。

重要な遺伝子の突然変異率は低い

ここでようやく、本章の冒頭で紹介したシロイヌナズナの突然変異率の研究について見ていこう。

シロイヌナズナは、ユーラシア大陸から北アフリカ大陸が原産で、世界に広く分布し、実験によく用いられているモデル植物である。この植物を用いた大規模な調査では、詳細な突然変異率が推定された。[1]その結果、シロイヌナズナのゲノムの位置によって突然変異率に大きな違いがあることが示されたのである。

タンパク質に翻訳される遺伝子（コード領域）での突然変異率は、その周辺の配列での変異率よりも58％低いことが分かった。さらに異なる遺伝子の間で比べてみると、生物にとって必須のタンパク質が翻訳される遺伝子領域は突然変異率が低かった。それに対し、環境に反応して、翻訳されるタンパク質の量（発現量）が変化しやすい遺伝子領域などの突然変異率は高い傾向にあった。[1]

生物にとって必須な遺伝子は突然変異によって変化すると、機能が低下したり、機能不全になったりする可能性が高い。そのために、遺伝子の配列は変化しづらく、生物間で比較しても類似しており、長期間変化していないことが多い。その理由として、突然変異はどの遺伝子でも同様の割合で生じるが、重要な遺伝子で生じたアレルは、有害の可能性が高いので速やかに淘汰され、配列が変化しないように進化した、とこれまで考えられていた。しかし、このシロイヌナズナの研究の結果は、そもそも重要な遺伝子には、突然変異が生じづらくなっているということを示唆している。

このような突然変異率の違いはどのようなメカニズムで生じているのだろうか？

実はこれには、のちほど詳しく解説するエピジェネティクな制御が関係しているらしい。シロイヌナズナの場合、ＤＮＡの鎖が巻きついているヒストンというタンパク質の特定部位が、メチル化という化学的修飾を受けているかどうかで、突然変異率が変化しているようだ。[1]この化学的修飾はエピジェネティクな修飾といわれる。そして、この修飾が生じるかどうかは遺伝的にコントロール可能な場合もあるので、ゲノム配列の場所ごとの突然変異率は進化的に変更されてきた可能性がある。

ところで、この研究はなぜ冒頭で紹介したように大きな話題となったのだろうか？

突然変異率はゲノム上のどこでも同じではなく、遺伝子によって、あるいはゲノム上の位置によって異なるということは、これまでもいわれてきたことだ。[13]問題となるのは、必須遺伝子（生存や繁殖に不可欠な遺伝子）では、有害な突然変異が起こりづらくなり、結果的に有利な変異が生じる率を上げている可能性があるという点だ。

この論文の著者であるモンローとワイゲルらは、この点を取り上げて、この章の冒頭で紹介した通り「突然変異のランダム性に関する長年のパラダイムに挑戦する」と主張しているのである。確かに、「必須遺伝子では、有利になるような突然変異が起こりやすくなっている」という点は、これが事実であれば重要な新しい発見である。

しかし、この発見が進化学でこれまでいわれていた「突然変異のランダム性」を否定するものとはいえない。本書では、「置かれた環境や状況に有利になるような突然変異は起こりやすくならない」という意味でランダムであると説明した。このシロイヌナズナの例だと、環境に影響を受けない必須遺伝子において突然変異率が変化しているということなので、ある自然選択に有利となるアレルが、それが有利となる状況で、突然変異率が増加しているわけではない。その点から、この現象はこれまでいわれてきた「突然変異のランダム性」を否定するものではない。[14]

前項のドリフトバリア仮説の説明でも見たように、その力に制限があるとはいえ、自然選択によって突然変異率は低下するように進化する。そうだとすると、突然変異によって有害な影響を強く受けやすい必須遺伝子は、自然選択の効果が強まるので、有害な突然変異率がより低く抑えられるように進化する可能性は、充分に考えられることである。実は、シロイヌナズナと同じような例は、以前に大腸菌でも報告されている。どうやら大腸菌では、より多くのタンパク質に翻訳されている遺伝子（高発現遺伝子）の突然変異率は低いらしい。[15]

一方で、そもそもこのシロイヌナズナや大腸菌の現象には異論が出されている。シロイヌナズナの研究では、ゲノム配列の解析上の問題[16]や突然変異率の推定の問題点[14]などが指摘されている。モンローとワイゲルらの主張する「突然変異の非ランダム性」が、本当に正しいのかどうかの結論は、今後の研究を待たなければいけないようだ。さらに、この現象が、ほかの生物でも当てはまるのかどうかの検証も必要だ。現在のところ、酵母やヒトでは、シロイヌナズナで見られたような突然変異のバイアスは見られていない。[17]

環境で変化する突然変異率

通常の環境下ではある生物の突然変異率が高くなると、生まれる子どもの生存に悪影響を及ぼしたり、繁殖能力が低下するような有害なアレルが生じやすくなることはすでに述べた。それでは、通常とは異なる厳しい環境に置かれたり、激しく環境が変動するような状況ではどうだろうか。このような厳しい環境、つまり、生物にとってのストレス環境下では、生物個体の生存や繁殖は大きく低下する。そのような状況で突然変異率が増加すると、環境とは関係のない有害遺伝子が生じる可能性が高まるので、さらに個体が生存して、子どもを残すのは困難になる。

しかし、突然変異率が高まったことにより、有害なアレルが生じやすくなる一方で、そうしたストレス環境下で生存可能性を高めるアレルも生じやすくなるかもしれない。そうだとすると、高い突然変異率は、ストレス環境下で生存可能なアレルが生じる可能性を高めることになる。たとえば、大腸菌などの細菌では、抗生物質に曝されると突然変異率が増加し、抵抗性を示す遺伝子が生じ、抗生物質耐性菌が生じやすくなる。このように、生物の生存が困難な状況に反応して、突然変異率が増加する現象はストレス誘発性突然変異生成（ＳＩＭ）と呼ばれる[18,19]。

環境ストレスによる突然変異率の増加は細菌に限らず、酵母、藻類、線虫、ショウジョウバエなどでも見られる[18]。もっとも、ストレス環境下で突然変異率が増加したからといって、常に環境に有利な変異が生じて、適応的な進化に繋がるとは限らない。つまり、先述した大腸菌の例のように、突然変異率の増加によって、生存率を高めたりする進化が必ず生じやすくなるわけではないという点には注意が必要だ。たとえば、線虫（*Caenorhabditis elegans*）では、高温ストレスで突然変異率が増加するが、それによって高温に適応するように進化するわけではないことが知られている[20]。

このようなストレス誘発性突然変異のメカニズムは、大腸菌でよく調べられている[21]。通常、ＤＮＡの２本鎖が環境の刺激で切断されると、それに反応してＤＮＡ修復が開始される。しかし、強い刺激によって重度なＤＮＡの損傷が起こると、この損傷が引き金となってＤＮＡを複製するための酵素などの合成が始まる。このとき作られたＤＮＡ複製酵素（ＤＮＡポリメラーゼ）は、ストレス下ではない通常時のＤＮＡ複製のときよりも、エラーをより引き起こしやすい。また、さらなるストレスは別の遺伝子を活性化し、さらに突然変異が誘発される。

突然変異誘発遺伝子は進化するか？

ストレス誘発性突然変異は、「強いストレス環境下で突然変異率を上昇させることにより、適応進化を促進する役割がある」というように説明されることが多い。しかし、このストレス応答自体がなぜ進化したのかについては議論がある。[19] つまり、問題となるのは「ストレス環境下で変異を増やし、有利なアレルを生じさせる確率を増加させるという性質が自然選択を受けて進化した」のかどうかという点である。

ストレス誘発性突然変異が自然選択によって進化するためには、次のような状況が必要になる（図表２‐２）。まず突然変異率を増加させることのできる突然変異誘発遺伝子（○）に突然変異により新たなアレル（◉）が生じる。このアレルは、ストレスに反応して突然変異率を増加させる。突然変異が増加した遺伝子（□）のなかに、たまたまストレス環境下で有利に働くアレル（■）が生じ、自然選択によってそのアレルが集団中に増加していく。そのアレルとともに突然変異誘発アレルも頻度を増加させることができれば、個体はストレス環

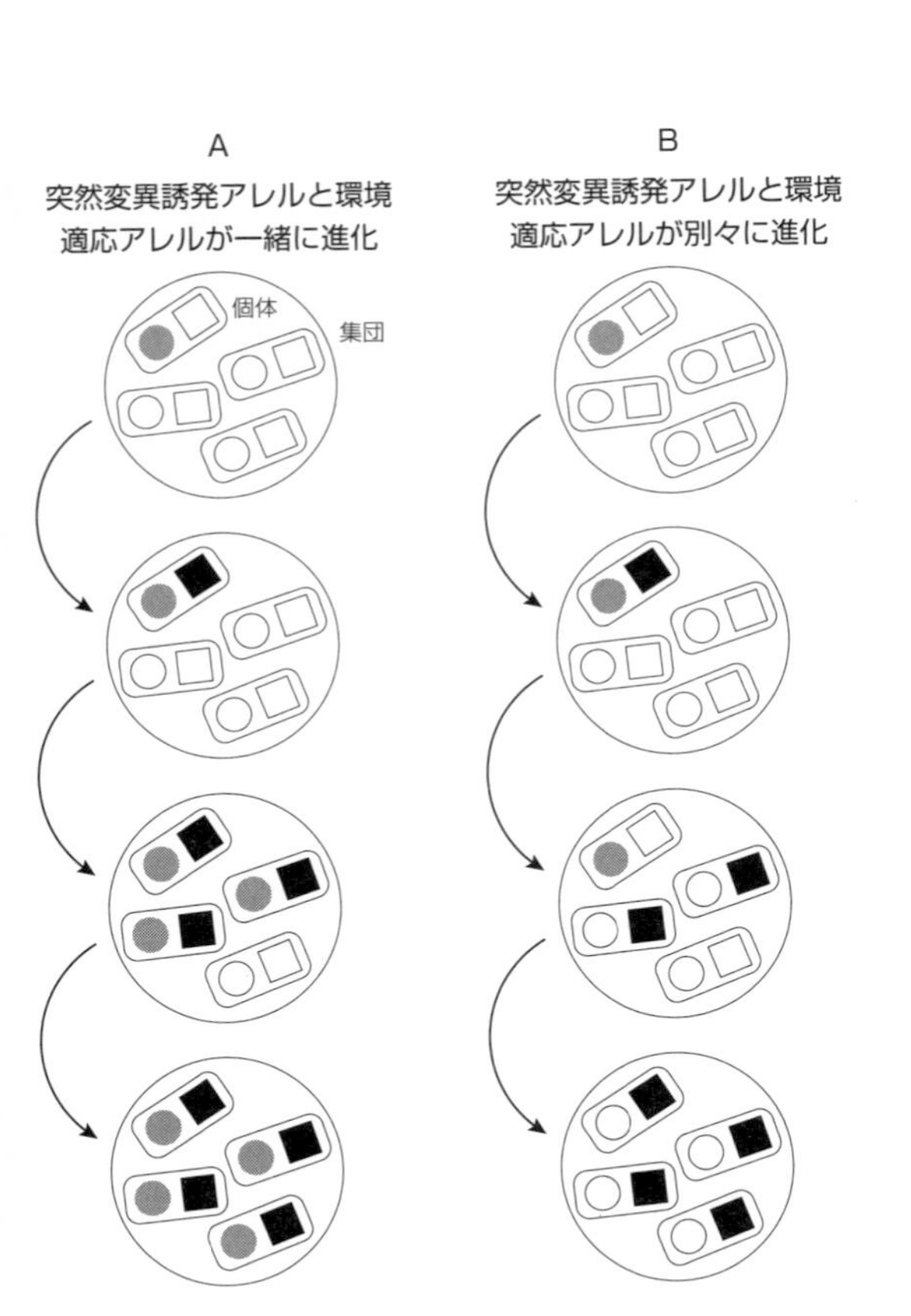

図表2-2　ストレス環境下での突然変異誘発遺伝子の進化

A：進化する場合。B：進化しない場合。4個体からなる集団で、突然変異誘発に関わる遺伝子（○アレルと●アレル）と環境への適応に関わる遺伝子（□アレルと■アレル）を想定する。

境下で突然変異率を高めるというアレルを獲得することになる（図表２‐２Ａ）。

ここで問題となるのが、突然変異誘発アレルと環境の適応に関するアレルが、別々に遺伝する場合だ。通常、オスとメスで有性生殖するような生物では、異なる染色体に突然変異誘発アレルと環境適応アレルがある場合が想定され、そのときは、それぞれのアレルは独立に遺伝する（図表２‐２Ｂ）。また同じ染色体上にあっても、図表２‐３のＣに示すように、２つのＤＮＡ鎖がクロスし、同じＤＮＡ鎖に存在していたアレルが、別のＤＮＡ鎖に位置するようになる組換えという現象も生じる。この組換えの頻度は２つのアレルのゲノム上の位置が離れていると高まり、組換えが起こればそれぞれのアレルは独立に進化する。

そして、突然変異誘発アレルと環境適応アレルが別々に遺伝すると、突然変異誘発アレルは突然変異を引き起こした有利なアレルと一緒に頻度を増加させることはできなくなる（図表２‐２Ｂ）。というのも、突然変異誘発アレルは、字のごとく突然変異を誘発するだけなので、それだけでは個体の生存にとって有利になるわけではなく、その頻度を増加させることはできない。このアレルが増加するためには、ストレス下で生存するのに有利なアレルと一緒になって頻度を増やす必要があるのだ（図表２‐２Ａ）。そのため、突然変異誘発アレルが進化するためには、２つのアレルは同じ染色体のゲノムＤＮＡ鎖の近くに位置していて、

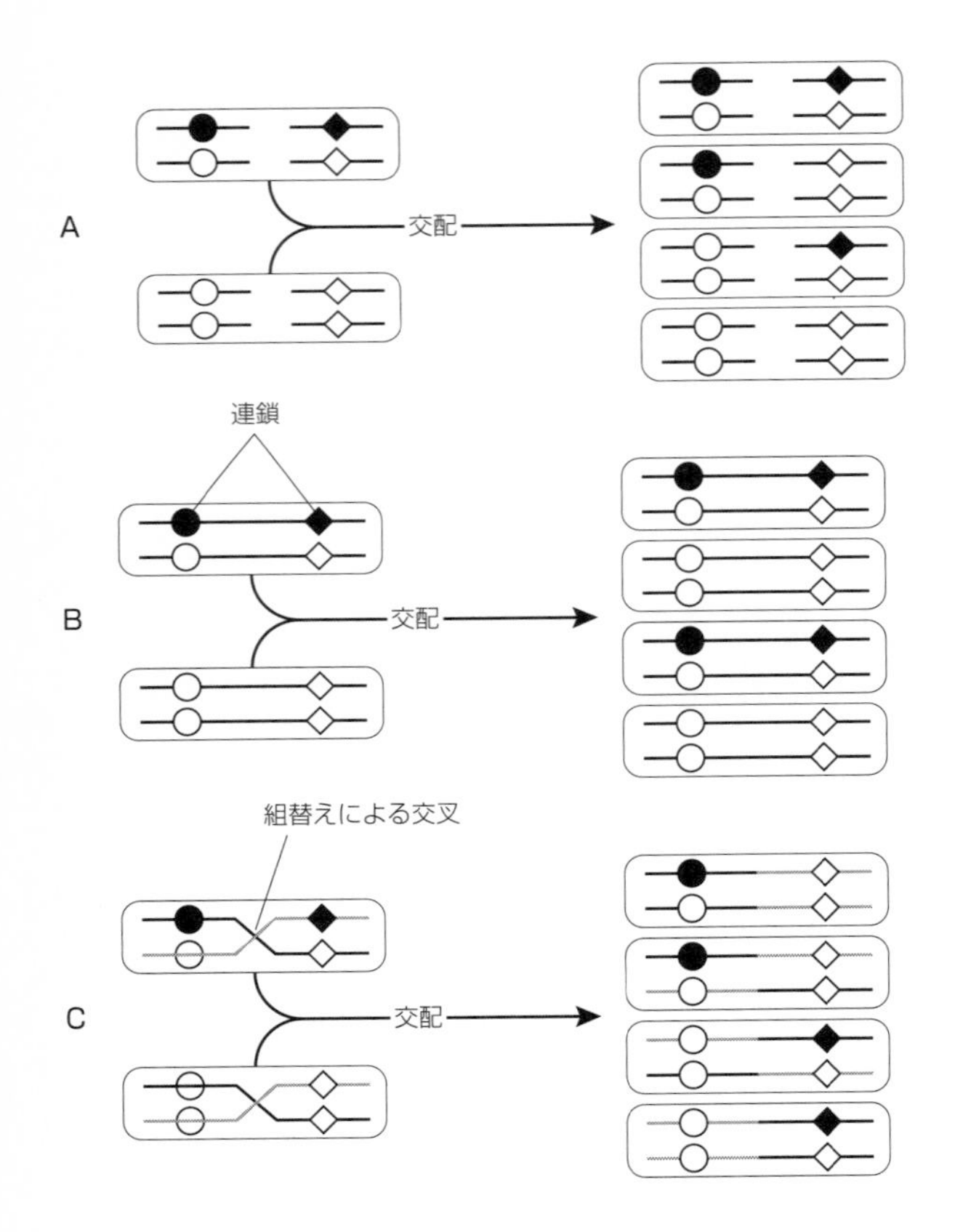

図表 2-3　連鎖と組換え

個体が交配してゲノムが伝えられるとき、Aの場合、●アレルは、異なる染色体上にある◆アレルとは独立に次世代に伝わる。Bの場合、同じ染色体の異なる位置にある●アレルと◆アレル（あるいは○と□）は、連鎖して次世代に一緒に伝えられる。Cの場合、同じ染色体上にあっても組換えによる交叉が生じて、●アレルと◆アレル（あるいは○と□）は独立して伝えられる。

一緒に次世代に伝えられなければいけない（図表2－2）。2つのアレルが近い位置にあって、一緒に遺伝する場合は連鎖と呼ばれている（図表2－3B）。

細菌は無性生殖で増加するので、両親から引き継いだ2本のDNA鎖の間で組換えが生じ、アレルの組み合わせが変わるということはない。実際に、ストレス環境下において突然変異誘発アレルが突然変異率を上げることで、その環境に有利なアレルを進化させたとする研究は大腸菌などの細菌のものである。

突然変異誘発アレルが増えるときとは？

ただ、ストレス誘発性突然変異の進化は、それがストレス環境下で有利なアレルを供給するという理由を想定しなくても、別の理由で説明できるかもしれない。つまり、ストレス誘発遺伝子は、ストレス環境下で別の遺伝子の突然変異を増加させることによってではなく、それ自体がもつ個体の生存率や競争力を高める有利な効果に、自然選択が働くことで進化したのかもしれない。

どういうことか、詳しく説明しよう。それは、DNAの複製の速さと正確さの間にトレードオフの関係を考えると説明できるということだ。DNAが強く損傷したとき、エラーをできるだけ少なくして正確にＤＮＡを複製するにはコストがかかる。そこで、厳しいストレス下では、正確さを犠牲にしてＤＮＡ損傷にすばやく対応することで、個体の生存率が高まることがある。つまり、ストレス誘発性突然変異アレルは、突然変異を誘発することが個体に有利になるのではなく、正確さを犠牲にしてすばやく複製することが有利になっているというのである。実際に、生物個体の進化ではないが、腫瘍細胞が体内で突然変異を生じながら進化していく場合にこのことがいえるようだ。低酸素状態になると、ＤＮＡ修復能力が低下し、突然変異率が増加する突然変異型の細胞が増殖中の腫瘍細胞のなかに生じてくる。ＤＮＡ損傷が激しくなるため、そのような状況では、不正確な複製でも細胞増殖する腫瘍細胞の方が他より有利になるからだという。

　ストレス誘発性突然変異アレルの進化を説明するもう１つの有力な説は、遺伝的浮動仮説である。ストレス環境下では、すべての個体の生存率が低下するので、ＤＮＡが正確に複製されることが、細胞の生存や増殖にとってそれほど有利にならない可能性がある。そうであれば、突然変異率が増加した個体も突然変異を低く抑えて正確な複製をする個体も、適応度には差が見られず、自然選択ではなく、遺伝的浮動で進化するという説である。

「ストレス環境下で変異率を増加させ、環境に有利なアレルを生じさせることで適応進化を促進する」ことが原因でストレス誘発性突然変異が進化したとする説は一見もっともらしい。しかし、もっともらしいからといって正しいとは限らない。ストレス下では正確な複製はコストになるというトレードオフ仮説や、ストレス下では不正確な複製も不利にならないという遺伝的浮動仮説などを含め、今後、詳しい検証が必要だろう。

結局突然変異はランダムなのか

この節では「置かれた環境で適応的な突然変異が生じやすくなる」「生物にとって必須の遺伝子では突然変異率が低い」「環境によって突然変異率は増加する」という3つの「突然変異がランダムではない」という主張について見てきた。ただ、これまでの進化学でいわれてきた「突然変異のランダム性」とは、「置かれた環境で有利となるような突然変異が生じやすくなることはない」ということであり、その意味での「ランダムではない突然変異」が存在するという確証は得られていない。

シロイヌナズナの例では（95ページ）、環境とは関係なく生存や繁殖に必須の遺伝子（コード領域）は有害な変異が抑制されている。そして、有害な変異を生じにくくすることで、有利な変異が生じやすくなるという現象が進化している可能性がある。ただこれは、進化における「突然変異のランダム性」を否定するものではない。

一方で、エピジェネティクな修飾によって有利な変異がより生じやすくなっているという、突然変異バイアスが進化している可能性については、今後、進化プロセスを考えるうえで重要だ。もっとも、この現象が本当なのかどうかは異論があり、これからの研究を待たなければいけない。

もう1つ、突然変異がランダムでないといわれることの一例として、環境が厳しくなったときに突然変異率が増加し、その環境で適応可能な変異が生じる可能性が高まるという現象がある。この場合も、突然変異率が増加するのであって、環境に有利になる変異が生じる確率が増加するわけではない。また、突然変異が誘発された環境で、適応可能な変異が生じる確率が本当に高まっているのかどうかについてもまだ不明な点が多く、より詳細な研究が必要である。

そもそも「ランダム」という言葉は、数学的・統計的には厳密に定義されているものの、進化にとって「突然変異がランダム」というときには、様々な意味が混同していることが多い。進化を考えるときには、どのような意味で「ランダム」という言葉を使っているのか、明確にしたほうがよいだろう。

２-２　多様性は高ければいいってもんじゃない

変異ではなく多様性？

「多様性」と「変異」は、進化の説明に欠かせぬキーワードである。ところが、これらの言葉と進化の関係にはかなりの誤解が広がっている。とくに「多様性」や「変異」がなぜ生成、維持されているのかという問題については、一般の人ばかりか、生物学の専門家でさえ混乱しているようだ。

ヒトの色覚を例に取ろう。色の見え方に個人差があるのは皆さんもご存じだと思う。赤と緑の区別がつきにくかったり、緑と茶色、青と紫が混同しやすかったりする人など、色の見え方には様々なタイプの違いがある。これは、オプシンと呼ばれる特定の光波長域に応答するタンパク質を作る遺伝子に変異が存在するからだ。このような色の異なる見え方を、これまで「色覚異常」と呼んでいたが、２０１７年に日本遺伝学会が「異常」ではなく「多様性」と捉えるべきだと発表した。

現代の社会において、このような色覚の違いはそれほど生活に影響するわけでもない。だから「異常」という言葉が差別に繋がる場合も考えると、そう呼ぶべきではないという主張は適切だろう。用語改訂を主導した1人である当時の日本遺伝学会の会長（2017～2020年度）は『「色のふしぎ」と不思議な社会』（筑摩書房）という本のなかのインタビューで、ヒトの色覚の違いについてこう述べている。

生物学の観点からは、ある尺度で見た時に、良い悪いというのが出てきても、それは、あくまで一つの尺度で見たら、ということです。それを効率が悪いものとして、排除するなら、実は、別の面で効率がいいものを排除するのと同じです。色覚異常を「異常」などと言っていたら、とてもちません。[23]

そして、色覚異常のような遺伝的に異なるタイプを、ネガティブなものとしてではなく、進化を支えてきた多様性の事例として語るべきだという。彼はその多様性を尊重する理由として、色覚のそれぞれのタイプは「それぞれその時、その時の自然の選択として、種を救ってきた」と説明している。[23] さらにその解釈を、ほかのすべての個体間の遺伝的違い、ゲノム間の遺伝的違いにまで適用し、遺伝的な違いは「変異」ではなく、「多様性」と呼ぶべきだというのだ。

現代社会において「多様性を受け入れる」という認識が求められるなかで、この発言は「もっともらしい」「正しい」意見のように聞こえる。また「異常」という言葉には、頻度の小さい稀なという意味と、何らかの機能を阻害している、正常でないという意味もある。稀なことと正常でないことは必ずしも一致しない。そうした点からも、異なる色覚のタイプをもっている人を異常というべきではないという指摘には賛成だ。

しかし「進化学の観点」から見ると、この遺伝学会会長の見解に見られる「多様性の尊重」の理由、遺伝的に異なるタイプは「それぞれその時、その時の自然の選択として、種を救ってきた」という説明は誤解である。

この見解によると「個体の間の様々な遺伝的な違いは、何らかの異なる側面で、それぞれに優れた面がある」と解釈できる。しかし後述するように、集団中にある個体間やゲノム間の違いのほとんどは、有害か中立なアレルによるものだ。また、第1章でも述べたように、有害なアレルの集団中での頻度は低いとは限らない（59ページ）。この発言にあるように、それぞれ別の利点をもっているという理由だけで、異なるタイプが維持されているということはない。この点については、この節で詳しく解説したい。

　また、このインタビュー中のコメントにはもう1つ大きな誤解が含まれている。それは、多様性があることで「種を救ってきた」という説明である。同様の説明は、2022年の東京大学大学院入学式の総長による式辞のなかでも述べられている。そこでは、ダイバーシティの重要性の意義を説明するために、クモザルにおける色覚の多様性が例に挙げられており、総長は「そうした多様なタイプの個体がいることは集団の生存にとってメリットでもあります」と述べた。

　この、多様性は種や集団にメリットがあるという説明は進化学的には誤りだ（これについては第3章で解説する）。人の多様性がなぜ尊重されるべきかという点では、メリット・デメリットに関係なく、多様な個人を尊重することこそが重要なのではないだろうか。実際には、生存率を下げるようなアレルをもっている人が多様性を構成している場合が多いが、個人や集団の進化的メリットによって多様性の意義は語れないのだ。

　ところで、ヒトの異なる色覚の主要なタイプがなぜ維持されているのかについては、まだよく分かっていない。また、少しだけ見え方が異なるような多数の変異は、現在の社会では、適応度に影響しない中立な変異だろう。過去の進化の過程でも中立な変異であるか、もしくはわずかに有害なアレルが色覚の違いに影響していたと考えられる。いずれにしても、ヒトのすべての色覚のタイプのそれぞれに、異なる進化的メリットがあるとはいいがたい。

　このように多様性と変異をめぐる問題はなかなか厄介で、生物学者でさえ誤解したり、混乱したりするほどである。ここではその厄介な多様性および変異と進化との関係について、丁寧に紐解いていくことにしよう。

多様性がもたらす恩恵とは

「多様性」は、様々な場面でポジティブな言葉として用いられる。たとえば、困難な問題解決にあたって、多様な視点や考えをもった集団は、均一な集団に比べて優れているといわれる。また自然界では、より多くの種が生息している生物多様性が高い生態系ほど、食糧をはじめとする様々な資源の利用・供給可能性の増大、物質循環・気候変動の安定化といった、人間への恩恵（生態系サービス）がよりもたらされることが示されている。

　では、進化において重要な多様性は何かというと、集団内の遺伝的多様性である（集団内に存在する個体やゲノム間の変異の全体あるいは程度、図表1‐1、33ページ）。一般的に、様々な変異をもっているほど、様々な環境で生存できるアレルが存在している可能性が高くなるので、遺伝的多様性は高いほど進化を促進するとみなされることが多い。また、集団内の遺伝的多様性が小さい集団は環境の変化に対応できず、絶滅の可能性が高くなるとも思われている。

しかし、この多様性がもたらす恩恵あるいは利益という認識には注意が必要だ。たとえば、「多様性が高くなるほど、様々な環境で生存できるアレルが存在している可能性が高くなる」というのは、集団中のごく一部のアレルのみが生存可能ということだ。つまり、遺伝的多様性が高まると、集団中に、個体の生存や繁殖への効果が有利になるようなアレルと同時に、有利にも不利にもならない中立なアレルや不利になるような有害なアレルが増大するということでもある。

集団中の多様性が高いほど有利であるという言い方は、有利な個体が集団中に含まれる可能性が高くなるという意味だ。しかし、集団に属するほかの個体にとってみれば、有利な個体に取って代わられるのでメリットはない。この認識は「集団内の遺伝的多様性は、集団が進化できるように、あるいは集団が絶滅の可能性を下げるために進化」したという誤った理解を導きやすい。この認識が誤りであるということを、遺伝的多様性がなぜ集団内に生じているのかという点を掘り下げながら考えてみたい。

集団内の遺伝的多様性とは何か

集団内の遺伝的多様性とは具体的に何だろうか。まず、グアニン（G）とアデニン（A）という2つの塩基の一塩基変異を例に見てみよう。この場合、集団中にはGG、AA、GAという3種類の遺伝型が存在する。ランダムに交配が行われている集団では、たとえばGの頻度を０・８、Aの頻度を０・２とすると、集団中での遺伝型GAの頻度は０・８×０・２×２＝０・32と予測できるだろう。Gの頻度とAの頻度がともに０・５のときは、GAの集団中の頻度は０・５で最大になる。そして、このGAが最も多いときに集団中にはGとAが同じ頻度で存在することになるので、最も多様性が高くなるとみなされる。これは一塩基変異サイトでの遺伝的多様性の１つの指標である。異なるアレルが組み合わさるGAのような遺伝型はヘテロ接合というが、このヘテロ接合頻度は多様性の指標として使われている。

今度は、１箇所の一塩基変異ではなく、ゲノム領域にある複数の変異について考えてみよう。30塩基からなる6つのゲノム配列を想定してほしい（図表２‐４）。６つのゲノムのうち4箇所が変異になっている。この数は多型サイト数と呼ばれ、何箇所変異（多型）があるかを示している。これをゲノムの塩基数（＝30）で割ると、配列あたりの多型サイト数は０・

A

① GGTAC**T**CCGTT**T**GCTCAGA**T**AACCCC**A**TTG
② GGTAC**T**CCGTT**T**GCTCAGA**T**AACCCC**A**TTG
③ GGTAC**T**CCGTT**A**GCTCAGA**T**AACCCC**A**TTG
④ GGTAC**T**CCGTT**A**GCTCAGA**T**AACCCC**C**TTG
⑤ GGTAC**C**CCGTT**T**GCTCAGA**T**AACCCC**C**TTG
⑥ GGTAC**C**CCGTT**T**GCTCAGA**C**AACCCC**C**TTG
↑ ↑ ↑ ↑

多型サイト数＝4
配列あたりの多型サイト数＝4÷30（ゲノムの塩基数）
0.133

B

	①	②	③	④	⑤
①					
②	0				
③	1	1			
④	2	2	1		
⑤	2	2	3	2	
⑥	3	3	4	3	1

各ゲノム間で異なる塩基の数の合計＝30
総当たり数＝15

30÷15＝2
2÷30（ゲノムの塩基数）＝0.067

塩基多様度＝0.067

図表2-4　多型サイト数と塩基多様度

Aは6つのゲノムで変異が何箇所あるかを示している。Bは各2つのゲノム間で異なる塩基の数をそれぞれ示している。

１３３となる。

次に、２つのゲノム間の違いをすべての組み合わせで比較し、６つのゲノムがどれくらい異なっているかを見てみよう。組み合わせの数は15となり、トータルで30の塩基の違いがある。そして、30の違いを総当たり数とゲノムの塩基数で割ると０・０６７となる。これは塩基多様度と呼ばれ、ゲノム間で配列がどれくらい違っているのかの指標となる。

多型サイト数と塩基多様度は、集団内の遺伝的多様性の指標としてよく用いられている。

多様性は諸刃の剣

個体数がそれほど変動していない状態や自然選択が働いていない状態であれば、遺伝的多様性が大きい集団は、塩基多様度が高く、多型サイト数も多い集団であり、多くの塩基サイトで異なる種類のアレルが変異として存在していることになる。そして、集団内のアレルの頻度が変化することで進化は生じるので、多様な種類のアレルがあるほど、進化の機会は増加する。

しかし、自然選択が働くと、高い適応度（個体が一生に残す子どもの数）に貢献する有利なアレルが頻度を上げていく。それにつれて、集団の個体の適応度を平均した値（集団の平均適応度）もしだいに増加し、遺伝的多様性は減少していく。そして、その有利なアレルが集団内で固定されたとき、つまりそのアレル頻度が1になったとき集団の平均適応度は最大になる。言い換えれば、最も適応度の高い有利なアレルが集団に固定するまでは、それよりも適応度の低いアレルが集団中に存在しているといえる。つまり、最適なアレルが固定されるまでは、適応度を下げるアレルが遺伝的変異として集団中に存在し、集団の平均適応度の最大化が阻止されていることになる。

このように、適応度の低下に貢献するアレルあるいは有害アレルによって集団の平均適応度が低下する程度を遺伝的荷重と呼んでいる。英語ではgenetic loadといい、loadとは重荷のことである。集団は多様な遺伝的要因があることで、最適化できない重荷（荷重）を背負っている。進化のチャンスを増加させる多様性は、同時に集団の平均適応度を低下させることにもなり、諸刃の剣ということだ。

突然変異や移動による遺伝的荷重

遺伝的荷重は、集団中に突然変異によって供給される有害なアレル（38ページ）によっても増大する。突然変異で生じた有害なアレルは、有害の効果が大きいと自然選択によって集団から除去されるが、除去されるまでには時間がかかる。また、有害の効果が小さかったり、個体数が少なかったりすると、有害なアレルは除去されなかったり、場合によっては頻度を増加させる。

このような有害なアレルが集団中に存在することで生じる遺伝的荷重を突然変異荷重という。生物集団中には多くの有害なアレルが存在し、遺伝的荷重として集団の平均適応度を低下させている。たとえば、アメリカ合衆国のショウジョウバエの野外集団でゲノム配列を調べた研究では、集団中に維持されているゲノム中の変異サイトのうち、40％が有害なアレルによる変異であると推定されている。[24]

ヒトの集団でも多くの有害なアレルが集団中に維持されていることは、第1章で述べた。ヒトのゲノム中の変異のうち、集団中で頻度の低い稀なアレルの多くは、強い有害性を示す。たとえば、約1万8000の遺伝子で見つかった23万箇所の頻度の低い変異は、遺伝子の機能を喪失させるような有害な変異であった。このような変異を1人あたり2・5個はもっていると推定されている。[25]集団中には、生存や繁殖を低下させるような有害なアレルが多数存在しており、集団全体のパフォーマンス（平均適応度）を低下させ、遺伝的荷重の原因となっているのだ。

集団中に存在する有害なアレルは、突然変異によって生じるだけではない。集団の外から有害なアレルが流入してくることもある。たとえば、北半球では南から北に行くほど温度は低下するが、北の寒い地域に適応している生物は、温度の低い環境で生存に有利なアレルの頻度が高いと考えられる。同様に南の暖かい地域に生息している同じ種の集団では、高温環境で生存に有利なアレルが増加しているだろう。ここで、この生物が南から北へ頻繁に移動することを考えてみてほしい。北の地域では南から移動してくる個体によって、寒い場所では生存に不利なアレルが流入してくることになる。このように移動によって適応度を低下させるようなアレルが流入し、集団の平均適応度を低下させている場合も多い。これは、移動によって生じる遺伝的荷重であるといえる。

トゲウオという魚の例を見てみよう。カナダのある2つの湖ではトゲウオが生息しており、それらの湖は川で繋がっている。小さい湖は浅く、そこでトゲウオは湖底に住んでいるゴカイなどの餌を食べるのに適応するように自然選択が働いている。一方の大きい湖では、水中を泳いでいるプランクトンなどを食べるように適応している。そして、ここでは大きい湖から小さい湖へトゲウオが常に流入し、異なる餌に適応しているトゲウオが交配し、子どもを残している。そのため、プランクトンを食べるのに有利なアレルが、湖底の餌を食べるトゲウオの集団に浸透し、湖底の餌への適応が妨げられているのだ。つまり、大きい湖から不適応なアレルが移入してくることで、移住による遺伝的荷重が高まっているのである。[26]
集団の平均適応度を低下させる遺伝的荷重が高くなりすぎると、進化が阻害されたり、集団が絶滅してしまう場合もある。多くの生物は生息している範囲が限られていて、地球上のどこにでもいるという場合はほとんどない。生物は限られた分布域をもつものである。
では、なぜ分布域の外の環境に適応するように進化して、分布域を拡大できないのだろうか？　その１つの原因として考えられているのが、移住による遺伝的荷重だ。分布域の中心地域の環境に適応しているアレルは、一方で分布域の境界付近では不利になる。その分布の中心部で適応しているアレルが、分布の境界へ流入してくることで、境界地域では遺伝的荷重が増大する。そのため、分布の境界地域では適応進化が妨げられ、分布域を拡大できない可能性がある。私も関わった研究では移住による遺伝的荷重により、境界付近の小さい集団は絶滅する可能性があることが示された。[27]

適応的に進化したゆえに生じる遺伝的荷重

自然選択による適応進化が、集団中で有害アレルを維持し、それによって遺伝的荷重が生じている場合もある。
アフリカの人に発症することが多い病気に、鎌状赤血球症という遺伝病がある。この病気は、血管閉塞や貧血、疼痛など様々な合併症を引き起こす。サハラ以南のアフリカに住む人では、鎌状赤血球貧血を発症した人の50～90%が5歳までに死亡すると推定されている。[28]

一方で、このように非常に高い死亡率ながら、サハラ以南のアフリカには、この病気を引き起こす遺伝子のアレルをもつ新生児が350万人以上いると報告されている。このアレルは、自然選択によって集団から消失しないように維持されているのだ。その仕組みをもう少し詳しく見ていこう。

鎌状赤血球症にはマラリアが関係している。マラリアは、熱帯・亜熱帯の地域では年間数億人が感染し、多数の人が死亡する感染症だ。日本でも平安時代の『源氏物語』のなかにマラリアと思われる記述があり、古来から存在し、昭和初期まで流行していたという。

マラリアは、蚊がマラリア原虫を媒介することで感染する。一方で、現在、このマラリアが蔓延している地域の人々の間では、赤血球に含まれるヘモグロビンの変異が存在している。ヘモグロビンを構成する1つのアミノ酸（βグロビン遺伝子によってコードされる6番目のアミノ酸）はグルタミン酸であるが、これがバリンに変化するアレルだ。このヘモグロビンの変異を作るアレル（HbS）をもっていると、赤血球の形が鎌状になり、酸素運搬の機能が低下する。ただ、マラリア原虫は赤血球のなかで増殖するので、鎌状赤血球のなかでは、マラリア原虫の増殖が阻害されることになる。[28]

そして、このアレル（HbS）を2つホモ接合でもっている人（HbS/HbS）は、マラリア原虫の増殖は阻止できるが、溶血性貧血など様々な症状を引き起こす。これが鎌状赤血球症である。HbSアレルと正常アレル（HbA）をヘテロ接合でもっている場合（HbS/HbA）は、鎌状赤血球になる程度が40%くらいに抑えられるので、日常生活で貧血は発症しない。また鎌状赤血球によるマラリア原虫の増殖阻害の効果により、ヘテロ接合の人はマラリアに対する抵抗性も示すことになる。他方、HbSアレルをもたない人（HbA/HbA）は貧血には全くならないが、マラリアへの抵抗性はなくなる。そのため、マラリアが蔓延している地域では、ヘテロ接合（HbS/HbA）の人の適応度が最も高くなり、マラリアのない地域ではHbSアレルをもたない人の適応度が最も高くなる。

ただ、マラリアが蔓延している地域で、最も適応度の高いヘテロ接合という遺伝型に自然選択が有利に働いたとしても、集団中のすべての人がHbS/HbAの遺伝型に進化することはできない。たとえば、両親ともHbS/HbAの場合、その子どもがHbS/HbAになる確率は2分の1にすぎない。4分の1ずつの確率でHbS/HbSか、HbA/HbAの子どもが生まれることになるのだ。

生存に有利な遺伝型が自然選択で集団中に広がり維持されていても、最適な遺伝型だけが集団中に固定されるわけではなく、常に適応度を減少させる遺伝型やアレルが存在してしまう。この例では、ヘテロ接合が最も生存力の高い遺伝型である結果、次世代ではそれぞれのアレルが分離して伝えられ、それら2つのアレルが消失しないで維持されることになる。このようなアレルが分離して異なる組み合わせの遺伝型を作り出してしまうことで、有害なアレルが集団中に生じ、適応度を低下させるのも遺伝的荷重の1つであり、分離荷重と呼んでいる。

なぜ集団中に遺伝的多様性が維持されるのか

集団中に存在している遺伝的多様性が大きいと、環境が変化したり、新しい環境に遭遇したときに、集団中に個体の適応度を上昇させる有利なアレルが含まれる可能性が高まる。そのため、「生物が進化するのに必要だから、遺伝的多様性が維持されている」と誤解している人も少なくない。ただ、集団中に遺伝的多様性が維持されるのは、突然変異、遺伝的浮動、自然選択という3つの要因が働いているからであり、「進化に必要だから遺伝的多様性が維持されている」わけではない。そして、集団中に遺伝的変異あるいは多様性が維持される機構は主に以下の３つである。

① 突然変異と遺伝的浮動のバランス

集団のなかに突然変異によって新しいアレルが出現する。そのアレルは、それまでのものと比べて生存や繁殖に及ぼす影響は変わらない（適応度が同じ）中立なものである。そのようなアレルは遺伝的浮動によって、頻度を低下させて集団中から消失するか、あるいは頻度を増大させて集団中に固定される。つまり集団中の変異自体は結局減少して消失する。遺伝的浮動によって消失する変異の量と突然変異によって新たに生じる変異の量がつり合ったところで、集団中に存在する変異が維持される。

② 突然変異と負の自然選択のバランス

集団のなかに突然変異によって新しく出現したアレルがそれまで存在していたアレルよりも有害な（適応度が低い）場合、新しいアレルは自然選択によって頻度を低下させるが、出現した当初は致死的な効果がない限りすぐには消失しない。このような場合、負の自然選択によって消失する遺伝的変異の量と、突然変異によって新たに生じる変異の量がつり合ったところで、集団中に存在する変異が維持される。

③ 平衡選択

自然選択が積極的に変異を維持する例である。これは、変異が消失しないように自然選択が働いている場合である。この仕組みと例は次項で説明しよう。

前述の①と②においては、新しいアレルの出現は突然変異によって生じるものだが、ほかの集団から個体が移住し、交配することで新たなアレルが侵入してくる場合もある。その場合は「移住と遺伝的浮動のバランス」「移住と自然選択のバランス」となるが、ここでは、①と②に含めることにする。

外部からの移住には、同じ種の地理的に離れた集団からの移住だけでなく、別の種の個体と交雑し、雑種形成を経て、他種のアレルが侵入してくる場合もある（遺伝子浸透と呼ぶ）。たとえば、ダーウィンフィンチでは、種間の交雑によって別の種のアレルがかなりの程度浸透していることが、集団内の遺伝的多様性に影響していることが示されている。[29]

自然選択が維持する変異

変異が維持されるように働く自然選択が平衡選択（balancing selection）だ。そのメカニズムの1つが、前述したヘモグロビンの多型が維持される例である。この例では、ヘテロ接合の遺伝型が自然選択で有利になるために、結果としてHbSとHbAが維持される。このように、ヘテロ接合の遺伝型が有利になることは超顕性（超優性）と呼ばれる。

超顕性によって、遺伝的変異が維持されるもう少し複雑な例を見てみよう。GアレルとAアレルの一塩基変異サイトがあるとする。遺伝型はGG、GA、AAの3つだ。環境Aで、それぞれの遺伝型の適応度は、図表2‐5のようにGG∨GA∨AAである。一方、環境BではGG∧GA∧AAとなる。

「環境AではGGが有利で、環境BではAAが有利である」という条件だけでは、GアレルとAアレルは、集団中で維持されない。本節の冒頭（111ページ）で述べたように、「それぞれ別の利点をもっているという理由だけで、異なるタイプが維持されているということはない」ということだ。

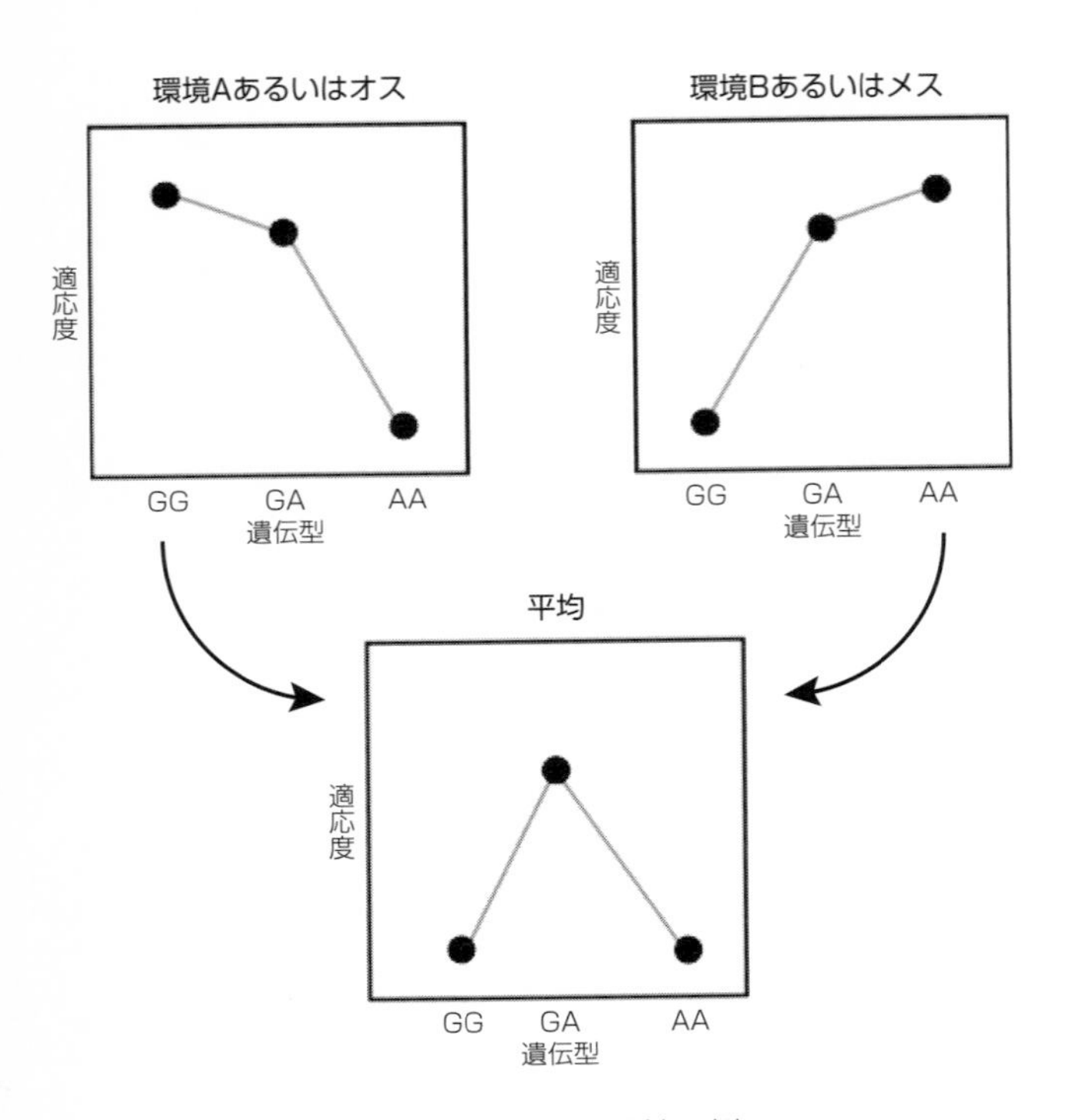

図表2-5　顕性逆転による限定的超顕性の例

環境や性によって適応度が変化する場合、ヘテロ接合型の個体の平均適応度が最も高くなるのであれば、GアレルとAアレルは集団中で維持される。

GアレルとAアレルが維持されるためには、ヘテロ接合の遺伝型の個体の平均適応度が最も高くなる必要がある。ここで、個体は一生の間に環境Aと環境Bを経験し、それぞれの環境で繁殖し子どもを残すとしよう。この場合、その個体の適応度は両者を平均したものとなる。つまり、適応度の大小関係がGG＜GA＞AAとなり、ヘテロ接合の遺伝型が最も高くなるだろう（図表2－5）。超顕性と同じように、GとAというアレルは、集団中に維持されることになる。

このように、異なる状況で、平均するとヘテロ接合の遺伝型の適応度が最も高くなる場合を限定的超顕性（marginal overdominance）と呼ぶ。実は、このような例には個体が活動する範囲に環境Aと環境Bがあり、両者を経験するような場合（空間的に変動する環境）と、今年は環境Aで次の年は環境Bというふうに、時間的に異なる環境を経験する場合がある（時間的に変動する環境）。これについては、のちほどもう少し詳しく解説したい。

さらに、平均的な適応度がヘテロ接合で高くなるという限定的超顕性は、生物個体が異なる環境を経験する場合だけではない。オスとメスで、遺伝型が及ぼす影響が異なる場合も当てはまる。たとえば、遺伝型GGの個体は体が小さく、AAの個体は大きいとしよう。このとき、オスの適応度は小さいほうが高く、逆にメスの適応度は大きいほうが高くなっている場合がある（図表2‐5）。タイセイヨウサケの例が分かりやすい。このサケは、体サイズが大きいほど卵を多く作れるので、メスは遅く成熟して、体サイズを大きくする遺伝型の適応度が高い。一方のオスは、速く成熟し、体サイズを小さくする遺伝型の適応度が高い。そして、この体サイズの違いには成熟年齢に影響する*VGLL3*という遺伝子が関与しているが、この遺伝子のヘテロ接合の遺伝型の適応度は、オスとメスを平均すると最も高くなる。それによって、この遺伝子のアレル変異が維持され、オスとメスとで体サイズの多型が維持されるのだ。[30] このようなヘテロ接合の遺伝型の適応度が高くなるという超顕性は、遺伝的変異を維持する強力な要因である。

　これとは別に、自然選択によって変異が維持されるもう1つの重要なプロセスは、頻度の低い稀なほうのアレル（あるいは遺伝型）が自然選択で有利になる場合だ。つまり、頻度が低下すると、頻度を増大させる方向に自然選択が働くということである。稀なほうのアレルが頻度を増大させメジャーになってくると、今度は、一方の頻度の少ないほうのアレルが自然選択で有利になる。これは、アレルの頻度に依存して自然選択の働き方が変化するので、負の頻度依存選択と呼ぶ。

　この説明だけだとイメージしにくいかもしれない。そこで実際の例を見てみよう。

アフリカのタンガーニカ湖に生息するカワスズメ科の魚（シクリッド）のなかに、泳いでいる魚の鱗を剥ぎ取って食べるスケールイーター（*Perissodus microlepis*）という魚がいる（図表２‐６）。この魚では口が右に曲がっている個体と、左に曲がっている個体がおおよそ１：１の割合で存在している。右に曲がるか左に曲がるかは、１つの遺伝子の遺伝型によって決まっている。[31]

口が右に曲がっている個体（左利き）は、泳いでいる魚（獲物となる別の種の魚）の後方から左側の鱗を剥ぎ取って食べようとするのに対し、左に曲がっている個体（右利き）は右側の鱗を狙う。そして、集団のなかで左利き個体が増えてくると、鱗を取られる魚は左側をより警戒するので、右利き個体に対しての防御が弱くなる。そのため、今度は右利き個体が、より多くの餌にありつけることになる。

つまり頻度の少ないほうの個体がより多く餌を採ることができるために、負の頻度依存選択が働くのである。実際に頻度の変化を観察した結果、左利きが多かった次の年は、右利きの頻度が増えるという変動をするようで、平均するとおおよそ１：１の割合になっていることが示されている。[31]

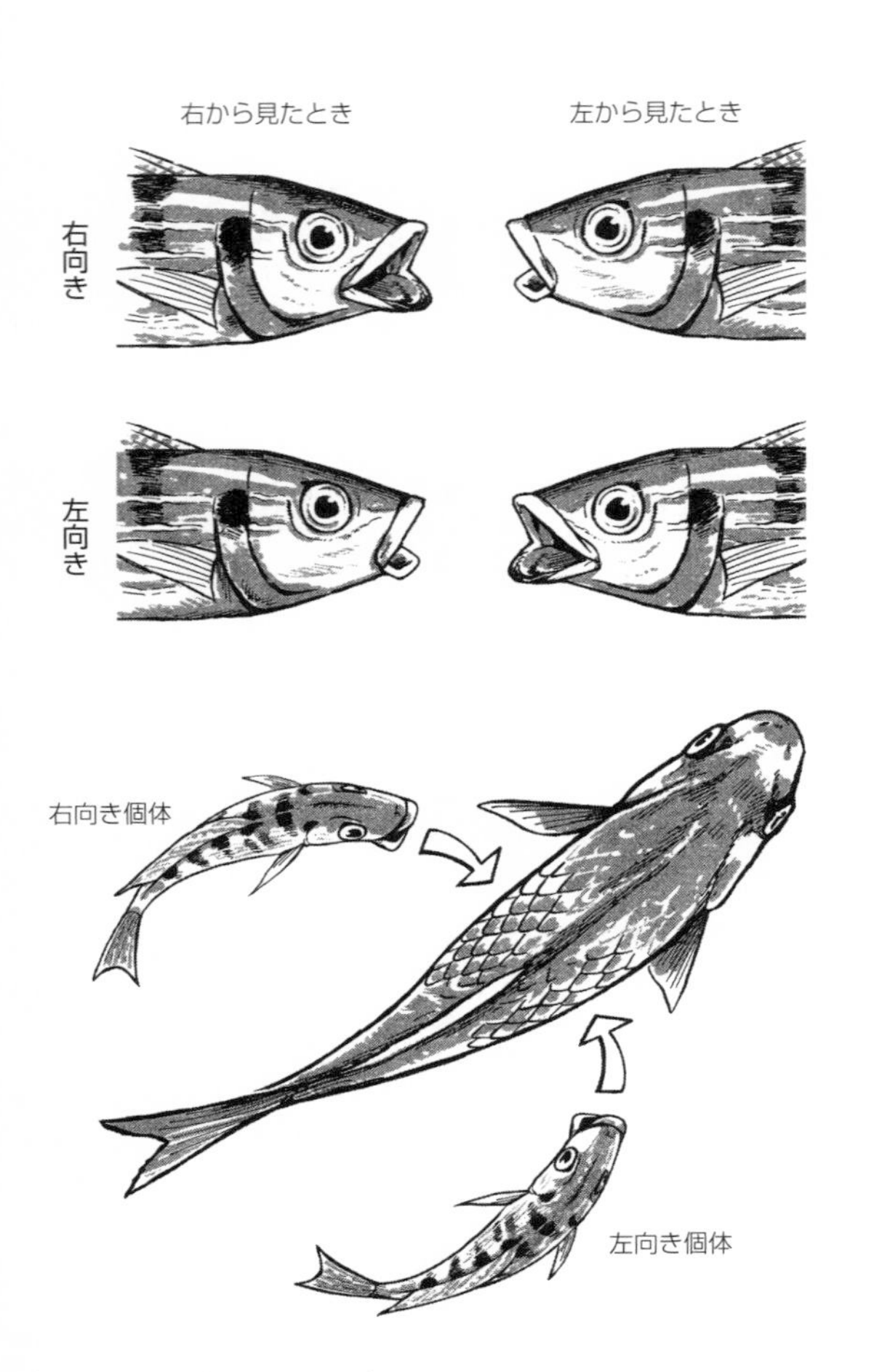

図表2-6　スケールイーター

スケールイーターは泳いでいる魚の脇腹の鱗を剥ぎ取って食べており、口が右に曲がる個体と左に曲がる個体がいる。右か左かは遺伝型の違いで決まっている。イラスト：吉野由起子

環境が場所によって異なる場合の遺伝的変異

前述したように、ある個体が経験する異なる環境での適応度を平均したとき、ヘテロ接合の遺伝型の適応度が最も高くなる場合、遺伝的変異は維持される。しかし、実際にはうまい具合に平均適応度が最も高くなる（超顕性）とは限らない。

アブラムシの例で考えてみよう。アブラムシは植物に寄生して、師管液を吸って生活する。ある限られた時期には、翅をもった個体が出現し、飛んで移動することができる。１匹のアブラムシが飛んで移動できる範囲には、様々な種類の植物が生えており、異なる生息環境が生息域のなかに存在している。

なかでも、エンドウヒゲナガアブラムシには寄生できる植物として、アルファルファ、レッドクローバー、エンドウなどがある。これらの異なる寄主植物は、同じ草原のなかに存在している。そして、異なる植物に寄生するエンドウヒゲナガアブラムシを比べてみると、ゲノム上の複数の位置にある異なるアレルが、異なる植物への寄生に関係していることが示されている。[32] エンドウヒゲナガアブラムシという集団のなかで、異なるアレルが寄主植物の違いと関連して遺伝的変異が維持されているということである。つまり、生息地内の空間的な違いが、遺伝的変異の維持に寄与しているといえる。

しかし、このエンドウヒゲナガアブラムシの例は注意が必要だ。生息地内の空間的な違いだけで遺伝的変異が維持されるわけではなく、交配の様式も関係しているからだ。

アブラムシが、レッドクローバーとアルファルファのある環境で生息し、アルファルファで育ったときに有利な遺伝型（AA）、レッドクローバーで育ったときに有利な遺伝型（RR）があるとしよう。このとき、どの寄主植物で育ったかと関係なくランダムに交配し、遺伝型RRの個体の平均適応度が、遺伝型RAや遺伝型AAに比べて、集団のなかで最も高くなってしまうと、遺伝型AAの個体がアルファルファの環境でたとえ有利であっても、Aアレルは集団から消失する。アブラムシが、どの植物で育ったかに関わりなく、自然選択によって有利なRアレルが増加し、やがて遺伝的変異がなくなってしまうのだ。つまり、生息地のなかに異なる環境があったとしても、個体がランダムに交配している場合、遺伝型RAの平均適応度が高くならない限り、それぞれの環境の適応に貢献するアレルが集団内で維持されることはないのである。

実際のエンドウヒゲナガアブラムシの場合は、レッドクローバーで育った個体は、同じレッドクローバーで育った個体と交配する可能性が高く、異なる宿主植物間での交配は制限されている。このようなときなら、異なる宿主植物への寄生に有利になるアレルが、集団内で維持されるのだ。[32] つまり、生息地のなかに空間的に異なる環境があったとしても、それぞれの環境に有利になるようなアレルが集団全体として維持されるかどうかは、限定的ということになる。

時間変動する環境は遺伝的変異に影響するか

生物が経験する環境は空間的だけではなく、時間的にも変動する。たとえば、暑い年もあれば寒い年もあるし、雨の多い日もあればほとんど降らない日もある。このような環境変動は、遺伝的変異を維持する要因になるのだろうか？

たとえば、春に卵から孵って成長し、秋に卵を産んで死亡するような生物を想定してみよう（図表２－７）。温度環境は年によって変動し、この生物では暑い年には遺伝型ＡＡが有利となり、寒い年には遺伝型ＧＧが有利となる。遺伝型ＡＡの個体は、暑い年では秋まで生存して産んだ卵の数（＝適応度）は５であるが、寒い年には１になってしまう。一方、遺伝型ＧＧの個体は寒い年の適応度は５であるが、暑い年では０・５となる。遺伝型ＡＧは、温度に左右されず、暑い年も寒い年も適応度は２としよう。

この想定で、ＡアレルとＧアレルは集団内に残り、遺伝型の多様性は維持できるのだろう

年数	気温	遺伝型		
		AA	AG	GG
1年目	寒い	1	2	5
2年目	暑い	5	2	0.5
3年目	寒い	1	2	5
4年目	暑い	5	2	0.5
5年目	暑い	5	2	0.5
6年目	寒い	1	2	5
7年目	暑い	5	2	0.5
8年目	寒い	1	2	5
9年目	寒い	1	2	5
10年目	暑い	5	2	0.5
平均適応度		**2.24**	**2**	**1.58**

図表2-7　温度変化によって異なる適応度を示すとき

3つの遺伝型の毎年の適応度と10年間の平均適応度を示した。平均適応度は算術平均ではなく、幾何平均で計算。

か。暑い年と寒い年を半分ずつ、合計で10年間経験したときを考えてみよう。10年間の平均の適応度をそれぞれ計算すると遺伝型ＡＡは２・24（の$5^5 \times 1^5$の10乗根）、遺伝型ＧＧの平均適応度は１・58（$5^5 \times 0.5^5$の10乗根）、遺伝型ＡＧは２となる（世代を重ねての平均は算術平均ではなく、幾何平均で計算する。図表２‐７）。

この状況では、遺伝型ＡＡが最も平均適応度が高いため、集団中ではＡアレルの頻度が増加し、このアレルだけになる。結局、異なる遺伝型が異なる年に有利になる状況があったとしても、遺伝型とそれを構成する異なるアレルは集団中で変異を維持できないのだ。また、遺伝型ＡＡ、ＡＧ、ＧＧの平均適応度が仮に等しいときも、遺伝的浮動の効果で、Ａアレルばかりになるかアレルばかりになり、２つのアレルは集団中に維持できない（図表１‐６、54ページ）。結局、時間で変動する環境によって遺伝的変異が維持されるためには、ヘテロ接合の遺伝型のときに平均適応度が最も高くなるという限定的超顕性の条件を満たす必要があるのだ。

ただし、ここまで見てきたのは、ＡアレルやＧアレルといった１つの変異サイトに関する変異の維持についてである。実際のところ、時間や季節、年によって変動する気温などの環境に対して生物が適応する場合は、その適応に関係する変異サイトは１つではない。ゲノム上の異なる場所にある多数の遺伝子のアレルが、温度に対する適応に関係していると考えられる。ある1つの変異サイトではGアレルが低温環境に有利で、Aアレルが高温環境で有利であり、別の変異サイトではCアレルが低温環境に有利で、Tアレルが高温環境で有利であるといったような場合だ。このような変異サイトがたくさんあると考えるのが現実的である。

しかしこのような場合でも、それぞれの変異サイトで変異が維持されるためには、寒い年や暑い年を経験したときの世代を超えた平均適応度が、ホモ接合の遺伝型よりヘテロ接合の遺伝型において充分に高い必要がある。ただ、近年の理論的研究では、実際の生物においてこの条件が少し緩和されることが指摘された[33]。

たとえば、低温や高温への適応の効果は、変異サイトが1つ、2つ、3つと増えていくと、その総計の効果はしだいに大きくなるはずである。そして、この変異サイトの数と適応への効果の関係によっては、ヘテロ接合遺伝型の平均的な適応度が、少しだけホモ接合の遺伝型より高くなるだけで、遺伝的変異が維持されるのだという。実際の生物ではこの条件が当てはまるらしく、時間的な環境変動によって遺伝的変異が維持されている場合が多いのではないかと指摘されている[34]。

ここまで見てきたように、時間的に環境が変動するという理由だけで、集団内の遺伝的多様性を増大させたり、集団内の変異の維持が促進されたりするわけではない。環境が変動しているとき、「異なる遺伝タイプが、異なる環境で、それぞれ別の利点をもつ」ということだけでは、異なる遺伝タイプは維持されないのだ。

しかし、集団における個体の変異が遺伝的な違いではなく、同じ遺伝型でありながら異なる性質を示すような表現型変異の場合は、時間的環境変動によって維持されることがある。

とあるハチの例を見てみよう。砂漠に生息するあるハチの一種は雨が降ったあとに開花する植物を利用している。[35] 砂漠では雨期に雨が大量に降る年もあれば、ほとんど降らない年もある。そして、このハチには２つの異なる生活史を示すタイプがいる。このハチは巣穴を掘って卵を産むが、１つは親が巣を作り、その年に産卵された卵が孵化して、幼虫が蛹になり、餌となる植物が開花する時期に羽化するタイプＡ。もう１つは、親が卵を産んで孵化した幼虫が蛹になるのをやめ、次の年までに体を大きくして、雨という環境刺激で蛹になり、羽化をするタイプＢである。

これらは遺伝的に違う別々の個体ではなく、同じ親が産んだ卵のなかで遺伝的違いとは関係なく、異なる表現型を示す個体が生じているのだ。産卵された年に卵が孵化し、幼虫が蛹になるタイプＡの個体は、同じ親個体が産んだ卵のうち約半分である。[35] そのほかの卵は、次年度以降に蛹になるが、それまでに幼虫は大きく成長する。

このような性質をベットーヘッジングと呼んでいる。賭（ベット）を分散（ヘッジング）するという意味である。つまり、1つにすべてを賭けるのではなく、複数に分けて賭けるということだ。複数の銘柄の株へ投資する分散投資のようなものである。このようなベットーヘッジングの例として、発芽する種子とすぐに発芽しない種子を混合して作る植物がよく知られている。これは予測できない環境変動が表現型の変異を生じさせ、維持している例である。

遺伝的変異を維持する主要因

ここまで、集団中に遺伝的変異が存在し、維持されている要因について解説してきた。それでは、実際の生物集団中に見られる遺伝的変異は、ここまで説明したどの要因がどの程度働き、維持されているのだろうか。つまり、「突然変異と遺伝的浮動のバランス」「突然変異と負の自然選択のバランス」、そして「自然選択によって変異が積極的に維持される場合（平衡選択）」の3つの要因のうち、どれがどの程度働いているかという疑問だ。

これまでの研究から、集団中の多くの変異は前者の2つの要因によって維持されていると考えられている。その理由は集団中の遺伝的変異を構成するアレルのほとんどが、中立か有害であると推定されているからだ。中立な変異は「突然変異と遺伝的浮動のバランス」によって、有害な変異は「突然変異と負の自然選択のバランス」によって生じ、維持されている。

それに対して、平衡選択で維持されている集団中の変異はごくわずかであると考えられている。ヒトの集団では、平衡選択によって変異が維持される役割は小さいとみなされている[36]し、前述したアメリカ合衆国のショウジョウバエの野外集団でも、ゲノムに見られる変異サイトのうち、約60％は中立なアレルによる変異で、約40％は有害なアレルによる変異（もとから存在していたアレルと有害なアレルによる変異）だと推定されている。[24]また、適応度を向上させる有利なアレルは、自然選択によって比較的すばやく頻度を上昇させて集団中に固定されるため、集団中で維持されている変異は非常に少ないと考えられる。

ヒトのゲノム配列を使った最近の研究では、ゲノム中の変異の約2％が平衡選択で生じている変異だと推定されている。[37]とくに免疫に関する遺伝子に平衡選択で維持されているものが多いようだ。多様な病原体の抗原と多様な遺伝型の間の相互作用がアレルの維持に関係している。集団中ではまだ頻度の少ないアレルは、病原体の感染や増殖に抵抗性を示す効果が高く、負の頻度依存選択が働きやすい。[38]また、ヘテロ接合の遺伝型はホモ接合に比べて病原体への抵抗性が高い場合、超顕性によって維持されていることも考えられる。

このように、平衡選択で維持される遺伝的変異は、生物個体にとって重要な働きをもつ性質である場合が多いものの、ゲノム全体の変異からするとわずかなものにすぎないと考えられている。ただし、近年ではこれまで考えられていた以上に、平衡選択によって変異が維持されている場合があるという見解が、とくにショウジョウバエの研究によって指摘されている[34]。少し詳しく見てみよう。

野外のショウジョウバエを捕獲し、野外ケージで5カ月間実験を行った研究がある[39]。この実験集団は、たった5カ月間の季節による環境変化に対応して、頻度を変化させるアレルが多数あることが分かった。つまり、野外の集団では異なるアレルが異なる季節に適応していて、季節変化とともにアレル頻度が常に変化していることで維持されている遺伝的変異が多数あるのではないか、ということだ。これは、前述した多数の変異サイトで働く平衡選択によって維持されている可能性が指摘されている[34]。

集団中に維持されている変異のうち、どれが平衡選択によって維持されているのかを検出する様々な手法も開発されている。ただ、強い平衡選択が働いていて、非常に長い間変異が維持されている場合は別にして、弱い平衡選択で維持されている変異を検出するのは難しい。

近年は、多くの個体のゲノム配列を使って統計的に解析する方法が進展している。しかし、ゲノム配列だけを用いた解析では、平衡選択によって維持されている多くの変異を検出できないのではないか、という指摘もある。[40]

平衡選択で維持されている変異について、これまで考えられていたよりどのくらい多いのか、また、それは生物集団によってどの程度違うのかといった問題は、今後の研究を待たなければいけない。

そもそも遺伝的多様性はどの程度なのか？

ここまで、集団中には遺伝的荷重として集団の適応力を低下させるような変異が多数あることや、集団中の変異がどのような要因で維持されているのかについて見てきた。しかし、そもそも集団中に存在している変異は、ゲノム上にどの程度あるのだろうか？　変異の量と種類の程度、つまり遺伝的多様性はどれくらいかという疑問である。

ヒトの遺伝的変異の程度については第1章でも触れたが、再度見てみよう。集団内の異なるゲノムの間に、何箇所くらい一塩基変異があるのかを見ることで、遺伝的変異がどれくらい存在するのかについて、1つの目安を得ることができる。

ヒトの約30億のDNA配列のうち一塩基変異が見つかるのは、血縁関係のない2人のゲノムを比べると300万〜400万箇所、世界中の約2500人のゲノムを調べてみると約8500万箇所[41]であった。さらに、アメリカの約5万人規模での調査では3億8000万箇所[25]、イギリス人15万人の調査では、約6億箇所の変異サイトが見つかった。[42]

つまり、個人の間ではゲノム全体のだいたい0・1％が違っているが、調べる人数が増えてくると、見つかる変異箇所もしだいに増えていき、15万人規模ではゲノムの約20％の箇所で一塩基変異が見つかるということになる。ただし、多くの人数を調べた場合、稀なほうのアレルが何千人、何万人調べても1〜2人しか見つからないという一塩基変異も多くなる。稀なアレルの頻度が集団中で約0・5％以上あるような変異は、ゲノム中で約0・7％の箇所で見られるようだ。[41]

ここで遺伝的多様性の指標として用いたのは、ゲノム中に見つかった変異箇所の数であり、前述した多型サイト数にあたる（図表2－4、116ページ）。実は、この多型サイト数は個体数が増加しているとき、大きくなることが知られている。ヒトは、過去数千年前から個体数が急激に増大しているので、ここで説明したヒトの遺伝的多様性は、過大推定した値であることに注意してほしい。

ほかの生物ではどうだろうか？　ヒトと同じように大規模なゲノム調査が行われている生物は少ない。そのため、正確にヒトとの間で変異量の違いを比べることはできないが、おおざっぱな違いとして見てみよう。ヒトと近縁で、ほぼ同じ大きさのゲノムをもつチンパンジーではどうだろうか？　24個体のチンパンジーゲノムを調べた研究では、２７００万箇所に一塩基変異が見られた。調べた個体をおおよそ同じくらいだとすると、ヒトの約５〜６倍の変異があることになる。[43]ヒトとチンパンジーの間には約１％のゲノムの違いしかない、という話を聞いたことがある人もいるだろう。しかし、これは１つのチンパンジーのゲノムと、ヒトの１つのゲノムを比べたときの１塩基の違いを調べた場合である。[44]実際のところは、長いゲノム配列が一方ではなくなっていたり（欠失）、一方で挿入されていたり（挿入）するような箇所が３％もある。[45]さらに、数百万のＤＮＡ塩基配列が逆位（図表１‐４、39ページ）となっていたり、長い配列が別の場所にあるような大きな違いも見られ、ヒトとチンパンジーのゲノムの大きな違いになっているようだ。[45]

昆虫であるショウジョウバエではどうだろうか？　野外集団の１２９個体のゲノムを調べた研究によると、約１億８０００万塩基（ゲノムサイズ）のうち、一塩基変異の箇所は４６７万であった。[24]正確な比較はできないが、この場合、ヒトの約15〜20倍の変異量をもっていることになる。一方で、遺伝的多様性が非常に少ない生物もいる。かずさＤＮＡ研究所の調査によると、全国の46本のソメイヨシノのゲノム配列を調べたところ、変異はわずか６８４箇所だった（ゲノムサイズは約６億９０００万塩基対、http://www.kazusa.or.jp/cms/wp-content/uploads/2022/03/pr20220316.pdf）。これはゲノム中の０・００００１１％にすぎない。

このような生物間の遺伝的多様性の違いは、何に影響されているのだろうか。

ソメイヨシノの低い遺伝的多様性を示す要因は明確である。ソメイヨシノは江戸時代に、野生の種であるエドヒガンとオオシマザクラを祖先として作られた交雑種であるといわれている。そして、明治時代以降、上野恩賜公園にあるソメイヨシノの原木から接ぎ木によるクローン繁殖によって全国に広がった。

つまり、ソメイヨシノの遺伝的多様性が低い理由は「もともと数本の原木をもとにしている」「雑種のため自然交配せず、接ぎ木という無性生殖で広がった」「もとの個体が全国に広がってから２００年も経っていない」ということであろう。始まりが、いくつかの個体のほとんど変異のないゲノム配列をもとにしているならば、そこから変異を増やすためには、突然変異が生じるか、外部の個体と交配して変異を取り込むことが必要である。ただ、ソメイヨシノは、突然変異が生じて、変異が蓄積していくには時間が経っていないし、無性生殖をしているので交配によって変異を増やすこともできないのだ。

ソメイヨシノの例のように、無性生殖している場合や、集団内でランダムに交配が行われていない場合は、集団中の遺伝的多様性の程度が低下する。また、このソメイヨシノの遺伝的多様性の低さは、近年の温暖化に対して進化的対応が可能かどうかにも影響しているようだ。多くの野生植物は温暖化によって、開花や結実、芽生えなどの時期がしだいに早くなっている。サクラの花見の時期がだんだん早くなっている実感があると思う。しかし、ソメイヨシノの開花や結実、芽生えなどの時期が早まる程度は、ほかの野生植物に比べて遅いという研究がある。[46] 遺伝的変異が少ないので、進化的な対応ができないということかもしれない。

個体数が多い＝遺伝的多様性も大きい？

それでは、ヒトやチンパンジー、ショウジョウバエなどの間の遺伝的多様性の違いは何が原因だろうか？

集団中に維持されている主要な変異である、中立なアレルの場合について考えてみよう。中立な変異が維持されているメカニズムが、突然変異－遺伝的浮動バランスであることは述べた（１４０ページ）。これは、遺伝的浮動による変異の消失と突然変異による新たなアレルの変異生成のバランスによって、遺伝的変異が維持されるというものだ。このメカニズムで中立な変異が維持されているとき、維持される遺伝的変異の量に大きく影響するのは個体数、厳密には有効集団サイズ（92ページ参照）である。理論的には、突然変異‐遺伝的浮動バランスによって集団中に維持される中立な変異の量、すなわち中立変異の多様性は、有効集団サイズが小さくなるほど減少すると予測できる。

実際に中立な変異の遺伝的多様性を様々な生物で比較した研究がある。[47] タンパク質をコードするＤＮＡ配列のなかで、塩基が変化しても翻訳されるアミノ酸が変化しないサイト（同義置換サイトという）の変異は、翻訳されるタンパク質に違いがないので、ほぼ中立であると考えられる。この研究では、それらの同義置換サイトの塩基多様度（図表２‐４、１１６ページ）を異なる生物の間で比較した。

研究では、遺伝的多様性の指標となる塩基多様度に個体数が影響するかどうかを明らかにするために、個体数に関係しているとされる生活史形質の影響も調べられた。たとえば、成体サイズや体重、繁殖数、繁殖体（propagule）のサイズなどだ。一般的に成体サイズが大きいほど個体数は少ない。繁殖数は１個体が何匹の子どもを産むのかという数で、多いほど個体数も多いと考えられる。そして、繁殖体の大きさとは、子どもが親から離れて独立するときの子どもの大きさである。哺乳類だと、授乳が終わって母親から離れていくときの大きさとなる。子どもの世話をしない生物だと、産まれた卵の大きさとなる。

解析の結果、繁殖数が小さく／繁殖体サイズが大きい生物ほど、遺伝的多様性は小さく、逆に繁殖数が多く／繁殖体サイズが小さい生物ほど高い傾向が見られた。一方で、成体サイズと遺伝的多様性の間には強い関係性は見られなかった。

生態学では、子どもの生存率を上げるよりも、より小さい子どもをたくさん産むことで、結果的に多くの子孫を次世代に残そうとする生物をｒ‐戦略種と呼び、少数の大きな子どもを産み、子どもの世話をして子どもの生存率を上げるような生物をＫ‐戦略種と呼んでいる。つまり、遺伝的多様性はｒ‐戦略種で高く、Ｋ‐戦略種で低いといえる。[47]

この原因は、まだよく分かっていない。この研究の著者によると、ｒ‐戦略種は変動の大きい環境に生息し、個体数は環境変動の影響を受ける。そして、激しく個体数が変動している場合、個体数が少ない種はすでに絶滅していると考えられ、現在、生存しているｒ‐戦略種は、結果的に全体的な個体数がそもそも多い傾向にあったという。つまり、遺伝的多様性は、現在の個体数と関係しているのではなく、その生物が経験した過去から現在にいたる個体数変動を考慮した個体数に依存しているのではないかという。

ヒトとチンパンジー、ショウジョウバエなどの間の遺伝的多様性の違いは、このような過去から現在にいたるまでの有効集団サイズ（個体数）の大小が影響しているのではないかと思われる。ショウジョウバエはヒトやチンパンジーに比べてr－戦略種であり、有効集団サイズが150万～250万あるいはそれ以上に大きい。[48] 他方でヒトは1万くらいであり、チンパンジーは5万くらいと推定されている。[49,50] 現在、チンパンジーの個体数は絶滅が心配されるほど減少しているが、過去はヒトよりも多かったといわれている。ヒトはチンパンジーと分かれてから、個体数を減少させた時期があり、それも有効集団サイズに影響している。最近の研究では、80万～90万年前にヒトの祖先の集団の有効集団サイズが1000くらいになった時期があることも示されている。[51]

チンパンジーがヒトよりも何倍もの遺伝的多様性をもっているということは、この過去に経験した個体数の違いで説明できるのだろう。

自然選択による遺伝的多様性の減少

正の自然選択は、集団中に生じたアレルの頻度を増加させ、集団中のほとんどを占めるようにしたり、固定したりするので、遺伝的多様性を減少させる方向に働く。ただ、このような正の自然選択が働いている変異箇所は、ゲノム中の数％ぐらいで、大きな割合ではない。したがって、ゲノム全体で見たとき、遺伝的多様性の減少には影響しないように思える。ただ、実際はそういうばかりではない。正の自然選択が働いている変異自体は少なくても、自然選択がゲノム全体の遺伝的多様性に影響する可能性があるのだ。どういうことか説明しよう。

ゲノムは長く連なっている。そのため、連なっている配列同士は、独立に遺伝するのではなく、連なった配列として遺伝する（図表２‐３B、１０４ページ）。これを連鎖といった。

ゲノム上の１つのサイトに突然変異で新たなアレルが生じたとしよう。その新たなアレルは、自然選択によって急速に頻度を増大させていく。そのとき、近くにある変異サイトのアレルも、自然選択によって一緒に引きずられて増大していく。結果として、同じゲノムの広い範囲で、遺伝的変異が喪失していく。これは選択的一掃と呼ばれる（図表２‐８A）。

ゲノム全体で観察される遺伝的多様性が、この選択的一掃による影響を受けているかどうかを調べた研究がある。[52] それによると、組換え率の低い領域ほど中立な変異量が少ないことが示された。図表２‐３C（１０４ページ）で示したように、組換えが起こると、連鎖によって一緒にアレルが遺伝するという影響が弱まるので、選択的一掃の効果が抑えられること

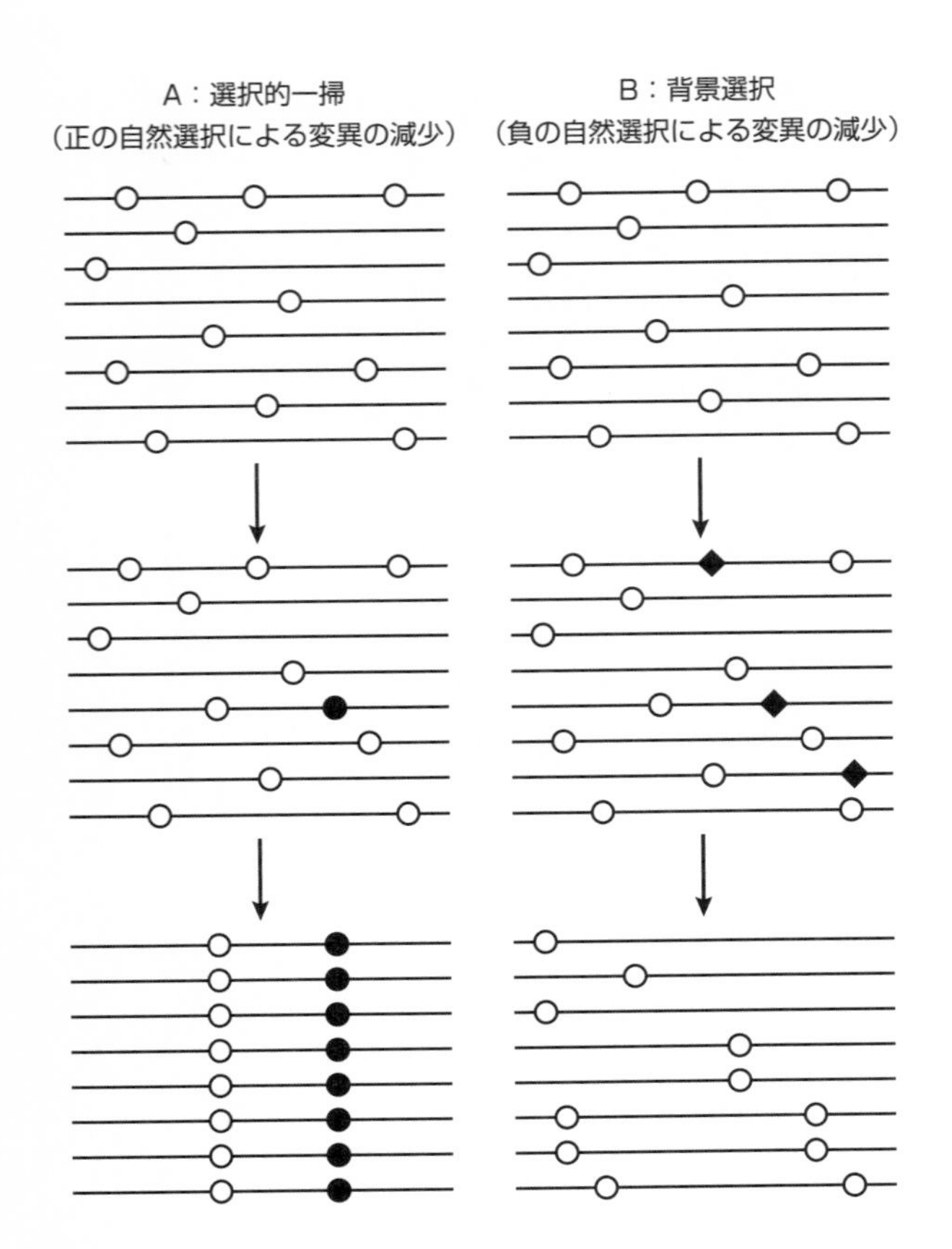

図表2-8　自然選択による変異の減少

A：突然変異で有利な●アレルが生じたとき、そのアレルと連鎖しているほかのアレルも集団中に一緒に広がることで変異が減少する。B：突然変異で有害な◆アレルが生じたとき、有害なアレルが淘汰されることで連鎖しているほかのアレルも集団中から喪失する。

になる。また、個体数が多いほど自然選択は有効に働き、少ないと遺伝的浮動の力が増大する。そのため、個体数が多い生物ほど選択的一掃によって変異の減少量が増大しているはずで、そのこともこの研究は示していた。

不利なアレルを減少させる負の自然選択も同様に、連鎖している近くの変異を減少させる。これは選択的一掃に対して、背景選択と呼んでいる（図表２－８Ｂ）。生存や繁殖に不利となるアレルは、有利となるアレルよりも突然変異によって生じる確率が高いので、この背景選択は、選択的一掃よりも強く働いている可能性が高いといわれている。

遺伝的多様性と進化の関係

遺伝的変異が集団中にないと進化は生じない。また、遺伝的変異の量や種類、すなわち遺伝的多様性が小さいと、新たな環境に適応進化できる可能性が制限されることがある。実際に、個体数が減少した集団では、遺伝的多様性が複数の要因で小さくなり、そのために有害な遺伝子の影響が顕著になったり、変化する環境への対応が困難になって絶滅したりする場合がある。一方、遺伝的荷重のところでも述べたように、遺伝的多様性が大きすぎても、進化を制限したり、集団の絶滅を促進させたりする（117ページ）。

結局のところ、集団中の遺伝的多様性の大部分は、突然変異と遺伝的浮動バランスか、突然変異と負の自然選択バランスによる結果として存在している。遺伝的多様性が増加するのは、進化を促進させるためではないのだ。この節の冒頭でも述べたように「集団内の遺伝的多様性は、集団が進化できるように、あるいは集団が絶滅の可能性を下げるために進化」したのではない。このことはなかなか理解しづらいようで「多様性が失われると、その集団は環境変化に耐えられなくなる。やはり、環境適応のために多様性はあるのではないか」と考えてしまう人は少なくない。

これを理解するためには以下の点を理解することが重要だ。1つは、遺伝的多様性はあくまで進化の結果であるということだ。本節で述べてきたように、集団中の遺伝的多様性は、突然変異と遺伝的浮動のバランス、突然変異と負の自然選択のバランス、平衡選択の3つのメカニズムで創出・維持されている。遺伝的多様性によって、生物が環境に適応するように進化が促進されることもあるが、それは結果であって、「環境への適応を促進」することが原因となって遺伝的多様性が生じたり、増大しているわけではない。

もう1つは、自然選択は、個体の生存や繁殖を向上させるような個体の性質を進化させるのであって、その結果として、集団の存続にも有利になる場合もあれば、不利になる場合もある。集団を存続させるように、自然選択が働いているわけではないということだ。環境への適応が促進され、集団の存続を助けるように集団内の遺伝的多様性が進化するということはない。この点については、第3章で詳しく説明したい。

2-3 受け継がれるのは遺伝子だけか？

ラマルクの復活？

第1章でも紹介したラマルクは、「頻繁に使った器官が発達し、使わなければ萎縮する。この変化が子どもへと遺伝する」という用不用説と獲得形質の遺伝を提唱したことで有名だ。そして、「生物が後天的に獲得した性質が遺伝し、そのことが主要な原因となって生物の適応進化を促す」という考え方をラマルキズムと呼び[53]、ダーウィニズムと対立するものとして提唱されてきた。ラマルキズムは、その生物学的な妥当性と別に、心情的、思想的に支持されることが多い。

戦後、日本でもラマルキズムを支持する人々が多く、その支持者の一部が思想的、政治的に科学をゆがめた背景もあって、日本の生物学者の多くがダーウィン進化論に否定的であった。それらの生物学者は、ソビエト連邦のトロフィム・D・ルイセンコの思想の影響を受けていた。ルイセンコは、後天的に獲得した性質が遺伝されるという考えを主張し、当時の遺伝学を否定し、弾圧した。[54]「環境条件の変化は、すぐに生物の細胞内に、遺伝可能な変化を引き起こす[55]」というルイセンコのラマルク的な考えは、社会状況のもとで人間の行動や価値観を変えることができるという共産主義の哲学と親和性が高かったのだ。また、ソビエト連邦における共産主義のような極端な思想でなくても、人間の様々な性質が遺伝子によって影響を受けていることを受け入れがたいと思っている人は、ラマルクの考えに好意的になるようだ。

古くからの議論として「遺伝か環境か」という問題についての対立がある。環境の改善や教育が人間の改善に重要だとする人のなかには、遺伝によって人の様々な性質が引き継がれるということに対して拒否感を示す人も少なくない。科学史家のP・J・ボウラーは「育ち（著者注：環境の意味）を支持する論者たちが、よりよい環境が人間をよくすると主張するとき、どんな遺伝的効果も必要でない。こうした理由で、リベラルな思想は生物学上のラマルキズムが挫折したにもかかわらず、20世紀にも活躍し続けているのである」と述べている。[56]

ただ近年になって、このあと詳しく述べるように、環境の刺激などによりDNAなどに付加された「印」が、次世代に伝えられるという「エピジェネティク遺伝」が知られるようになった。これは獲得形質の遺伝が生じることを示していることから、「ラマルクの復活」という主張が、様々な場面でなされるようになっている。[53]

生物学者だけでなく、エピジェネティク遺伝の事実を知った生物学者以外の人のなかにも、獲得形質の遺伝が示されたことで、ラマルキズムが復活し、ダーウィンの進化論は見直すべきだと主張する人は少なくない。[53] また、ロシアではルイセンコ主義の再評価が行われているようである。[55] これは、西側諸国との対立関係から生まれてきたイデオロギー的な主張が主であるが、ロシアの生物学者のなかには、エピジェネティク遺伝の研究をもとに、ルイセンコを復活させようとする動きもあるらしい。[55]

「生物が後天的に獲得した性質が遺伝し、そのことが主要な原因となって生物の適応進化を促す」というラマルキズムは現在では否定されている。しかし、近年明らかになってきたエピジェネティク遺伝が生物の進化にどのように影響するのか、を具体的に考察している一般向けの解説はほとんどない。本節では、世代を超えて伝えられる仕組みの1つとして、エピジェネティク遺伝に焦点をあて、進化との関わりについて見ていきたい。

遺伝子とは何か

エピジェネティク遺伝について見ていく前に、「遺伝子とは何か」という点を押さえておきたい。本節では、「受け継がれるのは遺伝子だけか？」というタイトルにした。しかし、「遺伝子」とこれまで度々出てきた「ゲノム配列」とでは何が違うのだろうか？　後述するように、ゲノム配列には遺伝子と呼ばれる領域と遺伝子以外の領域が含まれている。したがって、本節のタイトルは「受け継がれるのはゲノム配列だけか？」というほうが正しい。このように、遺伝子という言葉について、ここまではそれほど厳密に定義せずに用いてきたので、まずはどのような意味で用いているかを解説したい。

遺伝子の定義は大きく分けて、分子学的遺伝子とメンデル的遺伝子の2つがある。[57]メンデル的遺伝子とは、「異なる対立遺伝子（アレル）に関連する表現型の違いによって認識される遺伝単位」である。たとえば、エンドウ豆の表現型である「丸」と「しわ」には、Rアレルとrアレルが関係する（67ページ）。そして、遺伝型RRとRrが丸、rrがしわという表現型を示すと説明できる。ゲノム配列のどこからどこまでがRアレルあるいはrアレルなのかは、分からなくてもかまわない。このとき、遺伝子とは表現型の違いを引き起こすアレル（遺伝子）であるとみなされる。

それに対して、分子学的遺伝子はゲノム配列から定義する。ゲノム配列には、様々な領域が存在している（図表2-9）。RNAに翻訳されてタンパク質が作られるコード領域と呼ばれる配列、タンパク質の翻訳をコントロールする転写因子結合領域やエンハンサーと呼ばれる配列、ほかにもタンパク質には翻訳されないRNA（ノンコーディングRNA：ncRNA）を転写する領域や、機能が不明あるいはない配列、また転移因子と呼ばれる領域などもある（転移因子については第3章第2節で述べる）。

そして、遺伝子のより狭い定義としては、ゲノム配列のなかでmRNAに転写され、タンパク質が作られるDNA領域とされることが多い。一方で、これは前述したように「コード領域」と呼んで、「遺伝子」と区別することも多々ある。ヒトゲノムでは、この「コード領域」は約30億塩基のうち1〜2％である。現在の分子学的遺伝子の定義としては、タンパク質に翻訳されるかどうかに関係なく、RNAに転写されるゲノム領域を遺伝子とする場合もあれば、それに加えて、転写因子が結合する配列など、遺伝子発現を制御する領域も含めて遺伝子とする場合が多い。

たとえば、教科書『細胞の分子生物学』（ニュートンプレス）では、ゲノム配列からRNA

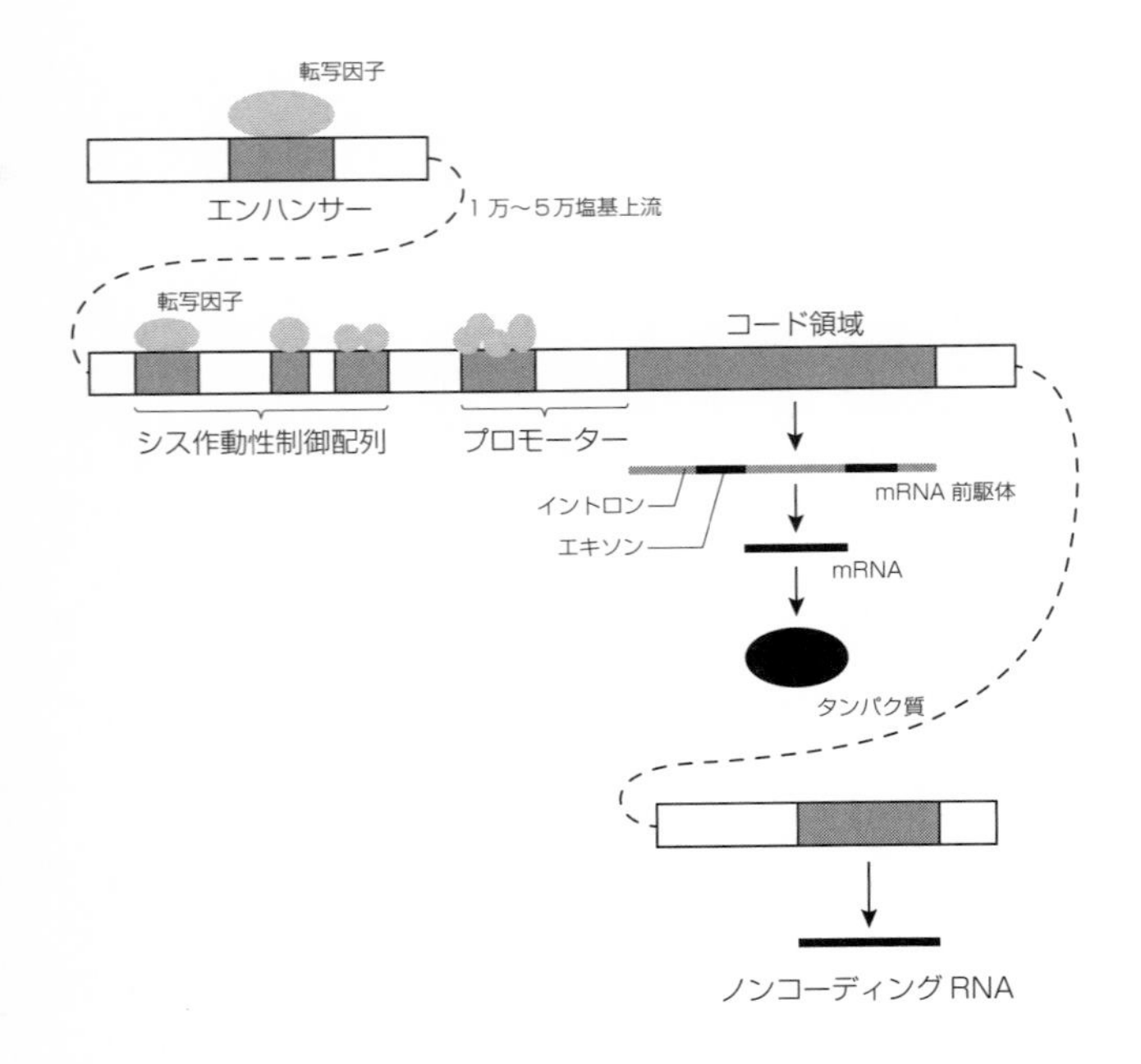

図表2-9　コード領域と調節領域

タンパク質に翻訳されるコード領域や転写因子結合領域（シス作動性制御配列やエンハンサー）などを簡略化して示した。コード領域はまずmRNA前駆体がDNA配列から転写され、そこからイントロンなどが取り除かれてmRNAとなり、タンパク質に翻訳される。コード領域の上流には転写因子というタンパク質が結合する領域があり、そこに転写因子が結合することで、タンパク質への翻訳はコントロールされている。また、コード領域から1万〜5万塩基も離れた位置にも転写因子が結合する領域があり、エンハンサーと呼ばれる。さらに、タンパク質には翻訳されないノンコーディングRNAが転写されるDNA領域もある。

として転写され、個別の遺伝的特性に関する情報を保持するＤＮＡの領域を遺伝子としている。[58]この定義は、前述のタンパク質に翻訳されるコード領域のほかに、ノンコーディングＲＮＡをコードしている領域も含まれることになる。ノンコーディングＲＮＡはタンパク質には翻訳されないが、ＲＮＡに転写されている領域のことだ。これは細胞内で何らかの機能を果たしているとされている（転写されたすべてのＲＮＡのどの程度が機能をもっているかについては論争がある。２３６ページ）。また、ＲＮＡに転写される領域だけでなく、転写や翻訳をコントロールする領域を含めて、「遺伝子は、制御領域、転写領域および／またはほかの機能配列領域と関連している１つの遺伝する単位としてのゲノム配列領域」と定義する場合もある。[59]どちらの定義にしても、ゲノム配列のなかでタンパク質を直接作ったり、それを制御したりして、何らかの生物の性質に影響する「機能」をもつ領域を遺伝子としている。

　分子学的およびメンデル的な定義のどちらにしても、遺伝子とは生物の性質に影響するゲノム領域となり、何も影響しない部分は遺伝子と呼ばないことになる。だとすると、ヒトのゲノムの多くの領域は遺伝子ではないとみなされるだろう（どれくらい生物の性質に影響しない領域があるかについては議論がある。第3章第2節参照）。ゲノム配列によって次世代に伝えられる遺伝情報は、遺伝子だけではないことになる。ただ、個体の性質に影響しないゲノム配列が変化することも進化だ。つまり、進化には必ずしも遺伝子だけが関わっているわけではないのだ。

本書では、主にタンパク質に翻訳されるゲノム領域（コード領域）とその翻訳を調節する領域を遺伝子と呼ぶが、場合によってはコード領域のみを遺伝子と呼ぶこともある。また本書では、アレルという言葉を頻繁に用いているが、このアレルのゲノム上の位置はどこでもよく、遺伝子領域にある場合もあれば、そうでない場合もある。つまり、ゲノム配列には遺伝子と呼ばれる領域とそうでない領域があるが、遺伝子であるかどうかに関わりなく、進化はゲノム配列の変化によって生じるといえるのだ。

遺伝子を制御するDNA配列以外の情報

生物個体の様々な性質に影響する遺伝情報として、ゲノムのもつDNA配列だけが親から子どもに遺伝するとは限らない。DNA配列以外で次世代に遺伝する情報として重要なのが、本節の最初のほうで触れたエピジェネティク遺伝だ。

エピジェネティクとは、DNA配列の変化に依存しないで〝遺伝する〟遺伝子制御情報のことである。[60] そして、この遺伝子制御情報が〝遺伝する〟ことをエピジェネティク遺伝と呼

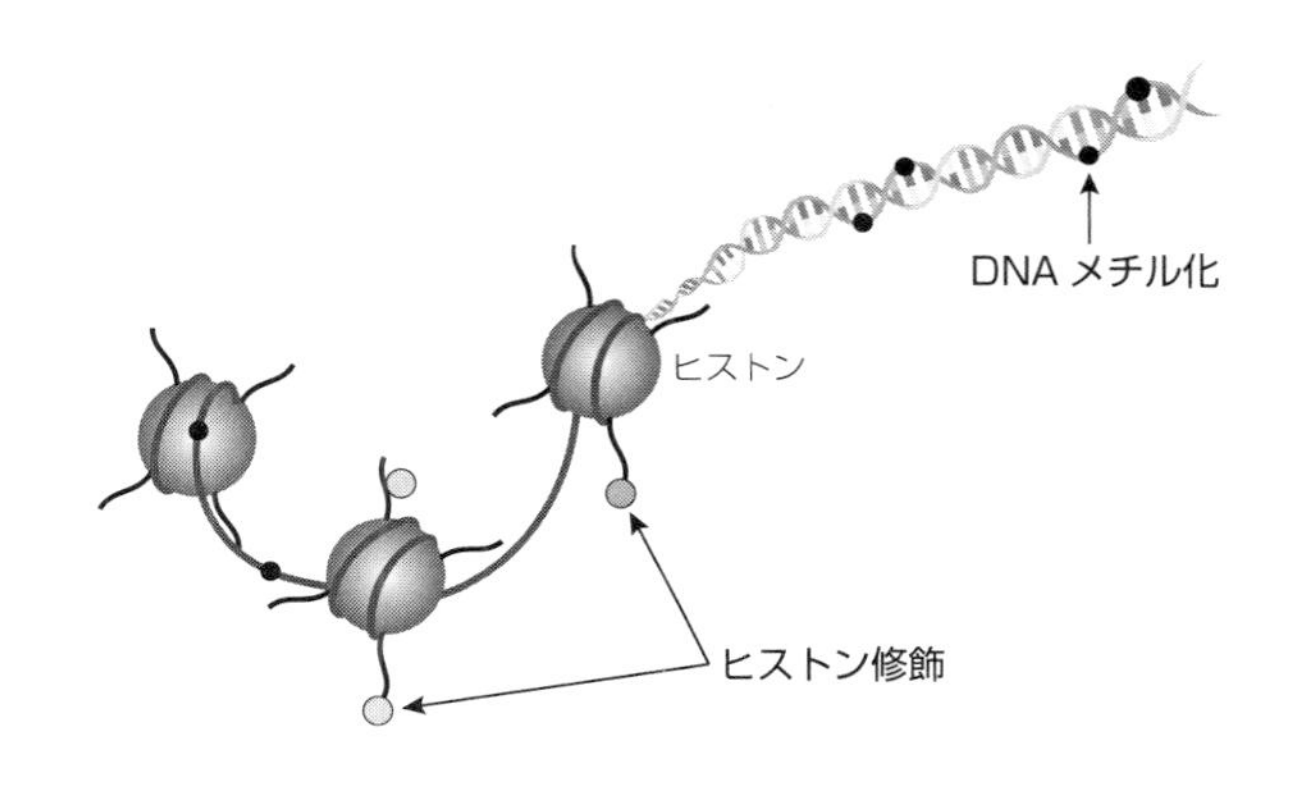

図表２-10　エピジェネティク修飾

エピジェネティク遺伝を担う主要な機構がDNAメチル化とヒストン修飾である。DNAメチル化では主にCG配列のCにメチル基が付加されるという化学的修飾が行われる。他方、ヒストン修飾はというと、ヒストンにはヒストンテールというアミノ酸が連なる４本のヒゲがあり、このヒストンテールの１つのアミノ酸にメチル基が付加されたり、アセチル基が付加されたりする。

ぶ。ここで〝遺伝する〟とは、細胞が分裂する際に、その情報が分裂した細胞にも伝えられるという意味で、ある個体のなかで細胞が分裂して、その情報が分裂した細胞に伝えられていく場合と、ここで議論するように、細胞が精子細胞や卵細胞に減数分裂しても情報が伝えられ、世代を超えて次世代まで伝えられる場合がある。

エピジェネティク遺伝が生じる仕組みとしては、ＤＮＡメチル化やヒストン修飾（エピジェネティク修飾、図表２-10）、ノンコーディングＲＮＡなど、いくつかの異なる機構が知られている。たとえば、ＤＮＡメチル化は、ＤＮＡの１つの塩基（主にシトシン：Ｃ）に化学組成（メチル基：-CH3）が付加されることだ。遺伝子をコントロールする制御配列の一部がメチル化されると、遺伝子の発現が低下したりする。また、ヒストンというタンパク質にはＤＮＡの鎖が巻きついているが、そのヒストンにはヒストンテールというアミノ酸が連なるヒゲ状の構造が４本あり、そのアミノ酸にメチル基（-CH3）やアセチル基（-CH3CO）が付加されるのがヒストン修飾だ。ＤＮＡが密に巻きついているところは遺伝子の発現が抑えられるが、このような修飾がされることで、巻きついていたＤＮＡがほどけやすくなって、遺伝子の発現が活性化されたり、ほかのタンパク質などと一緒になって遺伝子の発現を調節する。

ＤＮＡメチル化やヒストン修飾は、ＤＮＡ配列やヒストンに印をつけて遺伝子の発現を調節していることになる。そして、「どこにどれだけの印がつけられているか」が情報として伝えられる。

一方、ノンコーディングＲＮＡはタンパク質に翻訳されないＲＮＡのことで、様々な長さのものがＤＮＡから転写される（図表２-９、160ページ）。これらは、遺伝子発現の制御を担っていると考えられている。また、一部の転写されたＲＮＡは、ＤＮＡ配列とは別に精子や卵の細胞質に存在して、次世代に伝えられる可能性も指摘されている。これは、ＤＮＡメチル化やヒストン修飾といったエピジェネティク修飾とは別のエピジェネティク遺伝の１つだ。

エピジェネティク修飾の多くは、精子と卵を通じて子どもに伝えられるときにリセットされて、次の世代には伝わらない。しかし、近年になって次世代に伝わるエピジェネティク遺伝が知られ、進化に及ぼす役割について議論されるようになってきた。[60] 単に「次世代に遺伝する」といったが、親から子どもや孫に伝えられるだけのもの（世代間遺伝＝intergenerational inheritance）と、数世代から十数世代にわたって遺伝するもの（複数世代間遺伝＝transgenerational inheritance）の２つがある。また、エピジェネティクな修飾は、ＤＮＡ配列のように永続的に伝えられていく情報ではない。

エピジェネティクな情報はどう遺伝するか

ここからは、エピジェネティクな情報がどのように伝えられていくか、具体的に見ていこう。エピジェネティクな情報は環境によって変化し、次世代に遺伝することがある。

ある実験を紹介しよう。マウスの母親を、いつも与えている餌を半分の量にして育てた。

その結果、その子どもは、耐糖能が変化するなど代謝異常の可能性が高まった。さらに、その子ども（オス）の子どもである孫も同様の傾向を示した。つまり、この実験では、親の低栄養という環境によって変化を受けた遺伝情報が、子ども、さらには孫にまで伝えられたことになる。[61] これは、一部のゲノム領域でＤＮＡのメチル化が減少し、それが子孫まで伝わったことが原因である。

よく似た例としてヒトでの有名な研究もある。第２次世界大戦末期の１９４４～１９４５年の冬、ドイツがオランダ西部に対して食糧禁輸措置を行った。その結果、オランダでは飢餓が発生。このとき母親のお腹のなかにいた子は、*IGF2*という遺伝子領域のＤＮＡのメチル化が低下し、糖尿病、脂質異常、肥満などになる率が上がったという。[62] さらに、このような妊娠中におけるストレスの影響は孫にまで及ぶという。[63] この例は、飢餓や低栄養の影響が、乏しい栄養の環境下で糖代謝を低下させて生存率を向上させるという適応的な意義があるのではないかと議論されることがある。

マウスに別の餌を与えた実験もある。オスのマウスに高脂肪や低タンパク質の餌を与え、子どもと孫の世代までの影響を調べた。その結果、肝臓でのコレステロール代謝の異常や糖代謝の異常が孫の世代まで続いた。これは、短いノンコーディングＲＮＡが精子を通して伝えられた結果であるという。[64]

　このような、世代を超えて代謝の変化が伝えられる現象は、生物個体の生存や繁殖を向上させることに関係しているのだろうか。親が食糧を豊富にとれない環境で、その子どもや孫の糖代謝の機能が低下するという現象は、飢餓状態で生きるのに適応しているとも考えられるかもしれない。しかし、それを示すためには、エピジェネティクな変化を受けた個体は、変化を受けない個体に比べて、栄養が充分あるときは生存率などが低下するが、飢餓状態ではより高い生存率を示すという証拠が必要である。また、高脂肪食や低タンパク食に影響を受けた例は、単に病気を誘発する有害な影響のようであり、[64]エピジェネティクな変化は生物個体にとって有益であるとはいえない。

世代を超えて伝えられるエピアレル

　前述のエピジェネティクな遺伝は数世代までにとどまる。しかし、何世代にもわたって遺伝する例として、エピアレルと呼ばれるものがある。これまで、同じゲノム上の位置にある配列に違いがある場合、その配列を「アレル」と呼んでいた〈図表1-3〈37ページ〉と図表1-1〈33ページ〉〉。一方、エピアレルとは、DNA配列は同じであるが、エピジェネティクな修飾（DNAメチル化やヒストン修飾）の状態が異なり、その状態が遺伝するようなアレルを指す。

たとえば、ショウジョウバエの眼の色に影響する *white* 遺伝子がある。この遺伝子が抑制されると眼の白い部分が増加し、抑制が弱まると赤い部分が増える。この抑制に関わるのが、ヒストンのメチル化のようだ。DNA配列が同じであっても、このメチル化によるエピアレルの違いは、眼の色に影響し、通常のアレルと同じように遺伝する。[65]

このようなエピアレルは植物でよく知られており、DNAメチル化によってエピアレルが形成されている場合が多い。たとえば、シロイヌナズナでは、DNAメチル化の程度が違うエピアレルが知られており、開花時期の違いなどに影響している。[66] 世界各地から集めた1001個体のシロイヌナズナにおいて、ゲノムのエピジェネティクな修飾を調べた研究によると、ゲノム配列中の塩基「C」の3分の1が、少なくともどれかの個体でメチル化されていた。また全体の遺伝子のうち25％以上が、メチル化されているかいないかという、エピアレルの変異をもっていた。[67] シロイヌナズナにおけるこのメチル化の程度の違いは緯度と関係しており、より寒い地域、あるいはより北の集団ほどエピアレルの頻度が高くなった。これは、メチル化されているアレルをもつ遺伝子は、その発現がより低下することと関係するようだ。

　このようなエピアレルは、ＤＮＡの配列に違いはなく、配列上のＣという塩基がメチル化されているか、されていないかの違いによる。しかし、同じＣでも〝ＣＧ〟という配列のＣだったり、ＣＨＧあるいはＣＨＨ（ＨはＡかＣかＴのどれかを意味する）という配列上のＣにメチル化が生じる。つまり、特定の並びのＤＮＡ配列があるかないかに、メチル化の発生は影響を受けるのだ。また、メチル化が付加されたり除去されたりするには、メチル化酵素あるいは脱メチル化酵素といった酵素が必要で、この酵素が働くかどうかはＤＮＡ配列の変異に影響を受ける。

　実際に、植物ではＤＮＡメチル化がどの程度生じるかは、ＤＮＡ配列の違いに強く影響を受けていることが示されている。[68]つまり、ＤＮＡ配列の進化によってエピジェネティクな変化が起こりやすいかどうかが決まっているのである。

エピジェネティク変異と進化

　エピジェネティク遺伝で伝わる情報の違い、すなわちエピジェネティク変異は、生物の進化にどのような影響を及ぼすのだろうか？　進化は、世代を超えて変化することであるが、累積的に変化することで、不可逆的な変化が生じることが重要である。

ＤＮＡ配列に突然変異が生じる確率は、たとえばヒトでは1世代あたり10^{-8}といわれており、かなり低い[69]。さらに、突然変異によって変化した配列がもとの配列に戻るような復帰突然変異が生じる確率は、その16倍も低いと推定されている[64]。一方、エピジェネティクな修飾状態が変わり、別のエピアレルに変化することをエピ突然変異というが、これは通常の突然変異よりも非常に高い確率（たとえば3桁も高い）で生じる[66]。さらに、エピ突然変異の場合、エピジェネティクな修飾が変化して、エピ突然変異前のもとの状態に復帰する確率のほうが3倍も高いらしい[64]。

突然変異で生じたゲノム上の配列は、もとに復帰することは稀なので、世代を経るにつれて集団中の個体のゲノム配列は累積的に変化していく。しかし、エピ突然変異はもとに戻る可能性が高く、エピジェネティクな変化だけで累積的に変化することには限界がある。そのため、長期的な進化的変化に寄与する可能性は限定的であるとみなされている[64]。

エピジェネティク遺伝は、一生涯で変化したものが次世代に伝わるので、生きている間に獲得した性質が遺伝する「獲得形質の遺伝」といえるかもしれない。このことから、「生物は、生存のために必要な変化を一生涯で獲得し、それが遺伝する」というラマルク流の考えを支持するものである、とする人がいる。たとえば、キリンの首は、高い場所の餌を採ろうと首を伸ばしていると、首の筋肉や骨が少し伸びて長くなり、これにより長くなった首が子どもに遺伝するという考えである。しかし、個体の欲求や努力によって変化した性質が、エピジェネティク遺伝によって次世代に伝わるということはない。また、エピジェネティクな変化は一時的なので、この変異が長期にわたって蓄積されて、徐々に首が長くなるというような累積的な進化が起こるわけでもないのだ。

進化に及ぼすポジティブな影響

エピジェネティク変異が進化に及ぼすポジティブな影響としては、それ自体が進化を引き起こす原動力となる場合と、ＤＮＡ配列の変化による進化をより効果的にする場合とがある。[64]簡単にいうと、エピジェネティク変異が先か、ＤＮＡ配列の変化を引き起こす突然変異が先かという問題である。

前述のシロイヌナズナのエピアレルの例は、メチル化されているかどうかが緯度と強く相関しており、緯度の変化に伴う環境への適応（生存や繁殖の有利性）と関係している可能性が高い。これは、一見すると、エピジェネティク変異が適応進化の原動力になっているように見える。しかし、この場合はエピジェネティクな修飾の変化ではなく、ＤＮＡ配列の進化が引き金となっていて、エピジェネティク変異が原動力になっているとはいえないかもしれない。どういうことだろうか。

多くのエピアレルのメチル化は、DNA配列が繰り返されている反復配列に起こることが知られている。[66] そして、この反復配列は、ゲノム上を移動する転移因子（第3章参照）の突然変異によって生じている。したがって、最初にDNA上の配列に変化が生じ、その部位にエピジェネティクな修飾を受けることで表現型が変化するということになるのだ。つまり、DNA配列の変化がまず原動力となり、その配列上でエピ突然変異が生じやすくなることで表現型の変化を引き起こし、環境への適応が促進されたことになる。

ところで、DNAメチル化の重要な役割の1つが、その化学修飾によって転移因子が動くことを抑制することだ。[70] そのため、転移因子が挿入されたDNA配列とエピジェネティク修飾とには関係がある。

別の例も見てみよう。洞窟魚は光が届かない環境で、眼が縮小し、視力が失われる方向に進化した（退化も進化である）。メキシカンテトラという種類の洞窟魚では、光のある環境に生息している近縁の種（表層魚）に比べて、眼の発生に関与するいくつかの遺伝子がよりDNAメチル化されていることが分かった。DNAのメチル化を抑制する薬剤を投与すると、眼の大きさも増大したという。[71] つまり、ＤＮＡメチル化というエピジェネティク変異が、眼を小さくするように働いているらしい。

この場合も、ＤＮＡメチル化が洞窟魚の眼の進化の原動力となっているとはいえないかもしれない。なぜなら、ＤＮＡメチル化によって変化する遺伝子は、洞窟魚と表層魚の間で、そのＤＮＡ配列に違いがあるからだ。ＤＮＡ配列の変化がまず先に生じ、それが原因となって、エピジェネティクな変化を引き起こした可能性がある。

同様の例は、ヒトの指や四肢の進化にも関係しているかもしれない。ほかの霊長類に比べて、ヒトの系統だけで特異的にＤＮＡ配列が早く進化したゲノム領域がある。そのなかの１つはエンハンサーという領域（図表２‐９、１６０ページ）で、指や四肢の発生に影響する遺伝子の発現をコントロールしている。そして、このエンハンサー領域では、ヒストンがアセチル化するというエピジェネティクな影響を受けていた。[72] つまり、ここでも急速に進化したＤＮＡ配列がきっかけとなって、エピジェネティクな影響が促進されたことを示している。

進化の原動力としてのエピジェネティク

それでは、エピジェネティクな変化が進化を方向づける原動力になることはあるだろうか？　つまり、エピジェネティクな変化が先で、そのあとにＤＮＡ配列の変化が生じるという場合だ。
エピジェネティクな変化は、ＤＮＡ配列の変化がない場合でも生じるので、より早く環境の変化に対応した変異が出現する可能性が高くなる。たとえば、新たな環境である未知の生息地に生物が侵入して定着するような場合、最初に侵入するのは少数の個体である。そのため、ゲノム上の変異は少なく、未知の環境でうまく生存・繁殖できる変異個体がたまたま含まれている可能性は低い。
しかし、エピジェネティクな変異をすばやく増やすことで、ＤＮＡ配列の変異では対応できない環境への生存や繁殖に貢献する表現型の変異を増やすことはできるかもしれない。たとえば、ヨーロッパからケニアに侵入したイエスズメの集団では、遺伝的変異は少なかったが、エピジェネティク変異の多様性は高いという報告もある。[73]
ほかの例も見てみよう。高地に生きる人々は、低酸素などでの生活に適応していることが知られており、エチオピアの高地には２つの民族グループ、オロモ族とアムハラ族がいる。アムハラ族の人々は約７万年前から２３００ｍ以上の高地で生きていたのに対して、オロモ族の人々は１５００年代に高地に移動したと考えられている。[74]そして、高地に住むアムハラ族の人々には、高地適応に関する遺伝的な変異が検出され、進化的な変化が生じていた。対して、オロモ族の人々には高地適応に関する遺伝的な変異は検出されなかったが、酸素摂取や赤血球産生に関連する遺伝子周辺にエピジェネティク修飾の増加が観察された。オロモ族の人々は、高地という新しい環境へ移動してからの時間が短く、遺伝的な変化による進化は生じていないが、エピジェネティクな修飾の増加によって、高地の環境へのすばやい適応を可能にしたのではないかと考えられる[74]。この例は、まずエピジェネティクな変化が先に生じ、その後、ゲノム配列の変化による適応進化が生じるということを示している。

ゲノムの配列の変化による適応進化は時間を要する。そこで、ゲノム配列の変化を伴わないエピジェネティク変異を増やすことで、集団中に新たな環境で適応度を増加させる個体が生じる可能性を高める。その後、同様の環境で生息していく間に、そのエピジェネティク変異と同様の効果をもつゲノム上の変化が突然変異で生じ、自然選択によって頻度を増加させていくことが起こる可能性がある。つまり、最初は純粋にエピジェネティク変異として集団に存在していた変異が、ＤＮＡ配列の変化として定着する可能性があるということだ。その時点で、その新しい環境で生存していくためにエピジェネティク変異は必要なくなるかもしれない。

ここで示したような進化のプロセスは、遺伝型あるいはゲノム配列が同じでも異なった表現型を示す「表現型可塑性」の進化的役割と同様であるといえる。たとえば、表現型可塑性の例として、捕食者がいる環境で、捕食されづらくなるように体の形を変えるという、環境によって表現型を変化させるような場合が挙げられる。表現型可塑性は、エピジェネティクな修飾の違いによっても生じるが、それ以外にも発生の過程で、遺伝子制御の変化によって形態が変わるなど、様々な要因で起こる。このような表現型可塑性によって最初に環境に適応し、その後、遺伝子の変化を伴った進化的変化が生じるという現象は、著名な発生学者であるウォディントンによって提唱された「遺伝的同化」という名で知られている。[75]

長期的な進化への貢献度は高くない

ここまで見てきたように、エピジェネティクな変異や遺伝は、進化の原動力となるのか、進化をより効果的にするのかという点は別にしても、それが生物進化に影響を与えることは間違いなさそうだ。しかし、ゲノム配列を伴わないエピジェネティク変異の遺伝だけでは、長期的な累積的進化への貢献は限られていると思われる。

多くの場合、エピジェネティク変異の長期的な影響には、ゲノム上のＤＮＡ配列の変異が伴っている。突然変異によるＤＮＡ塩基の変化や転移因子によるＤＮＡ配列の挿入などが起こることで、そのＤＮＡ配列にエピジェネティク修飾が生じることが可能になる。たとえば、ＤＮＡ配列が自然選択により進化的変化をすることで、遺伝子発現をコントロールするような領域がエピジェネティク修飾を受けやすい配列になるというふうに、ＤＮＡ配列の進化がエピジェネティク変異に先立っている。また、ＤＮＡ配列やヒストンのメチル化・アセチル化といったエピジェネティク修飾がされたり、取り除かれたりするには、酵素（たとえばアセチル化酵素や脱アセチル化酵素）が必要である。どこで、いつこの酵素が働くのかを司るのもＤＮＡ配列の変化によるところだろう。

エピジェネティクな変化が長期的ではなく、一過性である理由としては、エピジェネティクな変化は長期的な影響を受けないように進化しているのではないか、という考えもある。[64]

ゲノム配列の変異と同様に、多くのエピジェネティクな変異は生物にとって有害である可能性がある。ただゲノム配列の変異の場合、有害な変異は自然選択によって淘汰される可能性もある。他方で、有害なエピジェネティク変異は、淘汰されても高い確率でふたたび生じ、復活する可能性が高い。そのために、エピジェネティクな変異の有害な影響が長期におよばないような機構が進化的に生じた（つまりゲノム配列が変化した）のではないかというのだ。[64]

今後は、エピジェネティクな変異の生成や消失がどのように進化してきたのか、という問題を解決していく必要があるだろう。

ゲノム情報以外で次世代に伝わる様々な情報

実は、エピジェネティク遺伝のほかにも次世代に伝わる情報はいろいろある。たとえば、草食動物では、親の排泄物を通じて腸内細菌や原虫などが子どもに引き継がれる。哺乳類では、母乳を通じて栄養のほかに白血球などが子どもに伝えられ、免疫機能を助ける。さらには、親が改変した環境を子どもが引き継ぐこともある。たとえば、穴を掘って生活する生物では、親が作った巣穴を子どもが利用するかもしれない。第1章でも述べたように（29ページ）、文化的伝達によっても情報は直接子どもに伝わる。人間以外の動物でも、親や仲間の個体から子どもが餌の採り方を学んでいたりする。

このようなゲノム配列以外の情報が世代を超えて伝わることによって、生物の生存や繁殖に影響する場合がある。[76] 巣穴などの環境を親から引き継ぐことは、その子どもの生存に影響するだろうし、大人から餌の採り方を教わることで、子どもはよりうまく生きていけるかもしれない。結果的に、こうして個体の生存や繁殖に影響を与えることで、生物がもつゲノム配列の変異箇所にあるアレルの頻度に影響し、進化に大きな影響を与えることもあるだろう。しかし、それらの多くは、生物のゲノム配列を直接変化させることはないので、生物のもつ情報を直接伝える遺伝情報の進化そのものではない。むしろ、生物にとっては生存や繁殖に影響する様々な環境と同じようなものといえるだろう。

しかし、非遺伝的伝達のうち直接進化的変化に関わってくる可能性があるのが、細菌やウイルスなど、生物個体と密接に共生している生物が関与する現象だ。たとえば、セミを小さくしたような昆虫であるヨコバイの体内には細菌が寄生する。これらの細菌は、宿主となるヨコバイに栄養を供給している。一方のヨコバイは、それら細菌が生息するためのバクテリオームという器官が進化している。[77]細菌は、世代間でヨコバイのゲノムとは別に伝達されると考えられる。このような共生細菌とヨコバイは別々の生物であり、お互いに独立に進化してきたが、ヨコバイではその細菌がいなければ生存できないような状況にまで進化した。

さらには、宿主と細菌といった生物との共生あるいは寄生関係が密接になってくると、細菌のもつ遺伝子の一部が宿主のゲノムに移行する現象（水平伝播）も知られている。たとえば、イソギンチャクでは糖代謝に関わる遺伝子が、ホヤではセルロース合成に関わる遺伝子が、細菌から水平移動し、宿主のゲノムに取り込まれている。[78]

逆に宿主から寄生者に遺伝子が移動している例もある。カマキリに寄生するハリガネムシのゲノムには、カマキリから水平移動した多くの遺伝子があることが示された[79]。ハリガネムシは、水中でカゲロウの幼虫などに寄生する。そして、成虫になり、水から出て飛翔するカゲロウをカマキリが捕食することで、ハリガネムシはカマキリに寄生するようになる。ハリガネムシが、水のなかに戻って繁殖するためには、カマキリが水に入る必要がある。実際に、カマキリは入水行動をして、ハリガネムシは水中に移動する。カマキリがこの入水行動をするときに、ハリガネムシに水平移動した遺伝子が働いている可能性があるらしい[79]。伝えられる遺伝情報が、ほかの生物個体に伝達し、その生物の行動を変化させることもあるという例だ。

さらには、もともとは別の生物のもつゲノムであったものが、1つの生物個体として統合されるという例もある。それが最も顕著なのは、我々の細胞にあるミトコンドリアや植物のもつ葉緑体だろう。我々の細胞でエネルギーを生産してくれているミトコンドリアは、もともとはプロテオバクテリアという真正細菌であったと考えられている（細菌には真正細菌と古細菌がある）。初期の地球上から存在していた古細菌にこのプロテオバクテリアが共生し、古細菌とバクテリアの間で共進化（お互いの種が相互作用しながら進化すること）が生じて、進化したと考えられているのが真核生物だ。その後、ミトコンドリアを取り込んだ生物のなかに、今度はシアノバクテリアという真正細菌を共生させる生物が生じ、葉緑体を進化させて植物となった。

現在、ヒトのゲノム配列というときは、ヒトの細胞の核に存在するゲノムＤＮＡと核の外の細胞質にあるミトコンドリアがもつゲノムを含めている場合がある。ミトコンドリアは、もともとは別の生物であったが、ほかの生物の細胞内に共生することで、現在では、宿主となった生物もミトコンドリアも独立して生存できなくなるまでに一体化している。実際に、ミトコンドリアのゲノムの一部は、核のゲノムに移動している。また、ミトコンドリアは自分自身のＤＮＡ中に、エネルギー生産に必要な重要なタンパク質をコードする遺伝子が含まれている。そして、ミトコンドリアはそれら自分の遺伝子をコピーしてタンパク質を作る量を調節しているのだが、その調整には核のＤＮＡが必要である。[80] つまり、宿主はミトコンドリアがエネルギーを生産してくれないと生存できないが、そのエネルギー生産は、ミトコンドリアが独立して行っているわけではなく、宿主のゲノムにコントロールされているということだ。

本書では、第１章で見たように「生物のもつ遺伝情報（主にゲノム配列）に生じた変化が、世代を経るにつれて、集団中に広がったり、減少したりすること」を進化とした。しかし、この「生物のもつゲノム配列」をどこまでとするかは曖昧なところがある。共生細菌のゲノムは、その細菌が宿主の生物と完全に独立であれば、宿主となる生物のゲノム配列には含まれないだろう。しかし、密接に共生し、宿主と共生細菌がお互いに独立して生きていけなくなったり、お互いのゲノムを交換したりなどしていると、もはや細菌のゲノムは、宿主生物にとって進化するゲノム配列といえるかもしれない。

第2章のまとめ

- 突然変異はランダムに生じるといわれる。これは「生物が置かれた環境で有利となるような突然変異が生じやすくなることはない」という意味でランダムである。突然変異が生じる確率は、ゲノム上の位置や環境によっても影響を受ける。近年、生物にとって必須の遺伝子では有害な突然変異が抑えられているとする研究が出されたが、そのデータや解析の信頼性や一般性については、今後のさらなる研究が必要である。
- 生物の集団中に存在するアレルの量や種類の程度を意味する遺伝的多様性は、進化にとってポジティブなものと捉えている人は多い。しかし、遺伝的多様性が高いことで、適応進化が阻害される場合も少なくない。また、遺伝的多様性を創り出している変異のほとんどは、生存や繁殖に影響しない中立なアレルによる変異か、生存や繁殖を低下させる有害なアレルによる変異である。遺伝的多様性は、集団や種を存続させるために、維持されているわけではない。

●ＤＮＡ配列の変化に依存しないで遺伝子制御情報が伝えられるエピジェネティク遺伝によって、生物の一生涯で変化したものが次世代に伝わることがある。しかし、「生物は、生存のために必要な変化を一生涯で獲得し、それが遺伝する」わけではなく、ラマルク流の考えを支持するものではない。エピジェネティク変異やその遺伝は、遺伝子の働きに影響することで、直接的、間接的に生物進化に影響する。しかし、その影響は短期間であったり、ＤＮＡ配列の進化に付随して生じるものである。生物進化におけるエピジェネティクの役割は、今後のさらなる研究が必要である。

第3章 自然選択とは何か

3-1 種の保存のために生物は進化する？

レミングの集団自殺？

レミングとは、主にツンドラ地域に生息するネズミの仲間で、3〜4年周期で個体数が急激に増減することが知られている。とくにレミングイヤーと呼ばれる年にその数は激増し、集団移動をすることもある。この集団移動のときに、多くの個体が海に飛び込み「集団自殺」をするという〟迷信〟が広まった。

その原因の1つが、1958年に制作された『白い荒野』というディズニーの映画である。この映画では、レミングが崖から海に飛び込んで集団自殺する様子が映されている。実際、これは「やらせ」で、制作者たちに投げ入れられて撮影されたものであるようだ。[1] ただ、映画では「レミングが個体数の過剰を緩和するために7〜10年ごとに自殺すること」を暗示するようなナレーションもつけられている。つまり、レミングは個体数が激増すると、食べ物や適した生息地が不足し、集団（あるいは種）が絶滅するのを避けるために、「自殺」をするのだと印象づける映像になっているのだ。

ただ、本書で問題とするのは「やらせ」ということではなく、「集団自殺」するのかという点と、生物は「集団の維持のため」に行動するのかという点である。

種の保存のための進化

一般には「集団の維持のため」よりも、「種の維持のため」あるいは「種族維持の目的で」の行動という使われ方が多い。これは先ほどの話で言うなら、「レミングという種が、個体数が増えすぎて絶滅しないように、個体数を自ら調節している」というように考えることだ。「種の保存のため、生まれつき生物に備わった習性か？」というような表現のように、生物の様々な本能的性質は、自らが属する種を絶滅から回避させ、繁栄させるために進化したと思っている人は意外と多い。実際に、テレビや新聞などでも「種の維持あるいは種の保存のために生物は進化した」という意味の表現が、よく使われている。大学１、２年生を対象にした２０１８年の研究では、「自分と同じ種族を保とうとする性質がある」と認識をもつ学生は全体の半数以上だったという。[2]

また、様々な著作で有名な福岡伸一氏は「種の保存こそが生命にとって最大の目的なので、個は一種のツールにすぎません」「昆虫や魚類では、数千個の卵を生んで、そのうちのわずか数匹が子孫を残す、なんてことがざらにあります。でも、それで種が保存されるなら構わない。それが基本的な『生命の掟』なのです」と語るなど、種の保存が生物の最大の目的であるかのような主張をしている（https://www.jaguar.co.jp/jaguar-range/i-pace/special-contents/hukuoka-tamesue.html）。

さらには、生物学の専門家である研究者のなかにも、この点について誤解している人は少なくない。進化について踏み込んで考察するときには「種の維持のための進化」がもち出されることがよくある。たとえば、「なぜ生物が死ぬように進化したのか」という問いに対して、遺伝学の専門家は次の理由を挙げている。[3]

① 個体数が増えすぎて、集団が絶滅しないため
② 死ぬことで進化の材料となる多様性を確保するため

そして、「親は死んで子どもが生き残ったほうが、種を維持する戦略として正しい」と主張しているのである[3]（生物はなぜ死ぬように進化してきたのかについては、筆者の note 記事「老化の進化：なぜ老化しない生物がいるのか？」を参照）。

集団が絶滅しないように進化？

では、冒頭で紹介したディズニー映画のレミングのように、個体数が増えすぎないように生物が自己調節していることはあるのだろうか。

個体数が増えると、餌や生息場所といった資源が減少するために、生存率や繁殖率は下がり、結果的に個体数も減る。逆に、個体数が減少すると、利用できる資源が増えて、個体数は増える。このような密度依存的な個体数の変動を自己調節という場合がある。一方で、個体数が増加しすぎて資源が枯渇したときに、集団が絶滅するのを避けるために、個体は自ら繁殖を抑制するように進化しているという考えは、現在の進化学では誤った考えとされている。

ダーウィンも『種の起源』において、個体数の制御の問題について議論している。[4] ダーウィンは、生物の個体数が増えすぎないように抑制されている要因、つまり個体数の上限を決める要因として次の2つを挙げている。1つは、個体数が増えると利用できる食物の量が減ること、もう1つは、個体数の多少に関係なく、気候などの環境要因によって個体数が減少することだ。これは、現代生態学の教科書にも載っている正しい説明である。

さらにダーウィンは、「種の保存にとっては大集団であることが必要」とも述べている。これは、大集団（個体数の多い集団）が種の保存のための条件であるという意味ではなく、環境条件が適しているなどの要因で個体数を増やしている種が、結果的に保存されている、という意味で用いられている。

種の利益か個体の利益か

『種の起源』では、「それが自然淘汰の作用によって種の利益のために蓄積され続けた」というように、「種の利益」という表現が何箇所かで用いられている。これは「自然選択により、個体にとって有益な性質が蓄積した結果、それが種の利益にもなった」という意味のようである。ダーウィンは、「自然選択は個々の生物の個別の部位に作用できるが、それはそのことで個体の利益になる場合のみである」と明確に指摘していることからも[4]、自然選択の原因が「種」ではなく「個体」であると主張していたことが分かる。しかし、『種の起源』のなかでは、「種の利益に対して働く自然選択」が、なぜ誤りなのかを明確に議論はしていなかった。

その後、集団遺伝学を確立した1人であるR・A・フィッシャーは、1930年に出版した『自然選択の遺伝学的理論』という本のなかで、種全体に対する利益は、個体の適応の付随的なものであることを強調した。しかし、このようなフィッシャーの議論はあったが、1960年代頃までは、「種の保存」あるいは「種の利益」のために進化したという考えは、生物学者のなかでも暗黙裡に受け入れられていたようである。それが明確な形で解説されたのが、動物学者のV・C・ウィン＝エドワーズ[5]による『社会行動に関する動物の分散』という本である。その本のなかで彼は、動物が住んでいる場所から別の場所に移動する行動は、動物の密度が増えすぎて、集団が絶滅しないための性質であるという説明をした。

そうして、これが1つのきっかけとなり、こうした考えの妥当性がきちんと議論されるようになった。とくに進化生物学者のG・C・ウィリアムズ[6]は、1966年に出版した『適応と自然選択』のなかで、生物の適応を説明するには個体と遺伝子の選択を考えるだけでよいとした。また、自分を犠牲にして他個体を助けるという「利他行動」は、集団や種の利益を考えなくても、利他行動に関わる遺伝子を血縁者が残すことで進化すると考える血縁選択説（次節で詳しく説明）が、W・D・ハミルトンによって提唱された[7,8]。

その後、様々な議論がなされ、現在の進化学での一般的な理解は、集団にとってはプラス（集団の維持や保存）に働くが、個体の生存や繁殖にはマイナスに働く性質が、集団にとって有利だという原因で進化することは少ないと理解されている（あとでも述べるように、ここでの集団は種ではない）。ただし、特定の条件を満たせば可能な場合もある。ここからは、なぜ集団や種にとって利益となるような進化は、起こりづらいのかについて解説したい。

自然選択は何に対して働くのか

まず自然選択の働き方を、ガラパゴス諸島に生息するダーウィンフィンチの例でおさらいしてみよう。ダフネ島に生息するダーウィンフィンチは、木の実や種子を嘴で割ったり砕いたりして餌として食べている。この嘴の高さ（厚さ）には、個体の間で違いがある。

ガラパゴス諸島では、干ばつにみまわれ、大きな硬い種子ばかりになった年がある。高い嘴をもつフィンチは、低い嘴をもつ個体に比べてより硬い種子を食べることができるので、生存率が高くなった。そのため、より多くの子どもを残すことができ、結果としてその島に生息するフィンチの嘴の平均は高くなった。

この例では、「個体のもつ嘴の高さの違いが原因で、個体の適応度（一生に残す子どもの数）に違いが生じ、嘴の高さに影響するアレル頻度が変化することで、嘴が高くなる方向に進化した」ということになる。このとき、自然選択が働く原因（selection for）となった性質は

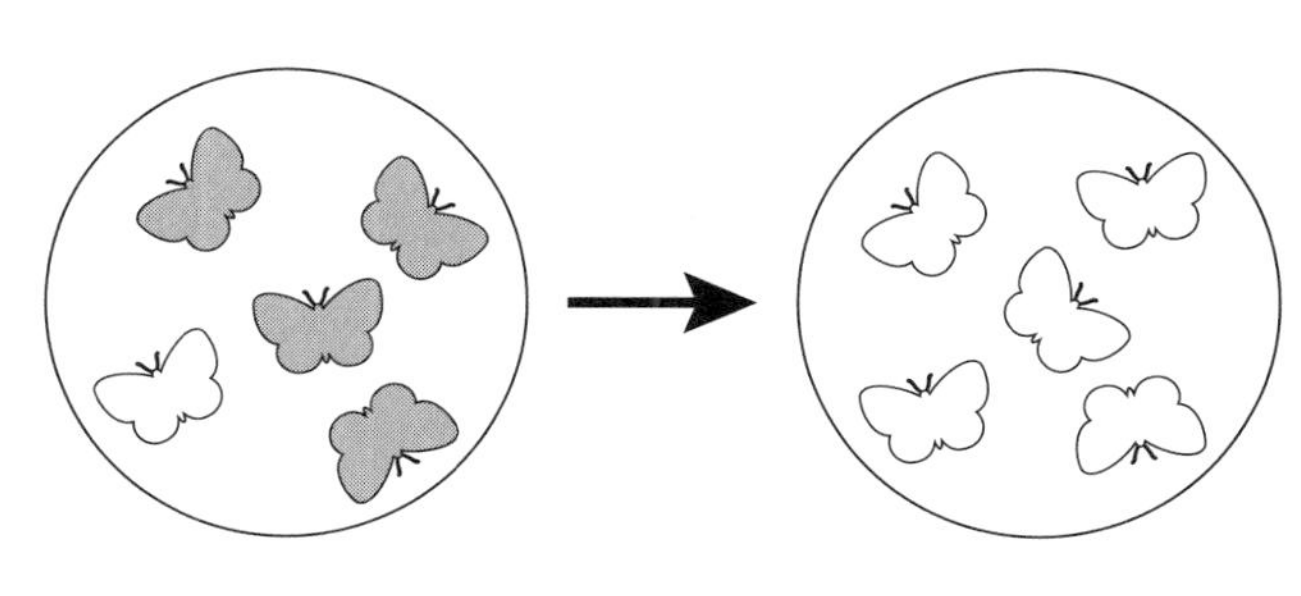

図表3-1　白いチョウに正の自然選択が働くとき

白いチョウは灰色のチョウより適応度が高い。ゆえに集団中に広がる。

嘴の高さだ。その結果として選択された単位（selection of）は個体である。つまり、自然選択の単位は個体であり、これは個体選択と呼ばれている。個体にとって有利な性質（より高い嘴）が、自然選択によって進化したということである。

この自然選択の働き方をもう少し詳しく説明するために、単純化した仮想の生物を想定してみよう。灰色のチョウの集団に、突然変異によって白色のチョウが生じたとする（図表3-1）。白色のチョウは、灰色のチョウに比べて捕食者に見つかりづらくなり、生存率が向上した。それによりチョウの色を変えるアレルが集団中に広がり、何世代かかけて集団の個体はすべて白色のチョウとなった（図表3-1）。これは、個体の生存に有利となった白色の個体が自然選択を受けて広がったと表現される。そして、白色は個体にとっての適応的な性質であるといえる。個体の性質が原因となって個体が増えることで、白色のアレルが増えるので、これは個体選択なのだ。

集団に有利な進化が起こる可能性

では、「個体の生存や繁殖に不利になっても、集団の維持や保存に貢献する性質が進化する」ということは起こりうるだろうか？　今度は、先ほど例に挙げた灰色の個体が、個体数が増えすぎないように、自ら繁殖を抑制している性質をもっているとしよう（図表３‐２）。繁殖を抑制しない個体（白色）は、個体数を自己抑制することはないので集団は増大し、資源が枯渇すると個体数は激減したり、たまには絶滅するかもしれない（多くの生物集団では、個体数が激減したあとは、個体あたりの資源が回復するので、絶滅することは稀である）。

他方で、個体数を自己抑制する灰色個体の集団に、白色の個体が移動したり、突然変異によって自己抑制しない白色の性質をもった個体が出現したりすることも想定できる。そのような状況では、繁殖を自己抑制する灰色の個体に比べて、白色の個体はより多くの子どもを残すことができるために、その集団は自己抑制しない個体ばかりになってしまう。つまり、集団維持のために自己抑制する個体は、そうでない個体にすぐに置き換わってしまい、簡単

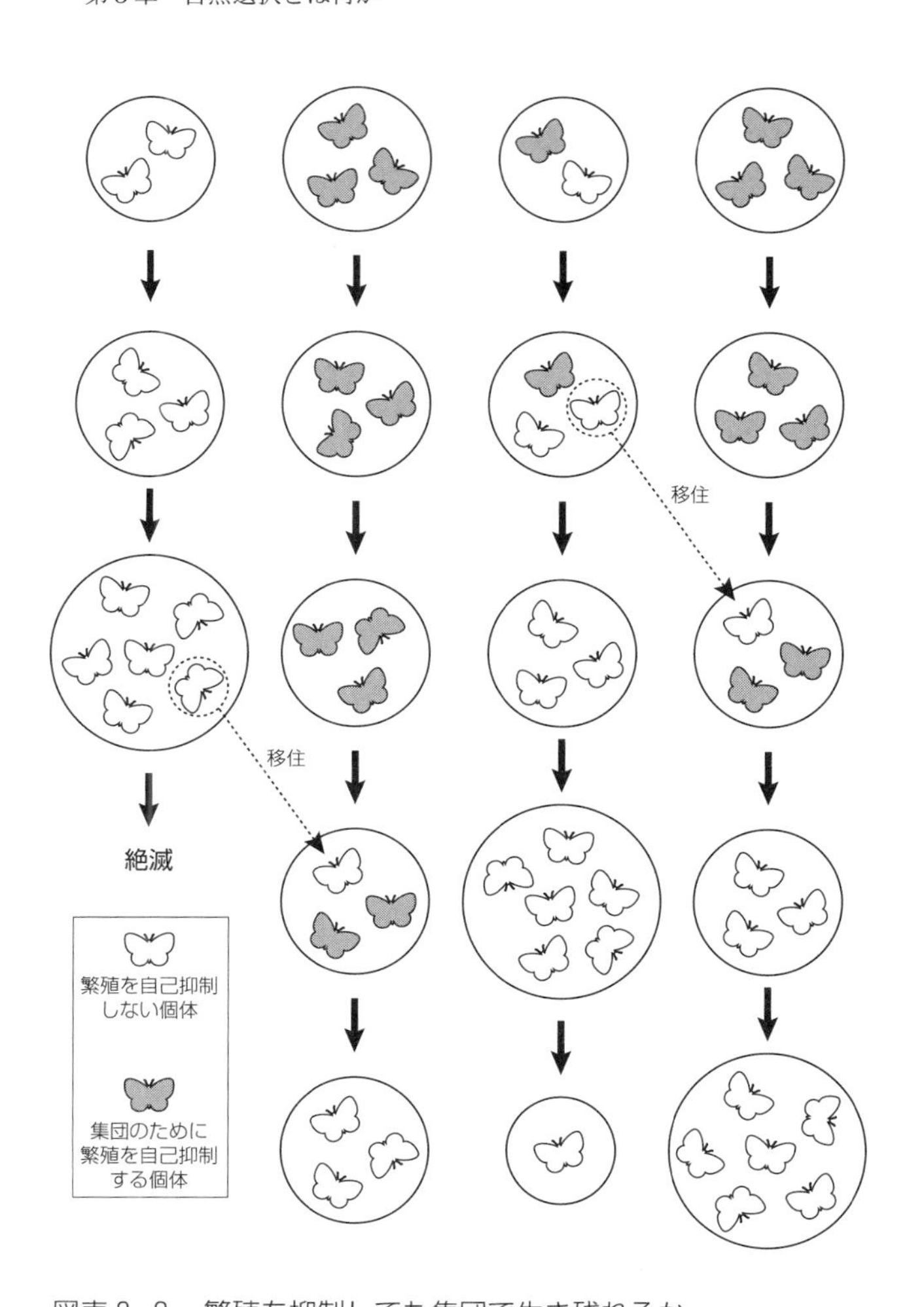

図表3-2　繁殖を抑制しても集団で生き残れるか

繁殖抑制する個体（灰色）は、抑制しない個体（白色）にすぐに置き換わる。

には進化することができないのである。

それでも、どのような場合なら「個体の繁殖にはマイナスだが、集団の維持や保存にはプラスに働く性質が進化する」可能性があるのだろうか？　今度は図表３‐３を見てほしい。

灰色の個体は、自分を犠牲にして集団の維持に貢献する「協力的な行動」を取る。それに対して白色の個体は競争的で、他個体を攻撃して餌を確保しようとしたり、自分では餌を集めず、協力的な個体が得た餌をもらう「利己的な行動」を示す。利己的な個体が、協力的な個体から餌を得たり、餌をもらうだけの「ただ乗り行動」をするので、このとき、同じ集団内では協力的な個体の頻度は減少する。

しかし、協力的な個体の多い集団では、お互い協力して餌を採るので、集団全体としては多くの餌を得ることができる。そのため、利己的な個体の多い集団に比べて、個体数を増やすことができる。もし集団が利己的な個体ばかりになったら、その利己性のために集団全体としては餌を多く採ることができず、集団のサイズは減少し、絶滅する。そして、絶滅のあとに個体数の増えた協力的な個体の多い集団から、協力的個体が移住して、新たな集団を形成する。このようなプロセスが起こると、協力的な個体が進化するだろう。ここで重要な点は、集団の絶滅と新たな集団の形成が、アレルや個体の性質の頻度変化の原因となっている

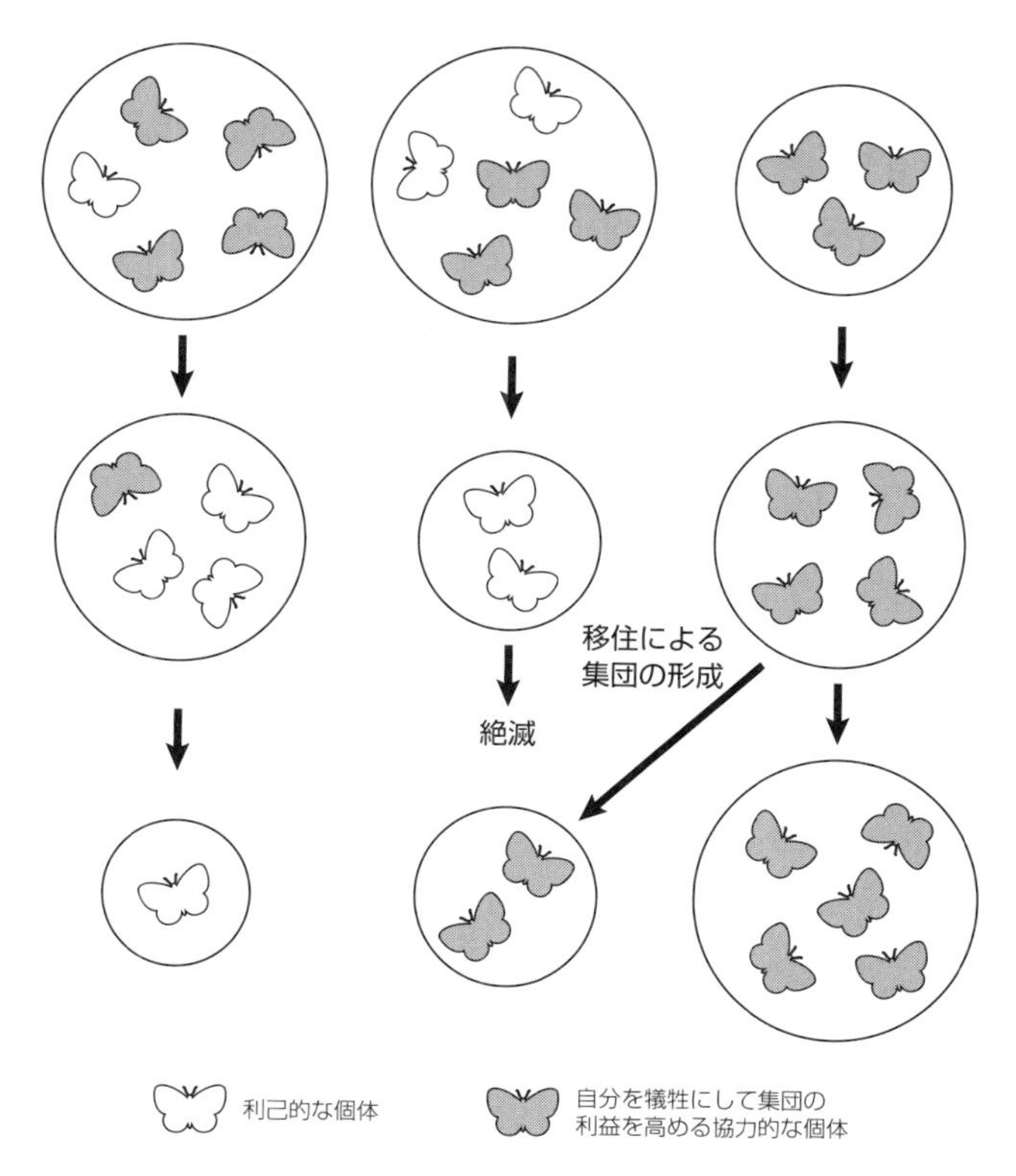

図表3-3　利他的な行動が進化していく仕組み

集団の絶滅や新たな集団の形成によって、自分を犠牲にして集団の維持に貢献する「協力的な行動」が進化していく。

ということである。そこで、このようなプロセスは集団選択と呼ばれる[9]（厳密にはデーム間集団選択と呼ぶ。後述、220ページ）。

このように、個体にとっては不利であるが、集団にとって利益となる個体の性質が進化することは理論的には可能である。しかし、このプロセスが働くためには、特定の条件が満たされなければならない。

1つは、利己的な個体が集団中に増加して、ほとんどの集団が利己的な個体になる前に、協力的な個体が多くを占める集団が個体数を増加させることである。さらに、利己的な個体の集団が絶滅したあとに、新たな協力的な集団を形成するということも必要だ。また、図表3-3の上の最初の集団を見てほしい。集団選択が生じるためには、協力的な個体の頻度が多い集団と少ない集団が最初から存在する必要がある（集団間の変異）。このような現象が実際に生じるのは、頻繁な絶滅や集団形成が起こるコロニー、緊密な群れ、家族集団のような小さな集団であろう。

それでも、集団選択は起こらないわけではない。ここで、集団選択によって協力的な個体が進化する例を見てみよう。

日本に生息しているアミメアリは、女王アリが存在せず、働きアリが協力して餌を集め、産卵することでコロニーが維持されている。コロニーには、しばしば大型の個体が混じっていることがある。この大型の個体は働かず、ほかの小型の個体よりも多くの子どもを産む。すなわち、コロニー集団に協力的な小型の個体と、自分は働かないでより多くの子どもを産む非協力個体（利己的個体）が、存在していることになる。[10,11]

大型の個体は卵巣が大きく、多くの子どもを産むので、コロニーのなかでは大型の個体が選択され、小型の個体の割合は減少する。ただ、よく働く小型の個体が少ないゆえに、コロニー全体としての餌の獲得量も減少する。そのため、大型の個体の割合が多いコロニーは、個体数を増やすことができず、コロニーは縮小あるいは絶滅する。

それに対して小型の個体の割合が多いコロニーは、サイズ（個体数）が大きくなり、分裂してコロニーの数を増やす。つまり、小型の個体は、コロニー内では個体に働く自然選択によって不利になるが（個体選択）、コロニー間の選択（集団選択）では有利になるのだ。[10,11]

アミメアリでは、大型と小型の個体のどちらも消失せずに、コロニーが維持されている。これは大型の個体が、頻度は低いもののコロニー間を移動することがあるため、小型の個体が集団選択によって増えて固定する前に、大型の個体が侵入するためだと考えられる。

種とは何か

ここまで、集団選択による「集団にとって有利な性質」の進化が生じる条件について見てきた。それでは、この集団が「種」である場合に集団選択は起こるだろうか。つまり「種にとって有利な性質が進化する」のは可能かどうか、ということだ。

それには、「種とは何か」について考える必要がある。

種は、多様な生物を分類するための1つのラベル（ランク）として用いられている。最初に生物の分類体系を確立したカール・フォン・リンネは、同じような特徴をもつ生物個体の集団を種という単位として認識し、さらに、類似した種を束ねて高次分類群である属に、類似した属を科に、といったように生物の類似性をもとに入れ子型の階層に分類し、生物をラベルし、名前をつけた。もともと分類学的に種は、生物の形質の類似性でほかと区別できるような特徴をもとに認識された。これが分類学的種（類型学的種ともいう）である。現在でも名前のついている多くの種は、分類学的種である。

しかし、「種」が実際の生物ではどのような集団を指すのかについては、様々な議論があり、様々な定義（種概念）が提案されている。生物集団のあり方は多様であり、分類学上うまく整理できるような階層の1つとして、生物集団を単一の概念で定義することが困難なのが実態だ。そのため、生物学者や分類学者は様々な定義を用いる。逆にいえば、生物学的に意味のある生物の集団を認識しようとすると、うまく階層的に整理できる分類システムとはならないのである。

様々な種の定義のなかでもよく使われているのが、「生物学的種」「系統学的種」「分類学的種（類型学的種）」という種概念だ。一般的に生物学では、種の定義として生物学的種概念が用いられることが多い。これは、「種は潜在的に交配可能な集団の集まり」と定義される。単純にいうと、お互いに交配して、子どもを残すことができる（生殖可能な）個体の集団ということになる。

しかし、ここで問題になるのが「潜在的」ということだ。地理的に離れた場所に生息している集団の間で生殖可能かどうかは判断が困難である。そして、もう1つの問題は、別の種として記載されている種の間で交配が生じ、子どもができるという現象が稀ではなく、一般的であるということだ。たとえば、我々ホモ・サピエンス（*Homo sapiens*）は1つの種として定義されている。しかし、過去には別種として定義されていたネアンデルタール人（*Homo neanderthalensis*）とも交配して、彼らのゲノムの一部を引き継いでいる。ホモ・サピエンスとネアンデルタール人は、形態や脳の大きさなどに違いがあるとはいうものの、交配可能なのだから、同種として不合理ではないのである。

実際、動物種の少なくとも10%、植物種のおそらく25%が自然界で別種とされる個体の間で交雑することが知られている。[12] また、比較的近縁な種間だけでなく、進化的に離れた種の間でも交雑が生じることが示されている。[13] つまり、交配するかしないかで、独立した集団を定義することは困難なのだ（種の問題については第4章でも議論する）。

一方で系統学的種とは「共通祖先をもつ集団の集まり」と定義されている。生物個体は相互作用し、交配することで次世代に遺伝情報を引き継いでいく。そのような個体の集団が時間で繋がっている系列が系統である。図表3‐4にその系統と種の関係を示した。種Aに含まれる集団はすべて（a）を共通祖先とし、種Bに含まれる集団はすべて（b）を共通祖先としている。このような集団の集まりを単系統群と呼び、それを種の基準としている。

そして、図表3‐4を見て分かるように、生物学的種と系統学的種、分類学的種は一致しないのだ。実際に、2319種におよぶ様々な動物種（分類学的あるいは類型学的種）を調べた研究では、種として記載されている集団は、単系統群ではなく、別の系統が混じっていたり（多系統）、単系統の一部（側系統）である種が584もあることが報告されている。[14] これが示すのは、生物の集団のあり方は多様であり、多くの研究者が同意できるような唯一の種

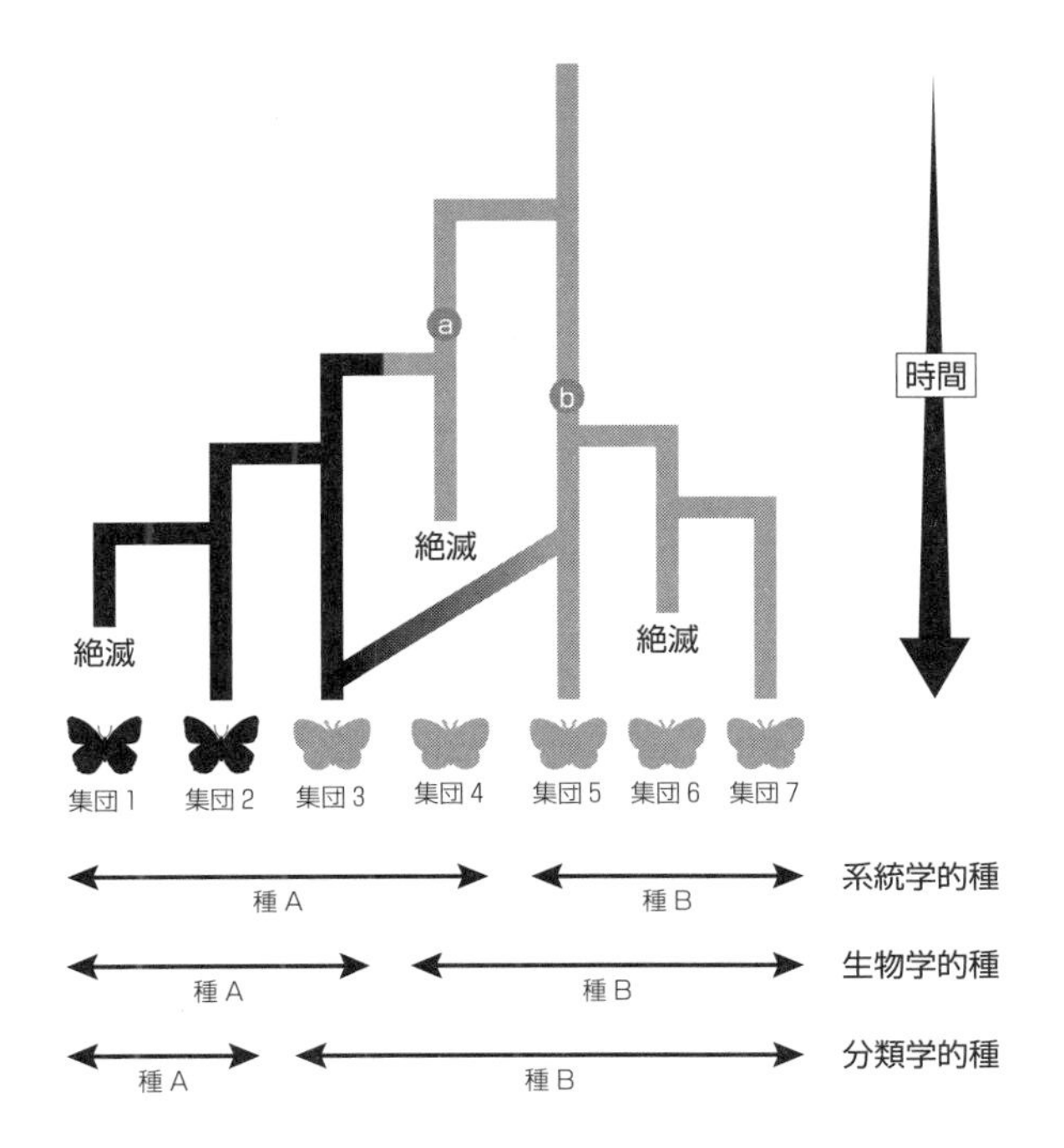

図表３-４　３つの種の定義の関係

祖先・子孫関係で繋がった集団（系統、lineage）を示した。黒い系統と灰色の系統の間で、一部不完全ではあるが生殖的に隔離されているので、生物学的種としては別の種となる。他方で、系統学的種は同じ祖先をもつ単系統群で定義される。分類学的種はほかと区別できるような形質の特徴で認識される。

の定義はないということだ。

種の保存のための進化は生じない

前述したように、集団にとって有利な性質の進化は限定的な条件でのみ生じる。それでは、種にとって有利な性質はなぜ生じないのだろうか。それは簡単にいうと、種が生物個体や集団あるいは系統が進化した結果として現れるものだからだ。どの種の定義を採用したとしても、図表３‐４のように実際に絶滅したり、分岐したり、再形成したりしているのは、個々の系統を形成している集団であり（図表中では1から7のそれぞれの集団）、種ではない。

アレル頻度が変化するという進化を引き起こすのは、個々の集団が絶滅したり、分岐したり、再形成したりしているからである。種というのは、そういった実質的な集団の集まりであり、その集まりをどう一括りにするかという「集団の括り方」の違いによって異なる種が定義されることになる。種を構成する個々の集団に働く集団選択によって、集団にとって有利になる性質が進化することがあったとしても、その集団とは種ではないのである。そのような意味から「種の保存や維持にとって有利な性質が進化する」ということはないのだ。

種の保存は何を守る？

「種の保存」という言葉は、生物の保全活動の現場でも用いられる。しかしこれは、保全の対象とすべき単位が種であるということを指しているのではない。実際に、国内外で絶滅のおそれがある野生生物の種を保存するための「種の保存法」では、人為の影響により存続に支障をきたす事情が生じていると判断される種または亜種・変種を保全対象としている。

たとえば、西表（いりおもて）島に生息するイリオモテヤマネコや対馬に生息するツシマヤマネコは、保全すべき対象と考えるだろう。しかし、イリオモテヤマネコやツシマヤマネコは、大陸に生息するベンガルヤマネコ（*Prionailurus bengalensis*）の亜種である。もし保全の対象を種とするなら、両者を保全する必要はないとなるはずだ。ただ、実際はそうはならないであろう。この場合、保全すべき対象は地域集団であり、種ではない。

もう1つ、例を紹介しよう。アメリカ合衆国ではアメリカアカオオカミが個体数を減少させていたために、保全すべきかどうかが問題となった。しかし、遺伝的な研究の結果、アメリカアカオオカミはハイイロオオカミとコヨーテの雑種であった。[15] そして、純粋な種（生物学的種）ではないので保全する必要はないという考えと、独自の遺伝的組成をもった集団であるので保全すべきという考えが対立したのだ。

保全生物学の分野では、保全すべきかどうかの単位は種ではなく、進化的に重要な単位（独自の遺伝的組成をもつ単位）にすべきだという考えもある。[16] つまり、そのような独自の遺伝的組成をもつ集団が絶滅すると、復活させるのは困難であると考えるのだ。また、そのような集団は生態系で独自の役割を果たしている可能性もあり、集団の絶滅は、生態系に何らかの影響を及ぼす可能性もある。

系統選択あるいは「種」選択

地球上で生じた生物種のほとんどは、現在までに絶滅したといわれている。よって「現在まで生き延びることのできた種は絶滅を回避する性質を備えている」と考えるのは間違いではない。それに、どのような性質をもった集団や種は絶滅の危険性が高いのかという議論も重要である（本章の第3節で触れる）。しかし、絶滅を回避する性質が生まれた所以は、種という集団を絶滅させないように進化が生じたからではなく、結果的に絶滅率を低下させるような個体の性質が進化したからということを理解する必要がある。

系統選択（あるいは種選択）と呼ばれているものがある。これは、ここまで述べてきた「種の保存のための進化」を説明しようとするものではない。系統（あるいは種）の絶滅率が異なることで、どのような性質をもった系統がどれくらい観察されるのかといったパターンを説明しようとするものである。

４つの集団が現在存続している場合を考えてみよう（図表３‐５）。白色個体の占める集団は、灰色の個体が占める集団に比べて絶滅リスクが高い。そのため、現在、灰色の集団が多く生き残っている。これは、灰色個体のもつ性質が絶滅リスク低減に寄与しているからである。

この例のように、異なる系統間（灰色個体集団の系統と白色個体集団の系統）を比較すると、一方の系統がほかの系統に比べて絶滅率が低く、より多くの系統（集団）が生き延びていることが分かる。系統選択は、この系統間の絶滅率や分岐率の差によって「系統間の性質の頻度に違い」が生じるプロセスを指しているのだ[17]。

この場合、系統の絶滅率が低下した原因は灰色個体が集団を占めていることで、個体数を高く維持することができるなどの結果をもたらしたためである。一方で、現在、灰色個体が集団中を占めているのは、自然選択あるいは遺伝的浮動により、灰色個体の頻度が増加した結果であって、集団の絶滅率を低下させたからではない。

ここで、系統選択の実際の例を見てみよう。生物集団のなかには、体色が個体によって違

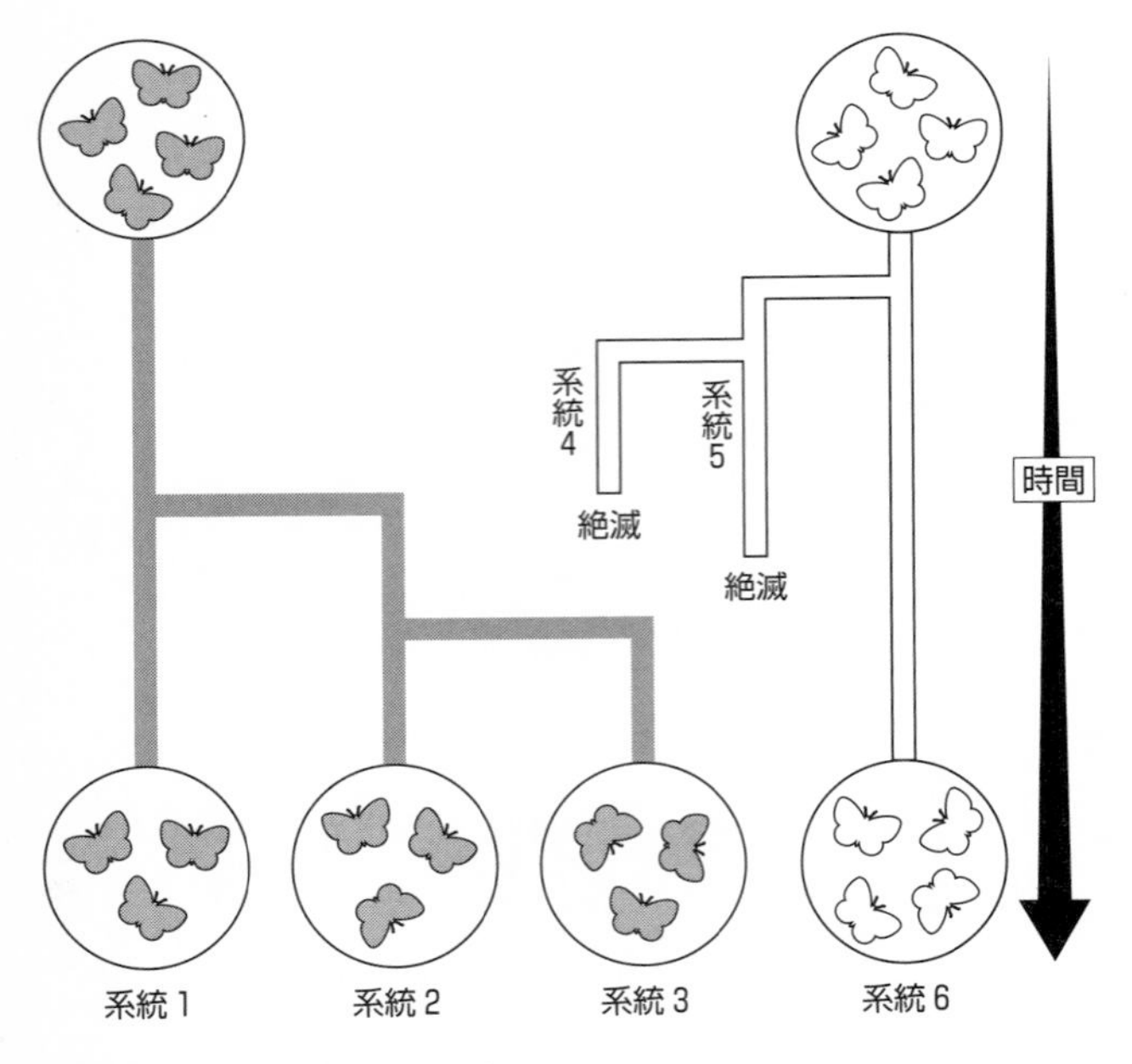

図表3-5　系統選択の概念図

祖先子孫関係で連なる6つの系統があり、そのうち現在4つの系統（集団）が生存している。集団では白色の個体、あるいは灰色の個体のどちらかが占めている。灰色の個体が占める集団は絶滅率が低い。

っている場合がある。これは色彩多型と呼ばれている。たとえば、日本に生息しているアオモンイトトンボのメスには、茶色の個体と青色の個体が存在している。

このメスの色彩多型は、集団中で頻度の小さいほうの体色をもつメスが、オスからの妨害を受けづらく、多くの子どもを残すことができるという負の頻度依存選択（１３０ページ参照）で維持されている。[18] オスは何匹ものメスと交尾しようとするのだが、メスは一度の交尾で充分で、何度も交尾をされると生殖器が傷ついたり、餌を採ったりする時間が減ってしまうのだ。そして、オスが最初に交尾したメスの体色と同じ色のメスと交尾しようとするために、集団中で頻度の高い色のメスは狙われやすくなる。

色彩の異なるメスが混じっているほうが、平均的に子どもをより多く残すので、集団全体としてはより多くの子どもが生まれる。[18] つまり、色彩多型のある集団のほうが、同じ色のメスだけで占められている集団よりも個体数が多く、絶滅率が低い可能性があるのだ。これはイトトンボに限った話ではない。ほかにもチョウや脊椎動物のなかで色彩多型を示す種とそうでない種を比較すると、色彩多型を示す種ほど生息分布の面積が広く、絶滅リスクが低いことが示された。[19]

個体の体色の変異が集団中で維持されるという現象は、個体に働く自然選択（平衡選択）

で進化したとみなされる。その結果、色彩多型を示す集団（あるいは系統）の絶滅率が低下することで、クレード（系統の集まり）内で多くの種が色彩多型を示すという傾向が維持されていることになる。

重ね重ねとなるが、系統選択は、クレード内の特性に影響するが、個体の性質（色彩）の進化を説明するものではない。集団（系統）の絶滅リスクを低減する性質は、あくまで集団内での個体の性質が進化した結果、生じたと考えられる。そして、集団の絶滅率の低下は、多くの系統（あるいは集団）が「絶滅リスクを低減する性質」を保持していることの結果とはなっているが、「絶滅リスクを低減する性質」が集団内で獲得され、進化したことの原因とはなっていない。

3-2 生物は利己的な遺伝子に操られている？

「利己的遺伝子」とは

「恋をするのも、争うのもすべては遺伝子の思惑通り？」

これはリチャード・ドーキンス『利己的な遺伝子』の紹介記事のタイトルである（https://kagakudo100.jp/100books/c-26）。このような表現は、生物のあらゆる性質は遺伝子にとって有利に進化した結果である、ということを示唆したものだ。あまりにも表現が「俗っぽい」のでうさんくさいと思う人もいれば、深い理屈は考えずにそうかもしれないと思う人もいるのではないだろうか。

前節で、「生物は種の維持のために進化した」という表現が不適切であることを述べたが、利己的遺伝子は「生物は遺伝子のために進化した」ということを表している。では、このドーキンスがいう「利己的な遺伝子」とはどのようなものだろうか。

ドーキンスによれば、遺伝子は複製の単位、個体はそれを運ぶ乗り物である。遺伝子は通常、裸では存在できないため、自分のコピーをより多く残すためには、遺伝子を運ぶ乗り物、すなわち個体ができるだけ多くの子どもを残すことが必要になる。そこで遺伝子は、自らのコピーを残すのに都合のよい乗り物の性質（表現型）を創り出そうとし続けてきた。その結果、利己的に振る舞う遺伝子が進化したのである。

こうした遺伝子の見方が利己的遺伝子である。ドーキンス自身も、これは「見方」であって理論でも仮説でもないとしている。この見方によると、個体の様々な性質は、遺伝子が自らのコピーを残すために作られたものということになる。

さらにドーキンスは、遺伝子がその乗り物である個体の枠を超えて影響を及ぼすことがあるともいう。たとえば、ある種の病原体や寄生虫は、感染した動物の行動を変化させ、その病原体や寄生虫が次の宿主に移行できるように操作している場合がある。このような場合、遺伝子の影響は、自らを運んでいる個体という乗り物（病原体や寄生虫）だけでなく、その宿主にまで及んでいるということになる。前章で紹介したハリガネムシによるカマキリの入水行動が、この例といえるだろう。

ドーキンスが『利己的な遺伝子』を出版したのは1976年のことだ。前節でも述べたように、1966年にはG・C・ウィリアムズ[6]の『適応と自然選択』が出版され、1964年にはW・D・ハミルトンによって、個体が自らの繁殖を犠牲にして、他個体の生存や繁殖を助けるという利他行動を説明する血縁選択説が提唱された。これらがきっかけとなり、これまで生物の様々な性質が「種のため」に進化したという暗黙の考えが誤りであることが、盛んに指摘されるようになったのである。

このように、1960年〜1970年代にかけては、自然選択は何に対してどのように働くのかという、「自然選択の単位」について盛んに議論され、基本的には自然選択は個体もしくは遺伝子に対して働くという理解になった。このような時代背景のなかで、ドーキンスは遺伝子の視点から進化を見ると、自然選択がより分かりやすく理解できると主張したわけだ。

しかし、「利己的遺伝子」が厳密に生物進化を適切に理解するための比喩的表現だと考えるのは誤りである。「生物は遺伝子のために進化した」という表現は、遺伝子に自然選択が働いて、生物が進化するということを意味している。では、実際の生物集団でこれは起きているのだろうか。それを整理するために、前節で述べた通り、ここでも自然選択の原因(selection for)となる性質と、それにより増減する単位（選択される単位：selection of）が何かということを考えてみたい。

ところで、「利己的遺伝子」というときの「遺伝子」とは何を想定しているのだろうか。ドーキンスは、「利己的遺伝子」を情報を複製する進化の単位として用いていて、厳密な定義はしていない。しかし、集団中で頻度を変化させて進化するのはゲノム配列である「アレル」であることから、ドーキンスのいう利己的遺伝子が想定している遺伝子はアレルと同じであろう。

そこで、ここでも「利己的遺伝子」の「遺伝子」はアレルの意味で用いることにする。一方で、以降では「遺伝子のアレル」という表現を用いるときもある。これは、「タンパク質に翻訳されるゲノム領域」である遺伝子の変異として存在するアレル（対立遺伝子）を意味している。アレルと遺伝子の関係について分からなくなった人は、第1章第1節（38ページ）と図表1‐3（37ページ）を参照してほしい。

個体に働く自然選択

多くの場合、個体の表現型が進化するのは、個体への選択によるものだ。個体選択では、個体は自らの子どもをより多く残すような性質を進化させるので、「利己的な個体が進化する」と比喩的に表現することもある。このとき「遺伝子に働く選択」といわないのは、その性質に関わる遺伝子が頻度を増加させたのは、個体の性質に依存して子孫の個体が増えた結果であるからだ。その例を1つ見てみよう。

アメリカの砂浜に住む野ネズミは、内陸に住む野ネズミと違って白っぽい毛をもっている。砂浜では、白い毛をもつ個体が自然選択で有利に進化したのだ。ただ、アメリカの南海岸では、*Mc1R*という遺伝子で生じたアレルが進化して白くなったが、東海岸では別の遺伝子のアレルが進化した結果であることが示されている。[20] つまり、個体の性質である「白い毛」が進化したのは、白いという性質が個体の適応度を向上させ、より多くの子どもを残したことによるもので、白いという性質を引き起こす遺伝子のアレルは、その結果として頻度を増加させたということである。白くする遺伝子のアレルであれば、どれでも個体の利益を通じて頻度を増加することができるが、どの遺伝子のアレルが増加するかは偶然によって決まっていたのだ。つまり、特定の遺伝子が「個体を白くすることで自らの遺伝子を増やした」というわけではなく、「白い個体がより多く子どもを残すので、白くする遺伝子のどれかが結果的に増えた」ということである。

また、別の例も見てみよう。身長など量的形質と呼ばれるものの違いには、ゲノム上の多数の変異箇所にあるアレルが影響していることが示されている。たとえば、ヒトの身長にはゲノム上の２万以上の変異箇所が関わっている[21]。また、ヨーロッパでは、身長が高くなるように自然選択を受け進化したことが示されており[22,23]、身長を高くする効果をもつ多数のアレルの頻度が増加したと推定される。そして、同じ効果をもつアレルならば、どのアレルが頻度を増加させるかは偶然に左右される。自然選択が働く要因は個体の性質である身長が高いかどうかであり、特定のアレルが利己的に身長を高くしたかどうかではないのだ。

「利己的な遺伝子」という比喩からすると、自らのコピーを増やすように表現型を進化させたということになる。しかし、表現型の進化は特定の遺伝子がコピーを増やすことで進化したわけではなく、表現型に同じように影響する遺伝子のアレルであれば、どれでもよい。実際に、同じ方向への自然選択が個体に働き、同じ適応形質をもつように進化しても、その結果、頻度を増やすのは必ずしも同じ遺伝子のアレルではないことが示されている。[24] 個体にとって有利な性質を進化させる自然選択は、常に特定の遺伝子を進化させるわけではない。つまり、「利己的な遺伝子が個体の表現型を進化させた」という比喩的表現は当てはまらないのである。

小集団の選択による利他行動の進化

「利己的遺伝子」は利他行動の進化に関連して言及されることが多い。利他行動とは、ある生物個体が自分の生存率を下げてでも、他個体の適応度を増加するように振る舞うことである。典型的なのがアリやハチだ。繁殖して子どもを残すのは女王だけであり、同じ巣のほかの個体は餌を採ってきたり、巣を防衛したりするワーカーとなる。ワーカー個体は、自分の適応度をゼロにしてでも、女王個体の適応度を増加させるように働く。

これまでの個体選択の考え方からすると、利他行動を発現する遺伝型の個体は、利他行動を発現しない個体に比べて適応度が低いので、個体選択では進化できないことになる。

この問題に答えを出したのが前述したW・D・ハミルトンだ。[7,8]

彼は、利他行動を発現する遺伝子のアレルは、利他行動をして相手を助けた個体ではなく、助けられた個体がより多くの子どもを残すことで増えると考えた。つまり、利他行動を受けて利益を得た個体も利他行動を発現するアレルをもっているとすると、その個体が、利他行動をした個体の代わりに、利他行動遺伝子のアレルを増やしてくれるというのである。兄弟や姉妹など血縁者の間では同じアレルを共有する可能性が高く、利他行動をして助ける相手が血縁者ならば、利他行動を発現するアレルを共有している確率も高い。そこで、利他行動をする個体は血縁者に対して利他行動をすることで、利他行動を発現するアレルの頻度を増加させていくのである（血縁選択説）。

この進化を別の見方でも見てみよう。ここでも、他個体に対して自らコストを払って利他行動をする個体と、利他行動を享受するが、自らはしない利己的個体を想定してみる（図表3-6）。説明の簡略化のために、利他行動を引き起こすアレルをA、利己的行動を引き起こすアレルをaとして、利他行動をする個体を灰色、利己的行動をする個体を白としている。

生物個体はコロニーや群れなど、密接に個体同士が競争したり、助け合ったりする小集団

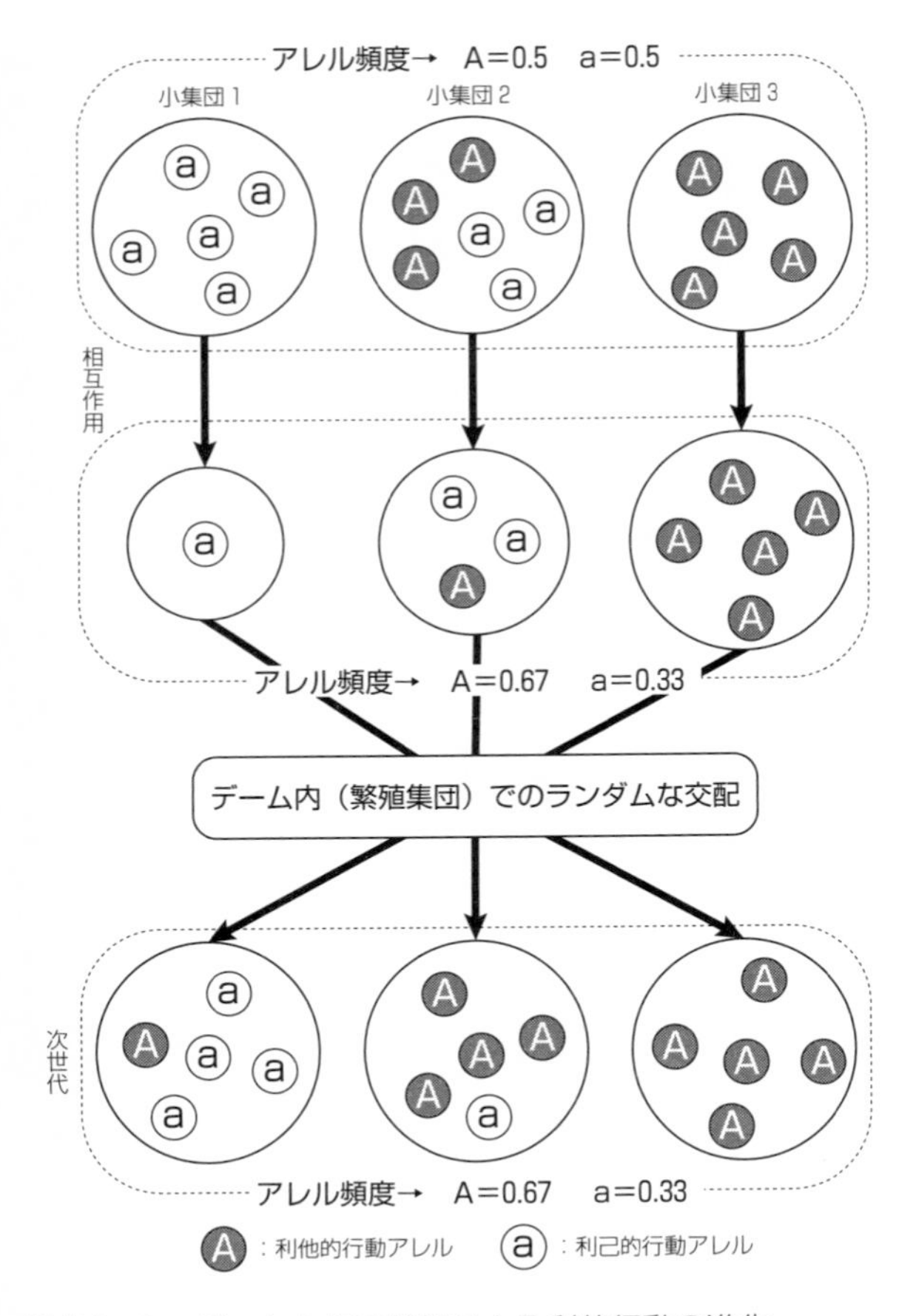

図表3-6　デーム内集団選択による利他行動の進化

利他的行動をする個体を灰色、利己的行動をする個体を白としている。説明の簡略化のために個体は1つのアレルをもつと仮定し、利他的行動を発現するアレルをA、利己的行動を発現するアレルをaとしている。個体は小集団に分かれて相互作用し、交配はデーム（交配可能な集団）内で起こる。

で生活している。一方で、個体はその小集団以外の個体とも交配し、繁殖する。このようなお互いに交配し合う繁殖集団のことをデームと呼んでいる。

ここで以下のような生物集団を考えてみよう。

小集団１：利己的な個体の頻度が高い集団。競争が激しく集団の個体数は低下。

小集団２：利己的な個体と利他的な個体が両方いる集団。利他的な個体から利益を享受するので利己的な個体のほうが適応度が高く、小集団内でその頻度を増加させる。しかし、利他的な個体が少なくなるために、集団の個体数は減少する。

小集団３：利他的な個体の頻度が高い集団。お互いに助け合うことで、生存率が増加し、集団の個体数は低下しない。

そして、各集団で生き残った個体は小集団外の個体と交配して次世代の子どもを残す。このとき、次世代のデームでＡアレルとａアレルの遺伝子頻度を見てみると、利他的な行動をするＡアレルの頻度が増加しているのが分かるだろう（０・５→０・67）。そして、次世代では、Ａアレルの頻度が増加した状況で、小集団に分かれて相互作用をすることになる。このプロセスによって、利他行動を発現するAアレルの頻度はしだいに増加していくのである。
同じ小集団のなかでは、利他的個体は利己的個体に比べて適応度が低くなるので、利己的個体が選択される（個体選択）。しかし、集団内での利他的個体の頻度（集団の性質）が高いと、小集団の個体数を多く維持できる。それによって、小集団間での集団の性質（利他的個体の頻度と集団の個体数）の違いを生じさせ、利他行動を発現するアレルの頻度は増加する。つまり、個体間の違いではなく、小集団間の違いが利他的個体を進化させているといえる。

このような自然選択のプロセスをデーム内集団選択と呼んでいる。[9] ここで集団選択の「集団」が指すのは、個体がお互いに相互作用している小集団のことであり、交配・繁殖は小集団を超えて大きな繁殖集団（デーム）で起こる。一方で、前節でアミメアリの集団選択の例を紹介したが、こちらはメスだけで単為生殖をして増えている。そのため、コロニー集団内で、共同繁殖のための相互作用が行われていることになる。この集団は繁殖集団（デーム）になるので、デーム内集団選択に対して、デーム間集団選択と呼ぶ場合もある。

この集団選択が働くために重要な条件は、小集団の間で利他行動を発現するアレルの頻度が充分に異なっていることと、集団の適応度（個体数や増加率など）に違いがあることである。たとえば、すべての集団が同じ頻度でAアレルとaアレルをもっていると、必ずAアレルの頻度は集団内で減少することになり、利他行動は進化できない。

　実は、このデーム内集団選択は、血縁選択と同じことを異なる表現で示しているにすぎない。ここでの小集団は家族集団といった血縁集団を想定できる。血縁個体が小集団を形成すると、利他行動を発現するアレルをもっている個体が小集団内にいる場合、同じ集団内の他個体も同様に同じアレルをもっている可能性が高い。これにより、図表３-６（２１８ページ）のような状況が生まれ、利他行動を発現するアレルは頻度を増やしていける。また、相互作用する相手が血縁個体かどうかを識別できる場合は、空間的に集まって作られるような集団でなくてもこのプロセスは働く。つまり、血縁者同士で相互作用する集団を、図表３-６の小集団とみなすことができる。

　血縁選択は、血縁集団間の選択というデーム内集団選択の一種とみなすことができるのだ。実際に、血縁選択と集団選択が同じプロセスであるということは数学的にも証明されている。[25]前節では、集団選択は限られた条件でのみ可能と説明した。しかし、血縁集団間の選択による利他行動の進化、つまりはデーム内集団選択が働く条件は、多くの生物で満たされているのだ。

利他行動は利己的な遺伝子のせいか

さて、ここであらためて血縁選択を表す比喩として、ドーキンスの利己的な遺伝子という言葉を考えてみよう。この場合、「個体の利他行動は個体にとって不利だが、利他行動を発現する遺伝子にとって有利なので、遺伝子が自分のコピーを残すために個体に利他行動をとらせている」という表現が使われる。このような利己的な遺伝子の見方は、利他行動がなぜ進化するのかを理解しやすくするかもしれない。

しかし、厳密にどの単位に選択が働いているかを考えると、理解が少し違ってくる。利他行動を発現させている遺伝子は、その遺伝子をもつ個体が利他行動をすることで、遺伝子のアレル自体も次世代にコピーを残せなくなり、個体にとっても遺伝子にとっても不利になる。有利になっているのは、別の個体がもつ利他行動を発現する遺伝子のアレルだ。そして、血縁選択は、突然変異で利他行動を発現するアレル（遺伝子）が生じ、そのコピーが集団に増えていくプロセスを示している。つまり、利他行動を実際に発現させたアレルが選択で有利になったわけではなく、利他行動を発現する遺伝子をもつ個体の集団が増加するのに有利になったと考えることができる。

具体的な進化のプロセスをよく見てみると、利他行動を発現するアレルをもつ個体の集団に選択が働いたと見るほうが、より適確に現象を捉えているといえるだろう（図表3-6、218ページ）。さらに、次項で述べるような、実際に遺伝子自身が自らのコピーを残すように進化している「利己的遺伝子」と区別する必要があるという意味からも、利他行動を発現する遺伝子は利己的遺伝子とはいいづらい。

ところで、現在、ドーキンスの「利己的遺伝子」という言葉は一般の人にも比較的知られているのに対し、「種のための進化は生じない」ことは理解されていないことが多い。そのために、「生物が自らの遺伝子を残そうとするのは、種の保存のためだ」という誤解をする人も少なからずいる。「利己的遺伝子」の見方が適切であるかどうかにかかわらず、この表現は全くの誤りである。ヒトには「種族維持のための進化」という考えに陥りやすい思考バイアスがあるのかもしれない。

より適切な意味での利己的遺伝子

それでは、自然選択のプロセスから見ても、より比喩的にも適切な「利己的遺伝子」とはどのようなものだろうか？　自然選択の働き方から考えると、アレル（遺伝子）自身が、その性質によって、自身のコピーを増やすという過程が「遺伝子に働く選択」といえる。ちなみに「個体に働く選択」では、アレルが個体の性質に影響して、その個体の性質が原因となって多く子どもを残すことで、そのアレルも集団中で増えていくが、これが「遺伝子に働く選択」とは別のプロセスであることには注意されたい。

ここで注目したいのが減数分裂駆動という現象だ。

二倍体の生物は、父親と母親からそれぞれ引き継いだゲノムをペアでもつ。とすると、ゲノム上の特定の位置には2つのアレル（対立遺伝子）があることになる。通常、次世代に引き継がれるときは、ペアのうちどちらかのアレルがランダムに選ばれて、1つだけが精子（メスの場合は卵）に受け渡される。そして、どちらが引き継がれるかは同じ確率であり、2つのアレルは2分の1の割合で精子（あるいは卵）のなかに存在することになる。しかし、ペアのうち特殊な性質をもつアレルは、もう一方のアレルが精子や卵に引き継がれるのを阻止することで、2分の1よりも高い割合で精子に受け継がれることがある。これを「分離のひずみ」と呼び、それを引き起こす機構を減数分裂駆動という。

「分離のひずみ」を引き起こす遺伝子として、ショウジョウバエのSD遺伝子が有名である。SD遺伝子と呼ばれているが、実際は1つの遺伝子ではなく、複数の遺伝子がまとまったものだ。[26]

SD遺伝子には、SDという「分離のひずみ」を引き起こすアレルと、SDによって精子に引き継がれるのを阻止されるアレル（SD^{-}）がある。ヘテロ接合のオス（SD/SD^{-}）では、SDアレルは、SD^{-}アレルをもつ精子の機能不全を誘発する。そのために、ヘテロ接合のオスの精子は、ほぼSDアレルをもつことになる。そして、このオスと交尾をして生まれた子どものオスもSDアレルを引き継ぐ[26]。つまり、SDアレルはそれ自体の性質が原因となって、ほかのアレルの機能を阻害しているのだ。この場合、アレルが個体の性質の違い（あるいは精子の性質の違い）に影響することが原因ではなく、アレル自身がもつ性質の直接的な影響を通して自らのアレルを増やすことになる。その意味で、SDアレルは「遺伝子に働く選択」によって進化しているといえる。

一方で、SDアレルは、個体の生存や繁殖には有害な効果があるらしい[26]。そのため、個体に働く選択では、SDアレルの頻度を減少させる方向に働いているのだ。遺伝子に働く選択はSDアレルに有利に働き、その頻度を増大させているが、個体に働く選択は減少させる方向に働いている。SDアレルが増加・維持されている主な原因は、遺伝子自体のもつ性質に起因する「遺伝子に働く選択」によるものなので、SDアレルは「利己的遺伝子」と呼ばれている。

ただし、このSDアレルには「遺伝子に働く選択」が機能しているとするとき、1つ注意が必要だ。SDアレルはそれ自体が直接働き、SDアレルをもたない精子（SD⁻アレルをもつ）を機能不全にするので、アレル自体の性質がその頻度変化の直接的な原因となっている。しかし、SDアレルが頻度を増やすのは精子を通じてであり、SDアレル自身が増えているわけではない。とすると、精子あるいは配偶子レベルの選択ともいえるかもしれないのだ。

ここからは、まさにアレル自体の性質が原因で、それが直接増加する例を見ていこう。

利己的遺伝因子

ゲノム配列のなかには、多数の転移因子（transposable element）と呼ばれる配列が含まれている。簡単にいうと、ゲノムのほかの場所に移動可能なDNA配列のことである。

転移因子には、DNAトランスポゾンとレトロトランスポゾンがある。DNAトランスポゾンは、自分の配列をゲノムから切り出し、ほかの場所に挿入する。一方でレトロトランスポゾンは、複製された自分のDNA配列をほかの場所に挿入する。つまり、DNAトランスポゾンはカット&ペーストで配列がゲノム中を移動し、レトロトランスポゾンはコピー&ペーストで自分の配列をゲノム中に増やしていく。DNAトランスポゾンは移動するだけで、コピーを増やせないようにみえるだろう。しかし、宿主のＤＮＡ複製の過程でコピーが増える仕組みがある。[27]

ゲノム配列中に占める転移因子の割合は生物によって異なるが、哺乳類では3〜5割の部分を占めている。[28] たとえば、ヒトでは、ゲノム中の約半分が転移因子の配列だ。その配列は転移する能力を維持しているものもあれば、現在では自ら転移する能力を失っている場合も多い。転移因子は、レトロウイルスやバクテリアのゲノムを起源として進化したものや、ゲノム配列から転写されたＲＮＡを起源とするものがある。[29]

そして、転移因子は自らの配列を移動したり、コピーして増やしたりしているので、そのＤＮＡ配列そのものに選択が働いていると見ることができる。そのために、転移因子は利己的遺伝子あるいは利己的ＤＮＡと呼ばれている。

自らの配列や遺伝要素を増やしていくようなものは、先述した減数分裂駆動を引き起こす遺伝子や転移因子のほかにも知られているものがある。たとえば、ホーミングエンドヌクレアーゼ（相同な配列を切断し、自分の配列で置き換える）、Ｂ染色体（生物の生存や生殖に必要ではないが、通常の染色体とは別に存在する）、利己的なミトコンドリアなどである。これらのなかには、タンパク質の翻訳に関係する「遺伝子」とはいえないものもあり、総称して利己的遺伝因子（selfish genetic element）と呼ばれている。[30]

利己的遺伝因子と個体のコンフリクト

利己的遺伝因子は個体の生存や繁殖を低下させることがある。ただ、それによって個体レベルでの自然選択では不利になったとしても、それを上回るほど自らの配列を増やすことで進化してきたと考えられる。

このように、遺伝子レベル（あるいはＤＮＡ配列レベル）で働く自然選択と個体レベルで働く自然選択が対立する状況を、利己的遺伝因子は作り出している。いわば、利己的遺伝因子とそれをもつ個体との関係は、寄生者と宿主の関係のようなものなのだ。

たとえば、転移因子がゲノム上の新たな箇所に挿入されることで、もともとあった遺伝子が破壊されたり、遺伝子の活動が低下したりする可能性がある。また、転移因子が移動しなくても、転移因子の配列には繰り返し配列などがあるために、突然変異率を増加させたり、ゲノムの安定性を低下させたり、ゲノム配列の構成を変えてしまう原因となる。[29,31] 実際に、ヒトでは、転移因子は精神疾患を含めた様々な病気や癌の原因になったりしている。[31,32]

一方で宿主となる個体は、転移因子の活動が増加すると個体の適応度が低下するために、転移因子の活動を阻止する様々な機構が進化している。たとえば、転移因子の配列をＤＮＡメチル化（第2章で説明したエピジェネティク修飾、図表２－10、１６３ページ）することで活動を阻止したり、転移因子から転写されたＲＮＡを切断する機構（ＲＮＡサイレンシング）が知られている。また、転移因子にくっついてその活動を抑制したりするタンパク質などを進化させたりもしている。[29]

転移因子が活性化して動き回るのは、精子や卵などが作られるときや、受精卵から個体が発生していくごく初期の段階に限定されていることが多い。[29] 次世代に伝えられない体細胞で、転移因子が活動を増加させたとしても、自分のコピーを持続的に増やせない。次世代に伝えられる精子や卵が作られる生殖細胞で活性化し、コピーを増やすことで、次世代でも自らのコピーを増やすチャンスを高めることができるのだ。実際に、体細胞では転移因子の活性化は抑えられることが多い。体細胞系列での活性化は宿主個体にとっても、利己的遺伝因子にとっても有害だからだろう。

利己的遺伝因子と宿主個体の共進化

利己的遺伝因子は、ゲノム中の大半を占めるまで増加している場合もあることなどから、宿主個体の生存には影響しないようにコピーを増やしていったと考えられる。病原体などの寄生者と宿主は相互作用しながら進化することにより（共進化）、しばしば寄生者が宿主にとって無害になったり、さらには有利になるような共生関係を進化させることがある。そして、利己的遺伝因子のなかにも宿主個体にとっては無害になったり有利に働くように進化し、そのためにゲノム上で維持されている場合もある。その例をいくつか紹介しよう。

利己的遺伝因子が新たに挿入されるところが宿主個体にとって重要な場所であれば、その遺伝子の機能が壊される可能性は高い。その影響で、もし利己的遺伝因子が増えていく効果よりも、個体選択によって減少する効果のほうが高くなれば、利己的遺伝因子はゲノム上で維持できなくなる。そのために、いくつかの転移因子では宿主のタンパク質を作るコード領域などを避け、宿主個体にとってゲノム上の「安全な場所」を標的にして、移動するように進化しているらしい。[31]

さらに、イネのゲノムにあるトランスポゾンは、タンパク質に直接翻訳される領域に挿入することを避け、遺伝子の上流部位（遺伝子の発現を調節する配列が位置する、図表2－9、160ページ）をターゲットにして移動する転移因子もあるようだ。そのため、トランスポゾンの挿入は、多くの場合、宿主個体の生存や繁殖に影響を及ぼさないか、上流部位に挿入された配列が、遺伝子の発現を増加させることが報告されている。[33]

転移因子は宿主のゲノムに依存せず、複製や移動を可能にするタンパク質のコード領域（遺伝子）をもっている。しかし、その遺伝子が活性化し、複製や移動のためのタンパク質を作れるかどうかは、宿主個体の生成物に依存している。たとえば、転移因子は自らの配列（コード領域）から移動などに必要な酵素を作るが、その遺伝子の発現を開始するためにはスイッチが必要である。そのスイッチは、転移因子がもつ調節領域のＤＮＡ配列（プロモーター配列）に、転写因子（transcription factor）と呼ばれる宿主由来のタンパク質が結合することでオンになり、ｍＲＮＡの転写が開始される（図表３‐７）。つまり転移因子は、宿主個体の転写因子を利用できるように、宿主のプロモーター配列に似せた調節領域配列を進化させたのだ。そのため、宿主個体の遺伝子発現を調節している配列に、転移因子が挿入されると、挿入された転移因子のプロモーターが作用して、宿主個体の遺伝子が発現するようになることがある[31]（図表３‐７）。

通常は、宿主個体の遺伝子の調節領域に転移因子が挿入されると、遺伝子が機能しなくなったり、本来の宿主個体がコントロールしている遺伝子発現とは違った振る舞いをしたりと、宿主個体には不利に働く。しかし、挿入箇所によっては、宿主個体の適応度が増加するよう

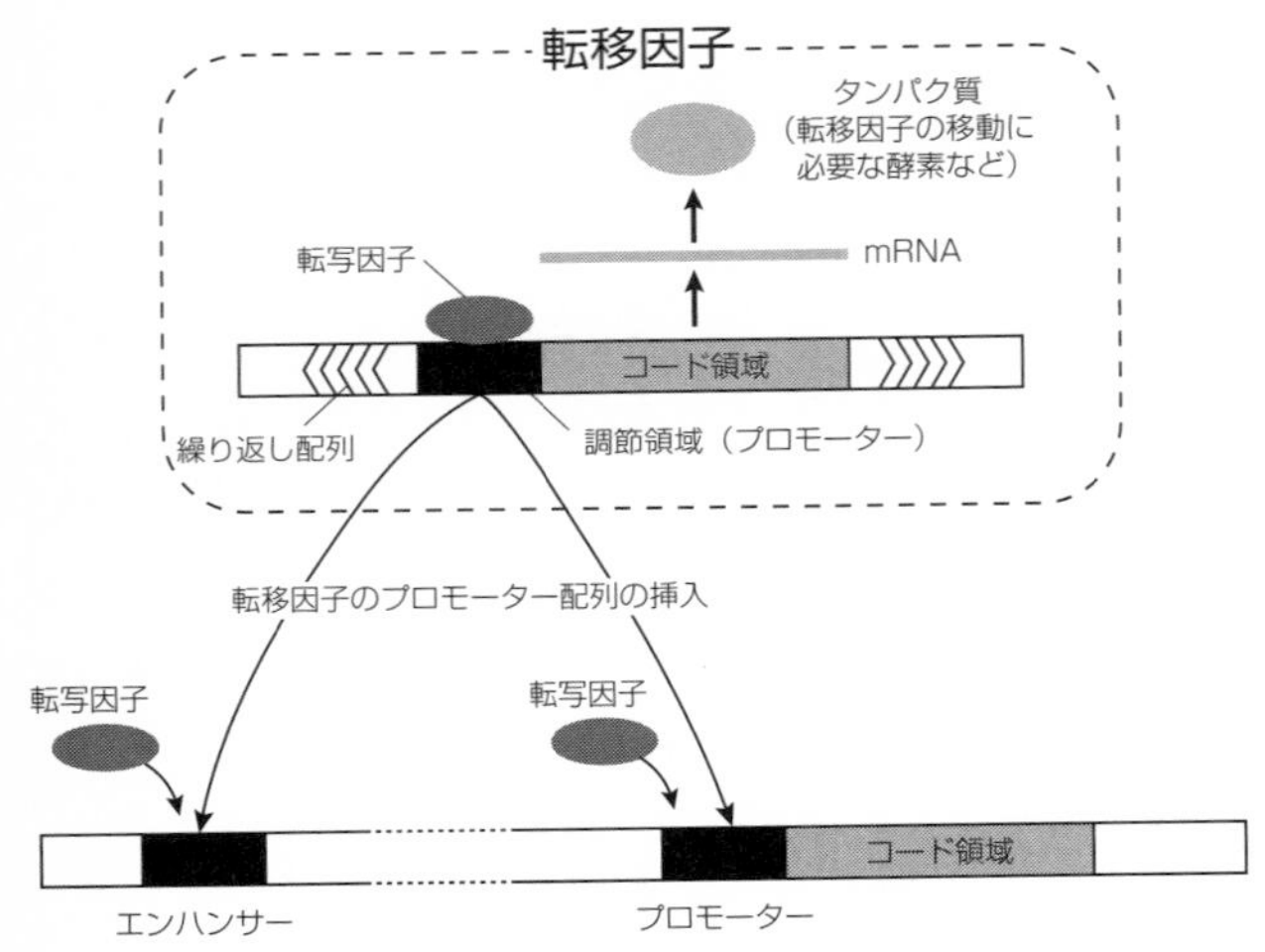

図表 3 - 7　転移因子の発現と宿主遺伝子の関係

図表中の上のイラストは転移因子（DNAトランスポゾン）の配列を示している。転移因子のプロモーター配列が宿主遺伝子の上流領域やエンハンサーになる領域に挿入されると、転写因子が結合できるようになり、宿主遺伝子が活性化される。

に遺伝子がコントロールされる可能性もある。たとえば、第1章で紹介した、イギリスの産業革命のときの大気汚染がもとで、暗い色のガが増加した工業暗化と呼ばれる進化現象がその例だ。ガの翅色が暗い色に変化した突然変異個体が出現したのは、チョウやガの色素沈着や、鱗粉の発生速度を制御する遺伝子である *cortex* 遺伝子の発現調節領域に転移因子（トランスポゾン）が挿入されたためである。[34]

長期的な共進化も起こる

ゲノムに挿入された転移因子は多くの場合、宿主個体に抑制され、やがて転移因子が動き回るのに必要な配列が失われる。その結果、ゲノム上には転移因子の残骸が残る。しかし、それらの配列が宿主個体の機能に関与し、適応度が増加するように進化していく場合がある。どういうことか。先述したように、転移因子は宿主個体の転写因子を利用するプロモーター配列をもっている。そのため、その転移因子のもつプロモーター配列を宿主個体が利用できるように修正進化することで、宿主個体にとって有利になるような遺伝子のコントロール機構を進化させることができるのである。

これなら、全くランダムでデタラメな配列から機能的なプロモーター配列やエンハンサー配列（タンパク質をコードする領域から離れた場所にもある制御領域、図表2－9〈160ページ〉と図表3－7〈232ページ〉）が作られるよりも、比較的簡単に遺伝子制御配列を進化させることが可能である。実際に、転移因子の配列がもとになって、宿主個体の遺伝子の新しいコントロール機構は進化している。たとえば、哺乳類では、ある転写因子が結合する部位の5～40％（平均約20％）が、転移因子の配列と関係して進化したと推定されている。[31]

また、宿主ゲノムの様々な場所に挿入された転移因子の配列は、コピーもとが同じ配列であれば、同じ転写因子が結合する可能性がある。つまり、複数の類似した配列が転移因子として新たな場所に挿入されたとき、それが、プロモーターやエンハンサーとして働くように進化すると、同じ転写因子が複数の遺伝子の発現をコントロールできるようになるのだ。このようにして、転写因子をコードする遺伝子Aは遺伝子BとCを制御し、遺伝子Bは遺伝子D、E、Fを制御するといったような、多数の遺伝子がほかの多数の遺伝子を制御するという、複雑な遺伝子ネットワークの構築が進化する。[35]

たとえば、哺乳類の脳の新皮質（大脳半球の表面を覆う灰白色の大半を占める部位で、知覚や運動、思考など重要な機能を果たしている）の進化において、脳の新皮質で働く遺伝子をコントロールするエンハンサーは、転移因子が挿入されたことで進化した可能性が指摘されている。[36] またマウスでは、過去１５００万〜２５００万年の間に胎盤だけで働くエンハンサーをゲノム中に何百も増加させており、それはマウスに特異的な転移因子の一種が移動し、挿入されたことによるらしい。このようなことから、哺乳類における胎盤の急速な形態の多様化には、転移因子が関与していると考えられている。[37]

さらに転移因子は、転写因子などのタンパク質が結合するＤＮＡ配列（プロモーターやエンハンサー）を、宿主個体のゲノムに挿入し、提供するだけではない。遺伝子発現を調節するノンコーディングＲＮＡ（タンパク質に翻訳されないＲＮＡの総称、図表２‐９、１６０ページ）が、転移因子の配列から転写されたＲＮＡを起源に進化した可能性もある。[31] どうやらヒト、マウス、ゼブラフィッシュにおいて、長いノンコーディングＲＮＡ（lncRNA）の３分の２以上で転移因子から由来した配列が含まれているという。これらの lncRNA は、単にゲノムＤＮＡをもとに転写されてＲＮＡとして存在しているだけで、宿主個体にとっては何の役にも立っていない可能性もある。しかし、少なくとも一部は、宿主の遺伝子発現をコントロールするように転移因子の配列から進化したと考えられる。

利己的遺伝因子は有益か無益か

１９８０年に、ＤＮＡの構造を解明したフランシス・クリックらを著者に含む、２つの論文が『Nature』に掲載された。[38,39] そこでは、ゲノムの多くは利己的遺伝因子（利己的ＤＮＡ）であり、個体の生存には有益でないジャンク（がらくた）なＤＮＡであるという主張がなされた。また、ゲノムの大きさはその生物の形や特徴の複雑さに関係しないことが知られているが（C値パラドックス）、それは生物個体の生存や繁殖には寄与しないジャンクＤＮＡがゲノムの大きさに影響しているからだともいう。

しかし、２０１２年のヒトゲノムの詳しい解析を行った研究論文では、直接タンパク質に翻訳される領域はゲノム中の１～２％にすぎないが、ゲノムのＤＮＡの約76％が何らかの形でＲＮＡに転写されていることが示された。[40] そこからその論文は、遺伝子調節領域を含め、ゲノムの約80％が生化学的な機能に関連していると主張し、ヒトゲノムの大部分が「ジャンクＤＮＡ」であるという見解を否定した。

ただ、その見解に対しては反論が出され、[41] ＤＮＡ配列からＲＮＡに転写されているからといって、そのＤＮＡ配列が生物の生存や繁殖に影響を与えるような何らかの「機能」をもっているとは限らない、ということが指摘された。転移因子の解説でも見てきたように、転移因子を起源とするノンコーディングRNAは、宿主個体の適応度を上げるような遺伝子調節に関連しているが、すべての配列が遺伝子を制御しているわけではない。ノンコーディングRNAの起源が転移因子やウイルスの配列から転写されたものであれば、転写されているRNAの多くは、宿主個体にとっては何の役にも立っていないかもしれない。今後は、転写されているRNAのどの程度が、実際に宿主個体の生存や繁殖に有利に働いているのかという点が問題になるだろう。

遺伝子と個体の選択を区別する重要性

「遺伝子は、自らのコピーを残すのに都合のよい個体の性質（表現型）を進化させた」というドーキンス流の利己的遺伝子の見方によると、多くの個体の性質は遺伝子レベルでの利益によって進化したことになる。この見方には、遺伝子自体がそれ自身の性質で自分のコピーを増やす場合だけでなく、個体に働く自然選択によって遺伝子のコピーが増加している場合も含まれる。

しかし、遺伝子にとって有利な性質が、個体にとっては不利なために進化を抑制される場合もあるし、個体にとって有利なために遺伝子の性質が利用され、進化したというような場合もあり、ドーキンス流利己的遺伝子の見方では、それらを区別できないことになる。進化現象をさらに紐解いていくには、遺伝子レベルの選択と個体レベルの選択を区別して、相対的にそれぞれ異なる選択がどう働いているのかを理解することが大切だろう。

とくに、先述した転移因子といった利己的遺伝因子などの進化を理解するためには、利己的遺伝因子と宿主個体とのコンフリクトあるいは共進化が、どのように生じたかを解明することが重要である。ゲノム中に存在する多数の転移因子やノンコーディングRNAなどが、なぜ進化し、維持されているのかを解明することで、ゲノム中に多数存在している遺伝子をコードしないゲノム配列の進化を理解することができると思われる。

自然選択は、主に個体の生存や繁殖を向上させるような性質を進化させるが、同時に、遺伝子が自らのコピーを増やそうとする進化を阻止したり、促進したりする。また、遺伝子レベルで働く自然選択は、遺伝子（アレル）コピー数を増加させるが、個体にとっては不利となる性質が進化したり、遺伝子にとっても個体にとっても有利な性質が進化することもある。自然選択は、個体あるいは遺伝子といった特定のレベルだけで働いているのではなく、個体、遺伝子、集団という異なるレベルで、それぞれ状況によって働く強さが相対的に違っているのだ。

生物進化のメカニズムを適切に理解するためには、遺伝子レベルで働く選択によって進化した利己的遺伝因子を限定して利己的遺伝子と呼び、ドーキンス流の利己的遺伝子の見方は避けたほうがよいだろう。自然選択がどのレベルで働いているかを明確にすることは、単に「見方の違い」の問題ではなく、様々な現象がなぜ進化したのかを理解するうえで重要なのだ。

3-3 生き残るためには常に進化しないといけない？

いつからかダーウィンの言葉に……

２０２０年に自民党がツイッター（現：X）で、ある4コママンガを投稿した。そのマンガでは「もやウィン」というキャラクターが、「唯一生き残ることが出来るのは、変化できる者である」と述べ、「いま憲法改正が必要と考える」と結論した。覚えている人もいるのではないだろうか。この投稿には「進化論を誤解し、悪用している」といった批判が相次ぎ、専門家までもがコメントを出す状態になった。

進化論を誤解した発言や言明はたくさんあるのに、ことさらこの投稿が批判されたのは、これが憲法改正を絡めていたからだろう。朝日新聞は、この騒動に過剰に反応し、関連学会はこの進化論の誤解に批判コメントを出すべきだというような記事を掲載した（２０２０年7月21日夕刊）。

企業などの組織が生き延びていくためには、変化する環境に対応して変化していく必要があるという意味で、「変化できるものだけが生き残れる」というフレーズが使われることはこれまでも少なくなかった。たとえば、広告会社のｗｅｂページでは、「最も強い者が生き残るのではなく、最も賢い者が生き延びるのでもない。唯一、生き残るのは変化できる者である」を、チャールズ・ダーウィンが言った格言の1つとして紹介し、「企業も変化しなければ、淘汰されるだろう。１００年以上続いている老舗と言われている旅館や料亭は、時代に合わせて少しずつ料理の味を変えているといいます」という説明をつけ加えている(https://www.mbcad.jp/quotes/ 最も強い者が生き残るのではなく、最も賢い者が/)。

もちろん、「唯一、生き残るのは変化できる者である」というフレーズが適切でないとか、間違っているというわけではない。実際に、企業や組織運営には重要な格言だ。問題となるのは、ダーウィンが言った言葉かどうかという点と、それが進化論から導きだされたものかどうかという点である。

この格言は、カリフォルニア科学アカデミーの本部の石造りの床にも大きく掲げられているそうだ。そこでは、当初、ダーウィンの言葉と記されていたが、それは取り除かれているという。実は、この格言は、1960年代に米国の経営学者レオン・メギンソンがダーウィンの考えを独自に解釈した言葉が、誤って伝えられたようだ（https://www.darwinproject.ac.uk/people/about-darwin/six-things-darwin-never-said/evolution-misquotation。メギンソンに関する詳しい解説は『ダーウィンの呪い』[42]を参照）。

それでは、「生き残るのは変化できる者」というフレーズは進化という観点から見ると、どこが誤りなのだろうか？

ダーウィン進化論では、周りの環境などの変化のなかで、特定の個体が生き残った結果、変化した個体が進化したと考える。ここで重要なのは、生物は「生き残ろうと変化して」いくものではなく、「変化するのは進化的な結果である」ということだ。「変化しようとする者が生き残れる」という意味ならば、ラマルクの考えた進化論（生物の意志や努力が進化の原動力になる）に近くなる。

このように、「生き残るのは変化できる者」というフレーズは、ダーウィンが述べた進化論を理解するうえでは誤解を招きやすい。しかし、このフレーズは多くの人を直感的に納得させる要素をもっているし、様々な意味に解釈可能で、そのなかには検討すべき余地のある現象と関連するものもある。たとえば、「遺伝的変異によらず、周りの環境によって変化できた者が生き残れる」という意味であれば、第2章で述べた、ゲノム配列の変化とは別に、環境によって引き起こされるエピジェネティクな変異に自然選択が働くという機構を表したことになる。また、拡大解釈すると、「環境変化に対して進化することのできる集団が結果的に生き残れる」という意味にもとれる。これは、生物の集団に変異が充分にあり、環境変化などに反応して進化できる可能性があるという意味では、間違った表現とはいえない。つまり、解釈の仕方によっては「完全な間違い」とは言いきれない比喩的フレーズなのである。

赤の女王仮説

「生き残るのは変化できる者」と似た表現として「常に変化している環境で、同じ場所にとどまるためには、常に進化する必要がある」というフレーズを聞いたことはあるだろうか。進化学の専門家の間でも時折使われることがある。これは、シカゴ大学のＬ・ヴァン・ヴァーレンが１９７３年に、発表した論文に由来している。[43]

ヴァン・ヴェーレンは、化石の種の絶滅確率を調べた。つまり、同じような化石の形をしていて、種と分類された生物群（化石種）がいつ生じ（誕生）、いつ消滅したのか（絶滅）ということを化石記録から推定し、化石種の年齢（化石が生じてからの時間）を調べた。そして、同じ上位の分類群（たとえば目や科）に含まれる種（化石種）が年齢によってどれくらいの割合で絶滅したかということから、絶滅確率を推定したのだ。

解析の結果、同じ上位の分類群に含まれる種の数は、時間とともに、指数関数的に減少していた。また、そこから種が絶滅する確率は、時代に関係なく一定であるということを発見した。つまり、誕生してから時間が経っている種とまだ誕生してまもない種が絶滅する確率は等しく、種の年齢に関係なく絶滅確率は同じであるということだ。これが「絶滅率一定の法則」である。また、種という分類群だけでなく、属や科といった分類群で調べても同様の傾向が見られた。

ヴァン・ヴェーレンは、この現象を説明する理由として、相互作用する種が、それぞれ影響を受けながら進化している状況を重視した。つまり、ある種が自然選択を受けて進化的に適応すると、共存しているほかの種にはマイナスの影響を与える。たとえば、ある地域の食べ物となる資源が一定に限られているとき、その資源を効率よく利用できた種がいたとすると、ほかの種が利用できる資源は減少するので、マイナスの影響を受ける。そのため、その影響によって資源をさらに効率よく利用できるように進化した種が、結果的に絶滅を免れることになる。

ここから「ある種が生き残るためには、常に進化し続けなければならない」というフレーズが生まれた。このフレーズは、ルイス・キャロルの小説『鏡の国のアリス』のなかで「いいこと、ここでは同じ場所にとどまるためには、全力で走り続けなければいけないのよ」と告げた赤の女王の言葉に由来したものだ。そして、「絶滅率一定の法則」は、生物同士が相互作用をして、ある種が生き延びれば、ある種は絶滅するという共進化が原因であるとした仮説が、「赤の女王仮説」である。ここで、常に変化する環境とは生物の相互作用が創り出す環境を指している。

どの種も生き残れない

ヴァン・ヴェーレンの1973年の論文は、20世紀の進化生物学に最も影響を与えた論文の1つとされ、「赤の女王仮説」という用語は急速に認知されるようになった。[44] 余談であるが、この論文は『Nature』誌をはじめ有力な科学雑誌に最初は投稿されたが、掲載拒否された。そこで、ヴァン・ヴェーレン自らが『Evolutionary Theory』という雑誌（印刷された論文を束ねてホッチキスでとめた手作りのようなものだった）を作り、そこに掲載されたのだ。「赤の女王仮説」という表現が広く知られるようになり、「ある種が生き残るためには、常に進化し続けなければならない」という格言もよく用いられるようになった。しかし、どの種も同じように絶滅しているということから、ストレートに解釈すれば、「周りは常に変化しているので、どの種も生き延びることができない」という表現のほうが適切であるかもしれない。

種の寿命（同じ形態をした化石がどの程度の期間、継続して見つかるか）は、種によって異なるが、永遠に生き続けるものはいない。約10億年前に多細胞生物が誕生してから、現在まで生き延びている種は、残っている化石から推定すると1～2％にも満たない[45]。また、海産無脊椎動物では、これまでに存在した種の95％が絶滅していると推定されている。つまり、ほとんどの種はいずれ絶滅するのである。

ヴァン・ヴェーレンのオリジナルの「赤の女王仮説」が主張するところは、種などの分類群間の相互作用が常に生じており、ゼロサム関係（どれかの種がプラスになれば、ほかの種はマイナスの影響を受け、差し引きゼロになる）にあるということが前提となっている。そのため、化石記録で見られる「種の年齢」に依存しない絶滅率は、非生物的な環境変化ではなく、生物間の相互作用によってもたらされる環境変化によって引き起こされる、と考えるのである。この「赤の女王仮説」が示唆するところは、生物相互作用がもたらす環境の変化に応じて、生物が適応し続けることは困難である、ということになる。

ただし、ここでいう種とは、同じ形態をした化石をもとに認識されているということを注意する必要がある。つまり、同じ集団（系統）であっても、形態が異なるように進化すれば、別の種とみなされて、以前の集団は絶滅したとみなされる。「ほとんどの種はいずれ絶滅する」という意味は、類似した形態をもつ生物のほとんどは消滅するということである。実際には、系統が2つに分かれ、一方の系統が異なる形態や様々な性質を進化させたりしている。系統によっては、形態を含めた個体の性質が変化したことで絶滅したように見える場合もある。分岐したり形態を変化させたりして、結果的には、多くの系統が生き残り、現在の多様な生物を進化させているのだ。

絶滅率は一定か

種（化石種）の絶滅は、その種の年齢に依存しないという「絶滅率一定の法則」が赤の女王仮説の前提となっている。これは実際にどの程度当てはまるのだろうか？

ヴァン・ヴェーレンがこの法則を導きだしたのは、種の絶滅からだけではなく、化石記録から分類された種より上位の分類群、たとえば同じ科のなかの属の絶滅といったものも含まれた。[46] 化石から分類された生物は形態によって分類されるので、現存する生物と同じように、それが種なのかそれより上の属や科なのかを厳密に区別するのは難しい。

近年、化石記録からのデータのバイアスを少なくする解析技術で、再検討した研究では、種の絶滅確率は種の年齢に応じて変化する分類群が多いという結果となった。とくに種が誕生してから時間が経つにつれて（つまり種の年齢が上がるほど）、絶滅確率が低くなるという傾向が見られたという。[46]

また、多くの種は新たに生じたときは個体数も少なく分布域も小さい。その後、分布域を拡大し、個体数はピークに達したあと、減少していくというパターンを示すことが多い。その場合、種の絶滅率は種の年齢に応じて一定ではなく、絶滅要因が種の年齢によって異なってくると予想される。[47] たとえば、種の分布域が拡大して個体数が増えるにつれて、ほかの種との相互作用は増大する。それによって生物間の相互作用は種の絶滅要因として重要になる。また分布が縮小して個体数が減少していくと、非生物学的な環境が重要になってくるだろう。[47]

いずれにしても、絶滅率が、種（あるいは高次分類群）の年齢とは関係なく一定であるということは普遍的な法則ではないようだ。

絶滅はランダムに起こるのか

それでは、どの種が絶滅するかはランダムに決まるのだろうか？　ランダムかどうかとは「生物の性質の違いが絶滅率に影響するのか」という問題である。これは前節で述べた、系統選択がどの程度生じているのかという問題と同じである。

地球上の生物は、過去に5回の大規模な絶滅を経験している。それは分類群の75％以上が失われた大量絶滅だ。大量絶滅は、地球規模で生じた大きな環境の変化が原因だと考えられている。大量絶滅により、絶滅前には優勢だった生物群が消滅し、新たな生物群の進化に繋がっている。しかし、このような大量絶滅を引き起こすような環境の激変がなく、比較的安定した環境下であっても、生物は常に絶滅していることが化石から示されている。こうした絶滅を背景絶滅と呼び、大量絶滅と区別している。

背景絶滅がどの程度生じるかは、時代や生物によって異なる。たとえば哺乳類では、１０0年で1万種あたり2回の絶滅が起こっていると推定される。[48] 大量絶滅は、背景絶滅の確率より圧倒的に高い。ちなみに、近年は人間の影響によって多くの生物が絶滅している。脊椎動物では、背景絶滅よりも100倍高い確率で絶滅していると推定され、このことから現在を第6の大量絶滅期であるとする主張もある。[48]

特定の生態学的あるいは形態学的特徴をもった生物の絶滅率はより高い傾向にあるという選択的な絶滅は大量絶滅よりも背景絶滅においてより観察される。大量絶滅でも選択的な絶滅は生じているものの、多くの場合は非選択的、つまり生物の性質に関係なく絶滅しているという傾向があるようだ。[49] 絶滅と関係している生物の性質としてよく研究されているのが、種の生息域の広さ（種のレンジ）、定着性か浮遊性か、体の大きさなどである。

広い地理的生息域をもっている生物のほうが、狭い生息域の生物より絶滅しづらいという傾向は、多くの研究で示されている。[17] 海洋生物ではこの生息域の広さは、岩場などに定着して生息するのか、あるいは生活史の一時期に浮遊して広い範囲に移動するのかという個体の性質に依存している。生息域の広さの違いに起因する選択的絶滅は背景絶滅だけでなく、過去の大量絶滅の1つであるペルム紀末期絶滅のときにも見られたことが示されている。[50]

前述したように現在は6度目の大量絶滅期と呼ばれているが、過去の海洋生物の大量絶滅と現在の絶滅を比べた研究がある。[51] 過去の大量絶滅では、体の大きさとは関係なく絶滅が生じたか、あるいは小さい生物が絶滅しやすい傾向にあった。しかし、現在では体の大きい生物ほど絶滅が生じているという。また、過去の大量絶滅の際には、底生生物よりも浮遊生物の絶滅率が高かったが、現代では底生か浮遊かという性質による選択的な絶滅傾向は見られない。

多数の研究から、絶滅は生物の特徴と全く関係なくランダムに生じているということはなく、生息域というような性質については選択的に絶滅が生じているようだ。ここで、繰り返しになるが、絶滅率を低下させるような性質、たとえば生息域や体の大きさ、浮遊生活などは、絶滅率を低下させることが原因で進化したわけではない。個体の生存や繁殖に有利になるような自然選択が働いた結果生じた性質が、結果的に絶滅率に影響しているということだ。

拡張された「赤の女王仮説」

ゼロサム関係による「絶滅率一定」を仮定したヴァン・ヴェーレンの説は、一般性に欠けるようだ。そこで、ヴァン・ヴェーレンのオリジナル説を拡大解釈した「赤の女王」仮説が用いられるようになった。[52]「絶滅率一定」などを仮定せず、単に、生物同士の相互作用による共進化によって進化が促進されるという説をオリジナル説とは別に「赤の女王仮説」ということが多いのだ。

食う・食われるという捕食者‐被食者関係では、餌となる生物が捕食者に食べられるのに抵抗する能力が進化すると、捕食者はそれに対抗して捕食能力を進化させる。お互いの種が相互作用することにより、両種が進化（共進化）していく。つまり、相互作用する相手が進化するので、進化できない種は生き残れないということになる。このような共進化を敵対国が互いに軍備を増強していくのになぞらえて、「軍拡競争」と呼ぶ場合もある。

その一例として、病原体などの寄生者と宿主との共進化が、有性生殖を進化させたという説がある。有性生殖の進化に関するこの説は、共進化が主要な要因であることから、「赤の女王仮説」と呼ばれるようになった。[53] 詳しく説明しよう。

有性生殖とは、1個体がそのままゲノムを子どもに引き継ぐのではなく、2個体がゲノムを混ぜ合わせて子どもを作ることである。無性生殖では、子どもが親のゲノムすべてを受け継ぐのに対し、有性生殖では、子ども1個体が父親と母親からそれぞれ2つのうち1つのゲノムを引き継ぐので、片方の親にとってみれば、半分のゲノムしか引き継げないことになる。1個体がより多くの子どもを残して、多くのゲノムを引き継ぐような性質が進化するという自然選択のプロセスにおいては、有性生殖は不利となるのだ。これを有性生殖の

2倍のコストと呼んでいる。

2倍のコストを克服して、有性生殖が進化する理由として提案された1つの説が、病原体の進化に対処するように宿主が進化するという説だ。病原体は宿主に比べて世代時間が短く、早い進化が可能である。病原体が感染できるかどうかは宿主の遺伝型と関係する。そして、宿主の遺伝型のなかでも最もよく見られる「ありふれた」遺伝型に感染することで、病原体は集団中で増加できるようになる。

ただ、宿主が有性生殖をすると、親同士の遺伝子が組み換わり、子どもは稀な新しい遺伝型をもつようになる。この稀な遺伝型は病原体からの感染から逃げられる。たとえこの新しい型が今度は集団中で「ありふれた」遺伝型になっても、有性生殖では新しい遺伝型を創り出せるのだ。一方、無性生殖の場合は、突然変異によって新しい遺伝型が生じるのを待たなければいけない。

有性生殖をすることで、病原体と宿主の遺伝型が相互作用によって長期的に変動し、それによって有性生殖も維持されている。これは、赤の女王仮説の意味する相互作用する種間の共進化が、有性生殖を進化させているということである。

有性生殖の「赤の女王仮説」は正しいのか

　赤の女王仮説というと、ヴァン・ヴェーレンの提唱したオリジナルな概念よりも、性の進化に関する仮説を指すことが多い。なかでも有性生殖の進化を説明するうえで、赤の女王仮説は中心的な仮説である。しかし、有性生殖の進化をこの説が本当に説明できるのかについては、多くの議論があり、現在でも決着がついていない。
　実のところ、野外の生物における実証研究で、赤の女王仮説を明確に支持している研究は多くはない。そのなかでは、たとえば淡水性巻き貝において、寄生虫感染の程度と有性生殖の頻度が相関しているという研究がある。[54] また、人為的進化実験では、線虫とそれに感染する細菌を使った研究で、細菌感染で有性生殖が維持されることは示されている。[55]
　また、理論的にも赤の女王仮説によって有性生殖が進化するための条件は限られている。たとえば、感染したときの宿主の生存可能性はどれくらいなのか、また病原体の感染力や抵抗性にはどのような遺伝的仕組みが関与しているのかなどの条件によっては、有性生殖する宿主と病原体がうまい具合に進化し続けるということは難しいようだ。そのため、赤の女王仮説では、性の進化を一般的に広く説明できないと指摘されている。[53,56] 実際、病原体や寄生虫との共進化だけでは、有性生殖と無性生殖する個体が共存する集団で、有性生殖が有利になり無性生殖個体を排除して、有性生殖個体だけになることは困難だと見られている。[57]
　実は、有性生殖の進化を説明する有力な仮説はほかにもある。1つは、性による組換えが、自然選択によって有利なアレルが選ばれる可能性を増大させるというものだ。
　二対のアレル（Aとa、Bとb）がある状況を想像してみてほしい（図表3‐8）。集団にはAとBのアレル両方をもつ個体はいないとする。そして、Aはaに比べて、Bはbに比べて生存率を向上させるとしよう。ここで、AはBよりも生存率を向上させる効果が高いため、Bは有利な効果があるにもかかわらず、無性生殖の場合、集団中の個体はすべてAAbbとなり、aaBBは淘汰されてしまう。しかし、これが有性生殖の場合だったらどうだろうか。組換えが生じると、AとBを同時にもつ個体が生じるために、AもBも有利になりAABBが集団中に増えていくことが可能になるはずだ。有利なアレルを組み合わせて、より適応度の高い遺伝型を作り出す効果をFisher-Muller効果という。この効果により生物は、適応的な進化を促進させることができる。[58,59]
　ほぼ同様のメカニズムで、性による組換えでは、有利なアレルが有害なアレルと一緒に淘汰されるのを防ぐ効果がある。たとえば、先述の例でいうと、無性生殖ではaaBBは、aaが有害な効果をもつために、aaが自然選択で淘汰されるのと一緒にBBも淘汰されて消

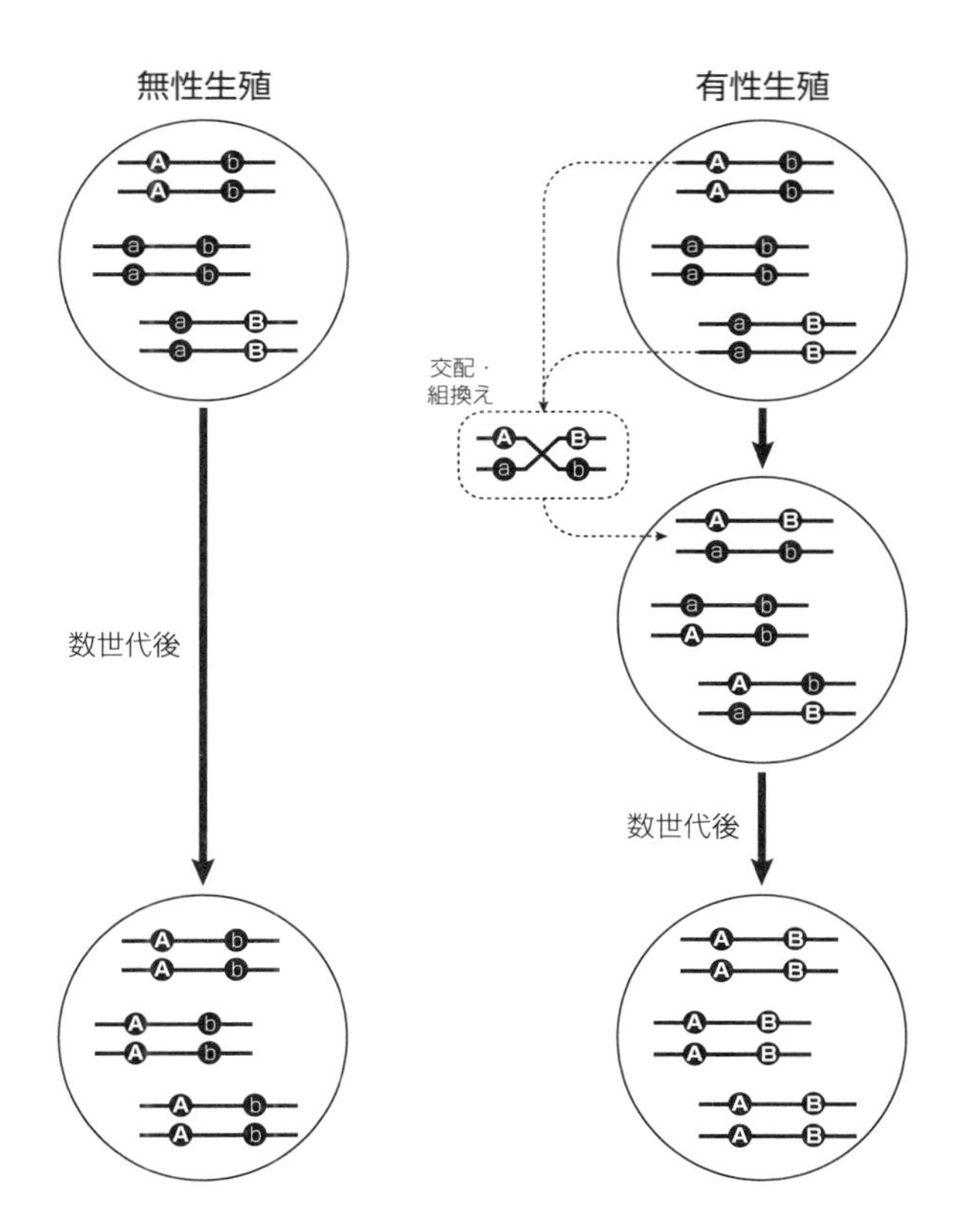

図表3-8　有性生殖で可能な有利なアレルの組み合わせの進化

Aあるいはaアレルをもつ変異箇所と、Bあるいはbアレルをもつ変異箇所を想定する。AアレルおよびBアレルは適応度を向上させる有利なアレルであるが、AアレルのほうがBアレルよりも適応度を向上させる効果が高い。無性生殖では、適応度の高いAbの組み合わせが自然選択で有利になるが、有性生殖では、交配と組換えによりAとBの組み合わせが可能になりAABBが進化する。

えてしまう。これをA ruby in the rubbish効果（ルビーと一緒にごみ箱へ）という。[60] 一方、有性生殖では組換えによって、この有利なBアレルを有害なａアレルと引き離し、別のアレルと組み合わせることで、広めることが可能になる。これらの効果が意味するのは、性は自然選択による適応進化の効率を高めることで維持されるということである。

同様に、性による組換えの効果は自然選択によって有害な遺伝子を除去する効率も高める。もし組換えが起こらなければ、ゲノム中に含まれるわずかに有害な変異は、遺伝的浮動により数を増やしていく。そのうち大きな影響を与えるほど有害な変異の数が増えていき、生存できなくなることもあるだろう。

一方で、もし性による組換えが生じると話は変わってくる。たとえば、2個の有害アレルをもった個体ａＢｃＤとＡｂＣｄ（小文字が有害なアレル）が交配して有害なアレルを4個もった個体（ａｂｃｄ）が生じることを考えてみてほしい。2個ではそれほど有害性がなく淘汰されることがなくても、4個の有害アレルをもつことで、有害性が顕著になり、自然選択によってゲノム中の有害なアレルを減らしていくことができる。また、有害アレルを1個ももたない個体（ＡＢＣＤ）も組換えで可能になり、有害アレルを除去する効果が高まる。これは突然変異決定論仮説と呼ばれている。[57,61]

しかし、性による組換えで適応進化の効率を高めるという説は、環境が安定し、適応度を上げる新たな変異がそれほど必要ないときは、当てはまらないかもしれない。生物的な環境か非生物的な環境かにかかわらず、常に変動する環境が有性生殖の進化に必要だろう。また、突然変異決定論仮説については、有害な突然変異が充分に高い確率でゲノム中に生じていないと、この効果だけで有性生殖が維持できる可能性は少ない。[61]

近年は、どれか１つの説だけで有性生殖を行うすべての生物を説明するのは困難であり、これらの説の組み合わせによるものだとする複数仮説が有力である。[57] たとえば、赤の女王仮説だけでは、有性生殖は無性生殖個体を排除することができず、赤の女王仮説と有害突然変異の除去効果との混合であるという場合も報告されている。[54]

絶え間のない環境変化

内容は拡張されたものの、ヴァン・ヴェーレンが提唱した赤の女王仮説に含まれる重要なメッセージは次のようなものである。生物は常にほかの生物と相互作用をしており、ほかの生物が進化することで、生物をとりまく環境は常に変化すること。その変化が常に新たな自然選択を働かせ、適応進化が継続していくこと。とくに、ヴァン・ヴェーレンは、非生物的な環境の変化ではなく、生物的な相互作用による変化が進化の原動力になると考えた。実際に、生物種間の拮抗的な相互作用や協同的な相互作用による共進化が、多様な生物の進化を促進していることは間違いない。

しかし、鏡の国のアリスの「同じ場所にとどまるためには、全力で走り続けなければいけないのよ」という比喩のように、進化し、生存し続けている生物が、常に全力で適応進化し続けているとはいえない。ほかの種が進化すると相互作用する別の種が絶滅するほど、強い種間の関係を維持している場合はそう多くない。また、共進化の競争からエスケープして、進化の軍拡競争から逃れる場合もある。種間の相互作用による共進化の結果、どちらかが負けたり勝ったりする場合もあれば、勝負がつかなかったり、また立ち止まったりすることもあるのだ。いくつか例を紹介しよう。

アメリカ西海岸に生息するガータースネークはサメハダイモリを捕食する。サメハダイモリは、捕食への対抗策として、ふぐ毒であるテトロドトキシンを産生する。それに対してガータースネークも、毒に対する抵抗性を進化させた。捕食者と被食者の共進化が生じているわけだ。ただこの共進化は、イモリは毒性をしだいに強くし、ヘビも抵抗性を強くするという、お互いに走り続ける軍拡競争的な共進化は生じていない。両者が共存している、おおよその3分の1の地域では、ヘビの抵抗性がイモリの毒性を上回っており、ヘビが競争に勝っている。これは、毒性に対する抵抗性を進化させるほうが容易だからだと考えられる。ただ、とはいえイモリも被食という強いプレッシャーはあるものの、絶滅まではいたっていない。[62]

また、多くの昆虫は限られた種類の植物に卵を産み、孵化した幼虫は植物を食べて成長する。昆虫の多くの種はこのような植物を食べる植食性昆虫である。一方で、植物は様々な物質を作って抵抗している。つまり、食う・食われるという軍拡競争的な共進化が生じている。ただ、この共進化もエスカレートして、植物の昆虫に対する抵抗性とその抵抗性に対する昆虫の突破がどんどん高まっていくわけではない。たとえば、植物は一度強力な防護物質を生成できるように進化することができれば、昆虫との共進化からエスケープすることができる。[62]昆虫にとってみても、その植物が食べられなくなったとしても、食べることが可能な別の植物に移ればいい。

生物が生き残るために常時適応進化を続けなければいけないということは、「変化できるものが生き残れる」というフレーズから連想しやすい。しかし、実際は生物同士の相互作用による共進化の競争から逃げるという選択肢もある。さらには、競争に負けてしまっても、生き残る可能性は少なくないともいえるかもしれない。

第3章のまとめ

- 自然選択は、主に個体の生存や繁殖を向上させる方向に生物を進化させる。その結果として、集団や種の存続が促されたりする。しかし、「種を存続」させるように自然選択などの進化プロセスが作用することはない。「種の保存のための進化」「種属維持のための進化」という表現は誤りである。ただし、限られた条件で「集団の維持や保存に貢献する性質」が進化することはある。
- 「遺伝子は、自らのコピーを残すのに都合のよい個体の性質を進化させた」というドーキンス流の利己的遺伝子の見方は、進化のプロセスを正しく表していない。適切な意味での利己的遺伝子は、ＤＮＡ配列自体のもつ性質で、自らの配列のコピーを増やしていく転移因子などの利己的遺伝因子に限るべきである。
- 「ある種が生き残るためには、常に進化し続けなければならない」というフレーズは、進化における赤の女王仮説を表現したものだ。赤の女王仮説は、化石の分類群の絶滅率の研究に由来する。しかし現在では、相互作用し続ける種の間で一方の種が進化すると、それに対応してもう一方の種も進化する、つまり共進化が促進されるという考えを赤の女王仮説という。とくに、有性生殖の進化を説明するための赤の女王仮説が有名であるが、赤の女王仮説で有性生殖の進化が説明できるかどうかは議論があり、不確かである。

第4章
種・大進化とは何か

4-1 進化＝種の誕生か？

「種」は便宜上の生物の単位

地球上には多くの種類の生物が存在している。未知の生物や分類されていない生物も多いが、多くの生物が「種」として分類され、記載されている。そして、生物が種として記載されることで、多くの人は多様な生物の違いを認識できるようになる。たとえば、生物好きの子どもたちは、まず図鑑を見て生物の種名を覚えたりするだろう。また、生物多様性の減少を食い止めようという世界的な動きがあるが、そのなかでも生物多様性として種数の減少が注目されるし、希少種を守るといった種の保全も叫ばれる。

ダーウィン自身は、「どう位置づけたらよいか分からないたくさんの生物集団が、種と呼ばれるか、亜種と呼ばれるか、変種と呼ばれるかは、たいした問題ではない」[1]と、種が実際に何であるかは問題でないとしている。しかし、彼の著書のタイトルは『種の起源』であり、「たくさんの生物集団」を区別するための便宜的な「呼称」として種を用いている。

つまり、種という単位は、それが実際に何を意味し、種は進化において重要かということも関係なく、生物の世界を便宜的に記述するのに用いられているのだ。私自身、種が厳密に何を指しているのかを特定する必要のないときは、便宜的に種という言葉をよく用いている。

このように、種は生物学に限らずあらゆるところで用いられていることもあり、進化において、何か特別な役割を果たしている重要な単位であると考えている人も少なくない。しかし、多くの人は種の何が特別で、何が重要なのかという点については、明確に答えることができないのではないだろうか。

一方で、思想的あるいは哲学的立場から、種を便宜的な単位としてではなく、特別に機能している重要な単位であるとみなす場合もある。たとえば日本では、西田幾多郎や和辻哲郎といった京都学派と呼ばれる思想を源流とした今西錦司による進化論が、一時期、多くの人に支持されていた。今西は次のように述べている[2]。

種を構成している個体の中で、どの個体が死に、どの個体が生き延びても、種が変化をきたさないように、種の個体はこの点ではじめから同じように作られている。

必要もないのに個々の個体が勝手な変化をおこすというのは、種社会の統一を破り、その秩序をみだすことになる。したがって、健全な種社会においては、なんらかの工夫において阻止されなければいけない。

現在、今西進化論を信奉する進化学者はいない。しかし、細胞が入れ替わっても個体は維持されるという「動的平衡」の考えを種に当てはめ、「種の保存こそが生命にとって最大の目的」とする福岡伸一氏の思想は、西田哲学や今西進化論が形を変えて継承されているといえる。

ただ、種という単位は、個体や遺伝子の振る舞いを制御したりするわけではないし、「種の保存」を生命は目的としているわけではない。遺伝子や個体、そして実質的な集団（個体同士が相互作用したり交配したりしている集団）が進化した結果、第3章で述べたような様々に定義される種が認識されるのだ。

種が形成されるとは

第1章で紹介したように、「新しい種が形成されること」が進化であると考える人も少なくない。それは、種ができるということが単に個体や遺伝子あるいは集団が変化しただけではなく、種のみがもつ「何か」ができると考えるからだろう。だが新しい種は、「生物のもつ遺伝情報（主にゲノム配列）に生じた変化が、世代を経るにつれて、集団中に広がったり、減少したりすること、またそれに伴って、生物の性質が変化すること」という進化（第１章で述べた定義）の過程で生じるので、ことさら種が生じることを進化と定義する必要はない。

「新しい種が生まれる」ことについて誤解している人は意外に多い。また、どのような要因が種の形成を促すのかということに関しては、今でも多くの研究がなされ、様々な見解が示されている。たとえば、自然選択が異なる種の生成を促進するにしても、どのような自然選択が働いているかについては、単純に説明できるわけではない。

それに、そもそも「種ができる」というのはどういうことだろうか？　進化学では「種ができる」というよりも、「種分化した」ということが多い。１つの集団が２つに分かれて、異なる種になるということである。それでは、どう進化すれば異なる種に進化したといえるのであろうか？　まずは、種形成あるいは種分化とはどういうことかについて解説していきたい。

イヌとオオカミは同種か別種か

イヌはオオカミから進化した。これは、オオカミという種から分かれ、新たな種としてイヌは出現したともいえる。イヌはオオカミと同じ種（*Canis lupus familiaris*）に属する亜種であるとされる場合が多いが、別種（*Canis familiaris*）にすべきだという意見も少なくない。[3] 少なくとも1万5000年より前には、ハイイロオオカミから分かれてイヌは進化したと推定されているようだ。[4]

イヌは、最初から人間によって選抜され、オオカミから進化したわけではない。オオカミが、人間のゴミを漁るように適応していくことで、イヌに分化したと考えられている。実際に、2000年前より以前に人間が意図的に犬を交配させて繁殖したという証拠はないようだ。[5] したがって、自然の行動の変化により、イヌはオオカミから分岐したといえる。

そして、イヌとオオカミは、様々な点で異なっている。現在、イヌは人間によって様々な形態に改変されているが、それでもオオカミとは区別できる。行動も異なり、たとえばオオカミは群れで狩りをするのに対して、犬はほとんど単独で行動し、狩りをすることはめったにない。生活場所や食べ物も異なっており、消化能力も異なる進化をしている。遺伝的な違いに関しても、イヌとオオカミはゲノム配列から明瞭に区別できる。[6]

このように区別できるにもかかわらず、オオカミとイヌが同じ種とされているのは、交配すると子どもができるからだ（２０１ページ参照）。しかし、交配して、その子どもがイヌかオオカミと再度交配するという過程が繰り返されて、イヌとオオカミがしだいに区別できなくなるほどゲノムが混じり合うことはない。イヌとオオカミという2つの集団の間で、遺伝子やアレルの交流が妨げられることで、2つの集団の違いが維持されているのである。

このように、集団間で遺伝子やアレルの交流を妨げるような性質を「生殖隔離」と呼ぶ。この生殖隔離機構が進化した結果、独立した遺伝的性質をもつ集団が進化し、地球上に様々な種類の生物が進化してきたのだ。

どれほど交配が妨げられればよいのか

数万年前に、オオカミの一部が人間の生活圏にアプローチをするようになり、徐々に現在のイヌへと進化していった。それがどこであったかは、まだはっきりとしないが、イヌの系統の1つはユーラシア大陸東部に、もう1つはユーラシア大陸西部で進化し、それぞれ現在のアジアのイヌと近東地域やアフリカのイヌになったと考えられている。その後の進化的歴史は複雑で、イヌの異なる系統間で交配が生じた可能性や、イヌとオオカミ間の交雑が現代のイヌの系統に繋がっている可能性などがあり、また完全に解明されていない。[7] ただ、いずれにしても現代のイヌはオオカミから誕生し、その後はオオカミとの交雑を経験しながらも、イヌ独自の性質を進化させてきたといえる。

一方で、過去の交雑により、イヌあるいはオオカミの性質の一部がそれぞれに浸透している。たとえば、毛の色に関わるアレル（遺伝子）が、オオカミからイヌへ、またはイヌからオオカミへ浸透し、温度や降雪環境への適応に関係したことが知られている。[8,9]

現在でも、野外の自然状態で、イヌとオオカミの交雑は稀に生じているようだ。最近では、人間による環境変化や、一部地域でのオオカミ個体数の拡大で、野生のオオカミとイヌとの交雑の可能性が高まっていることが危惧されている。[10] しかし、交雑による遺伝子浸透（イヌから野生のオオカミへの遺伝子の流入）の可能性はあるものの、現在のところ、その影響でオオカミを特徴づける性質に何か変化が起きているという事実はない。[11] 飼い犬とハイイロオオカミの行動学的、生理学的な違いは充分に大きいために、交配は起こりにくく、雑種が野生で繁殖するまで生き残ることはほとんどないだろうと考えられている。[12]

章の冒頭で紹介したダーウィンの言葉通り、イヌとオオカミが同種か別種かという問題は進化学上それほど重要ではない。イヌとオオカミが独自の性質を進化させて維持していることと、また交雑により雑種は生じるが、その頻度は少なく、それによって集団の独自性が弱められるような効果はないということが重要である。つまり、もともとは１つの集団だったものが、そこから独自の集団として分岐しているところが重要な点なのだ。

オオカミとコヨーテの関係にも同様のことは当てはまる。約70万年前に共通祖先からオオカミとコヨーテの集団は分岐し、それぞれ独自に進化した。その後、10万年前からオオカミとコヨーテで交雑が生じ、お互いの遺伝子は流入している。とくに北アメリカではオオカミとコヨーテの交雑が頻繁だったようで、北アメリカのオオカミはゲノムの10～20％がコヨーテから浸透したものであるとされる。[7]

前章でも述べたように、コヨーテとハイイロオオカミの雑種がアメリカアカオオカミである。飼育下では、この2種の間の交雑で、生きた雑種の子どもが生まれることが確かめられている。[13] 一方で、現在、北アメリカにおいてコヨーテとハイイロオオカミの生息域が重なるところで（北アメリカ西部）、交雑が起きているという記録はない。[13] つまり、コヨーテとオオカミは交雑すると生存可能な雑種は生まれるが、自然界では独自の遺伝的集団を維持している種といえる。

野外で頻繁に種間の交雑が生じていても、種（分類学的種）として維持される場合もある。

第2章でも紹介したダーウィンフィンチがその例だ。過去30年の間に、ダーウィンフィンチの一種 *Geospiza fortis* は、別の種との交雑によって遺伝情報が浸透し、自身のゲノム配列の約20％が他種のものに置き換わったという。[14] しかし、雑種と思われる個体は増えたが、*Geospiza fortis* という種として分類される形態などの特徴は維持されている。また、ゲノムのなかには、他種からの侵入を拒む領域があるようだ。[14] この例は、どの程度交配が妨げられれば種といえるのかという基準を決めることができないことを表している。

ところで、交配しない、つまり無性生殖している生物では、どのように種が認識されているのだろうか。それは多くの場合、ほかの集団と区別できる性質（表現型や遺伝型）をもっている集団を種としている。最近では、無性生殖に限らないが、ゲノム中の特定のＤＮＡ配列を用いて、便宜的に種を同定することが多い。これは、ＤＮＡバーコーディングと呼ばれる手法だ。系統的に比較的近い、つまり同じ祖先をもっていて遺伝的に近い個体の集団を種として認識する、便宜的な方法である。

無性生殖の場合も、有性生殖をする生物と同じように、「表現型や遺伝型でほかの集団と区別できるまとまりのある独自の集団」が、どのようなメカニズムで進化したのかを明らかにすることが、進化学にとって重要だ。[15] そのメカニズムとして、交配が可能かどうかといった生殖隔離以外の要因が重要になる。たとえば、同様な生態学的環境のなかで共通の自然選択によって類似した遺伝型が維持される場合や、クローン間（無性生殖で増えた個体はクローン）の競争によって、より多くの個体を増やしている遺伝型が同じまとまりのある集団として認識されるということが考えられる。[16] ただ本書では、有性生殖をする生物における種分化の要因である生殖隔離機構の進化に重点を置いて見ていこう。

種分化あるいは種形成とは何か

種分化（speciation）あるいは種形成とは「新しい生物学的種が生まれる進化プロセス」と定義されることがある。しかし、現代の進化学の教科書や論文では、「集団間の遺伝的あるいは表現型の違いを維持できるような、集団間のアレル（遺伝子）の交流を妨げる生殖隔離の進化」とされている。[17]

つまり、オオカミとイヌでいえば、「その姿形や生態の違いを維持できるように、交雑を妨げたり、交雑で生まれた個体の生存率が低下したりするように進化すること」が種分化ということになる。生殖隔離機構が進化することで、多様な性質をもった集団が生じ、維持されるのだ。生殖隔離機構がどの程度進化し、集団間の性質がどの程度異なると、その集団を別種とするのかという問題は分類学の問題であり、進化学においては重要ではない。

イヌはヒトとともに生活するようになって、行動や性格、食べ物などがオオカミとは異なるように進化し、生息場所も変化した。その結果、イヌとオオカミが出会って自然に交雑する機会は減少していったと考えられる。生息場所の違いや行動の違いで交配する機会が減少し、遺伝子（アレル）の交流が阻害される生殖隔離は「交配前生殖隔離」と呼んでいる。つまり交配を妨げるメカニズムが進化する場合だ。

一方、同じイヌ科のオオカミとキツネの場合は、交尾ができたとしても雑種ができる可能性は低い（最近、イヌとパンパスギツネ〈*Lycalopex gymnocercus*〉の雑種が報告されており、全く不可能というわけではないようだ[18]）。染色体の数が違うなど遺伝的に大きく異なっている可能性があるからだ。そのため、雑種が生存して、子どもを産める可能性は低いとされている。

このように、仮に交尾が可能でも「精子と卵が受精できない」「受精できても雑種は生存できないか、生存率が低下する」「雑種は生存できたとしても繁殖能力が低い」というような理由で集団間の遺伝子の交流が阻害されることを「交配後生殖隔離」と呼ぶ。つまり、子どもができない、あるいは子どもの生存・繁殖（適応度）が低下するような進化である。その例をもう1つ見てみよう。

ハツカネズミ（*Mus musculus*）は、草原や畑など人家に近いところに生息し、家のなかにも侵入する。もともとインドおよびヒマラヤ山麓に生息していた祖先集団が、50万年前に分かれ始め、３つの系統（亜種）に分岐し、世界の各地に分布を拡げていった。[19]

ヨーロッパでは、西にイエハツカネズミ（*Mus musculus domesticus*）、東にヨウシュハツカネズミ（*Mus musculus musculus*）が分布している。デンマークからトルコにいたる地域では、この２つの亜種による交雑帯が維持されている。交雑帯とは、異なる遺伝的集団が遭遇する場所が帯状に分布しているエリアを指す。もし異なる２つの集団の間で自由に交雑し、子どもも残すことができれば、この交雑帯は広がっていき、２つの集団は１つになっていく。一方で、２集団間の個体は交配するが、その雑種は生まれないか、生まれた雑種の生殖能力がない、あるいは低いという交配後生殖隔離が生じていると、交雑帯は長期間にわたって維持される。実際に、イエハツカネズミとヨウシュハツカネズミが交配して生まれた雑種のオスは、精子形成が停止あるいは阻害されている。それゆえに交雑帯が維持されているのである。

ちなみにこのハツカネズミの場合も、オオカミとイヌと同じように、同じ種の異なる亜種となっているが、遺伝的な違いがあり、形態などの表現型も異なるので、別種とすべきだという意見もある。

生殖隔離の進化はなぜ生じるのか

多くの生物において、生殖隔離は異所的に隔離された集団の間で進化すると考えられている。もともと1つであった集団が地理的に異なる場所（異所的）に分かれ、地理的要因の影響によりお互いの個体の交流がない状況で、それぞれの集団が異なる進化をするということだ。たとえば、かつて陸続きの生息地だった場所が、海面の上昇や新しい川の形成によって2つに分断されたり、生物が高い山脈を越えたり、海を渡って新たな島に移住したりして、もとの集団との交流がなくなったりする場合が考えられる。

こうして分かれた2つの集団で、突然変異によってゲノム中に異なるアレルが生じ、それぞれの集団で頻度を増加させ、集団中でその異なるアレルが固定、それにより生殖隔離が進化していく。結果、ふたたび個体が出会っても、生殖隔離により遺伝子の交流が阻まれるのである。このように、地理的に隔離された集団間で生殖隔離が進化することは、異所的種分化と呼ばれている。

多くの場合は、このように2つに分かれた集団の間で異なるアレルが徐々に蓄積していくことで生殖隔離は進化する。ただし、同じ場所の１つの集団のなかで生殖隔離が進化したり（同所的種分化。後述する）、一度に起こった大きな突然変異で生殖隔離が進化したりする場合もある。

たとえば、植物では倍数化による生殖隔離の進化が知られている。倍数化とは、ゲノム全体が２倍（あるいは数倍）になる現象である。通常、２つのゲノムをもつ生物（二倍体）は減数分裂で半分になって交配するが、減数分裂しないまま交配すると４つのゲノム（四倍体）をもつ個体が生じる。この四倍体の個体は二倍体の個体と生殖的に隔離されることが多い。そのために、四倍体の個体同士で交配して集団を維持していくことができると、新しく生殖的に隔離された集団が生じたことになる。倍数化による種分化は動物では稀だが、種子植物では種分化の約15％を占めるという。[20] この場合でも、倍数化という突然変異で新たな変異個体が生じ、それが集団として維持されるという過程であり、基本的な進化プロセスとして捉えることができる。

ところで、本章の冒頭でも触れたように、ダーウィンは種をお互いに似ている個体の集合と便宜的に考えていた。異なる集団の個体間で性質がどの程度違っているかで、種かどうかを判断すると考えていたらしい。[21] そのため、ダーウィンは、１つの集団が２つに分かれてから、それぞれの集団で異なる方向に形態や行動の特徴が自然選択により適応進化し、それにより個体の性質が異なってくることで新しい種ができると考えたようだ。[21]
しかし、その後は生殖隔離があるかどうかで、種の定義や種の形成が議論されるようになり、自然選択と種分化の関係が強調されなくなったらしい。[21] その理由は、個体同士が交配すると、子どもが生まれないか、生まれた子どもの適応度（生存や繁殖）が低下するという現象が生殖隔離だからだろう。つまり、自然選択は個体の適応度を増加させるように働くので、ある状況下で繁殖や交配を阻害し、適応度を低下させるような遺伝子の進化が自然選択でどのように生じるのかを説明しなければいけなくなってしまうからだ。

交配後生殖隔離はいかに進化できるのか

前述したハツカネズミの例で見てみよう。イエハツカネズミとヨウシュハツカネズミの間の雑種は、異なるゲノム上の何らかのアレルが組み合わさることで、生息環境とは関係なく、生殖能力が低下したり、生存率が低下する。このような現象を、遺伝的不和合性という。異所的に隔離されたイエハツカネズミとヨウシュハツカネズミのそれぞれの集団では、生殖隔離に関わる異なるアレルが生じ、集団中に頻度を増加させていった。その結果、異なる集団

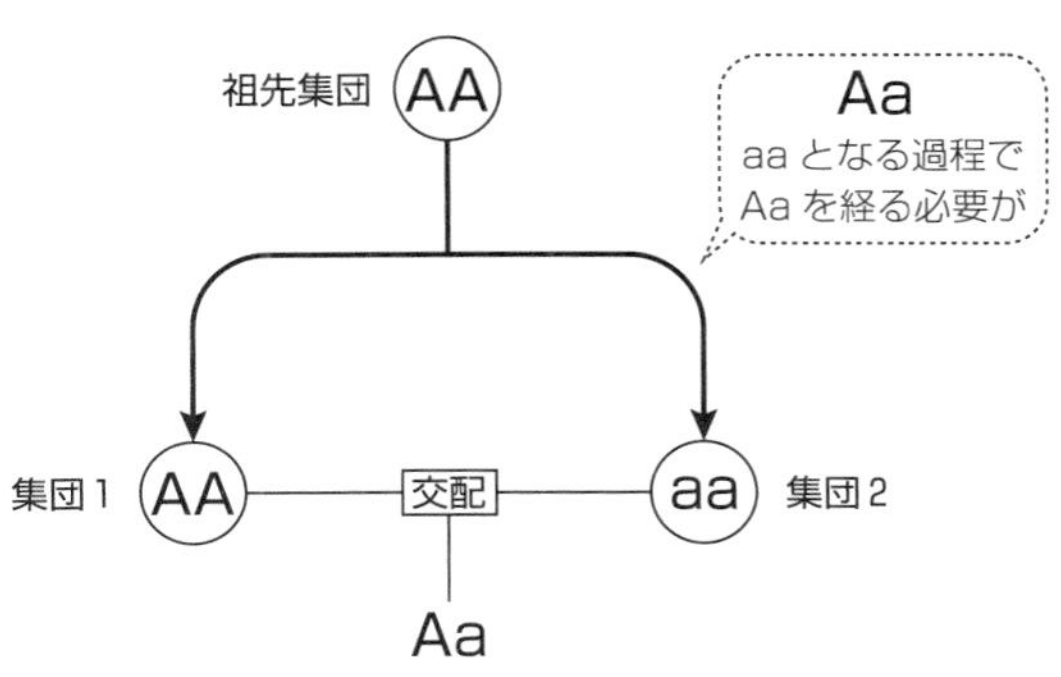

図表４-１　１つの遺伝子が生殖隔離の進化に関わる場合

遺伝型ＡＡの祖先巣団から集団１と集団２が分岐して、それぞれの集団でアレルが頻度変化して進化する。結果、集団１では遺伝型ＡＡが、集団２では遺伝型aaが進化した。集団１と集団２の雑種であるヘテロ接合遺伝型Ａaは適応度が低下すれば生殖隔離は成立する。しかし、ＡＡの集団からaaの集団が進化するには、適応度が低下するＡaが頻度を増加させる必要がある。

の個体間で交配をすると、異なるアレルが組み合わさり、イエハツカネズミとヨウシュハツカネズミの間で遺伝的不和合性（交配後生殖隔離）が進化したと考えられる。

しかし、雑種の適応度が低下するような交配後生殖隔離は進化できるのだろうか？　交配後生殖隔離に関わる１つの遺伝子を想定してみよう（図表４-１）。祖先集団の生殖隔離に関わる遺伝子は、Ａアレルがホモ接合になっている遺伝型ＡＡであるとする。その集団が２つの集団に分かれ、地理的に隔離される。さらにある程度の時間が経過し、一方の集団２では突然変異によってａアレルが生じ、それが集団中に広がり遺伝型ａａに進化した。もう一方の集団１は、遺伝型ＡＡが維持されたままである。そして、地理的隔離の程度が低下し、２つの集団の個体が出会えるようになり、その個体間で交配が生じる。交配の結果、生まれた雑種個体はＡａというヘテロ接合の遺伝型となるが、その影響により生存率が低下したり、繁殖能力が低下したりすることで、交配後生殖隔離が起こる――。

この想定では、ＡＡの祖先集団からａａの集団が進化したというプロセスが必要となる。集団中に突然変異でａアレルが生じると、ほかの個体の遺伝型はＡＡなので、その子どもの遺伝型は必ずＡａとなる。しかし、先ほどの想定ではＡａは適応度が低下してしまう。とすると、ａアレルは集団中に頻度を増大させることができず、ＡＡからａａへの進化は困難だということになる（図表４‐１）。

この生殖隔離の進化の困難さを克服するには、２つ以上の遺伝子座を考える必要がある。祖先集団の個体が、一方の遺伝子の遺伝型はＡＡ、別の遺伝子の遺伝型はＢＢとしよう。すなわち祖先個体の遺伝型はＡＡＢＢであるということだ（図表４‐２）。

このとき、先ほどと同様に祖先集団は２つに分かれ、集団１はＡＡｂｂに進化し、集団２ではａａＢＢに進化する。そして、２つの遺伝子ともヘテロ接合になるとき（ＡａＢｂ）、

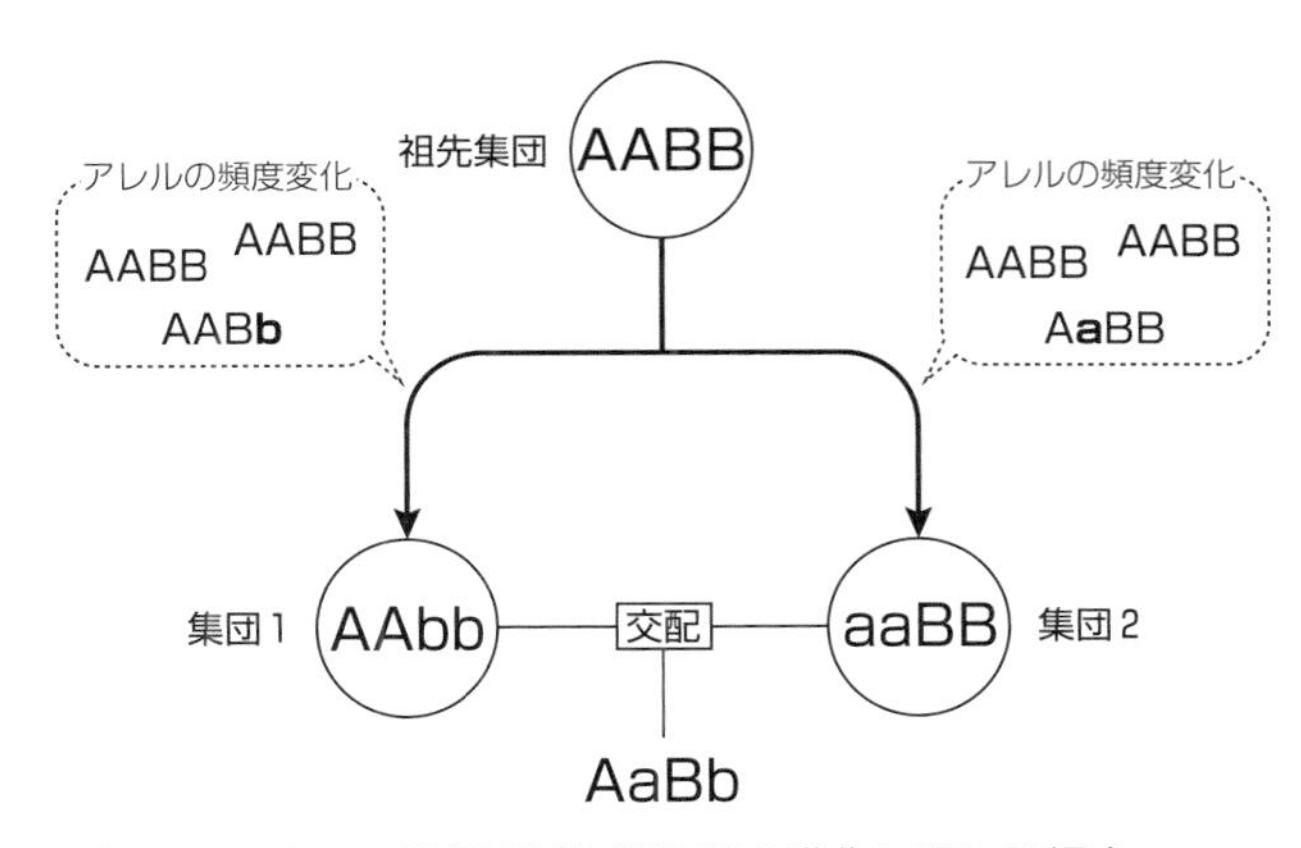

図表４-２　２つの遺伝子が生殖隔離の進化に関わる場合

遺伝型ＡＡＢＢの祖先集団から、集団１と集団２が分岐し、集団１では遺伝型ＡＡbbが、集団2では遺伝型aaBBが進化した。集団１と集団２の雑種は、２つの遺伝子ともヘテロ接合AaBbとなることで、適応度が低下する。１つの遺伝子だけがヘテロ接合であっても適応度は低下しない。

個体の適応度は低下する。つまり、最終的に進化した集団１のＡＡｂｂの個体と、集団２のａａＢＢの個体が交配すると、生まれた雑種個体の遺伝型がＡａＢｂとなることで適応度は低下し、生殖隔離が成立するということだ。

　この想定の場合、１つの遺伝子の遺伝型がヘテロ接合になっても適応度は低下しないので、ＡＡＢＢからＡＡＢｂを経てＡＡｂｂに、あるいはＡａＢＢを経てａａＢＢに進化することは可能である。遺伝的不和合性による交配後生殖隔離は、このように２つ以上の遺伝子が関与することで可能となる。これはベイトソン・ドブジャンスキー・マラー理論と呼ばれている。

実際に、これまでの多くの研究で交配後生殖隔離に関わる遺伝子が同定されてきたが、それらの研究結果は、多くの場合、2つ以上の遺伝子の相互作用によって遺伝的不和合が進化していることを示している。イエハツカネズミとヨウシュハツカネズミの雑種において、オスの不妊を引き起こし、交配後生殖隔離をもたらすのにも、*Prdm9*と*Hstx2*という2つの遺伝子が関係しているようだ。[22]

*Prdm9*と*Hstx2*には、それぞれいくつかの異なるアレルが存在し、各遺伝子のアレルの組み合わせによって全くの不妊になるものから、不完全な不妊になるものもある。図表4-2のように、2つ以上の遺伝子のアレルの組み合わせで雑種の適応度が低下するのだ。[22]

自然選択か、単なる偶然か

2つ以上の遺伝子が交配後生殖隔離に関係していれば、それぞれの遺伝子は、適応度を低下させるような有害なアレルの頻度を増加させることなく、雑種の生存率を下げたりする交配後生殖隔離の進化が達成される。もしそうだとすると、交配後生殖隔離を引き起こす個々の遺伝子のアレルは、遺伝的浮動によって偶然に頻度を変化させて進化することもできるし、有利になるようなアレルが自然選択によって頻度を増加させても進化できる。

どういうことか、前述の図表４‐２の例で見てみよう。隔離された集団間では、祖先遺伝型ＡＡＢＢから分化した一方の集団でＡＡｂｂ、他方の集団でａａＢＢへと進化することで、生殖隔離が進化する。このとき遺伝型ＢＢ、Ｂｂ、ｂｂの間、あるいはＡＡ、Ａａ、ａａの間には適応度に違いがなく、遺伝的浮動によってＡＡｂｂ、あるいはａａＢＢに偶然に進化することが可能である。もしくは、適応度がＢＢ＜Ｂｂ＜ｂｂ、ＡＡ＜Ａａ＜ａａというような違いがあれば、自然選択によってＡＡからａａに、ＢＢからｂｂに急速に進化することもできるだろう。遺伝的浮動でも自然選択でも、どちらでも生殖隔離は進化できるのだ。

このように理論的にはどちらでも可能なのだが、近年では、遺伝的浮動は生殖隔離機構の進化の主要な要因ではないと考えている研究者が多い[17,23,24]。遺伝的浮動で異なるアレルがそれぞれの集団で進化し、生殖隔離が生じるためには、非常に長い時間を必要とすると理論的には予測される。ただ、実際の生物では種分化にそれほど時間がかかっていないのではないかといわれている。さらに、これまでに検出された遺伝的不和合性に関わる遺伝子は、自然選択を受けて進化したことも示されている。

ハツカネズミの雑種の不妊に関係している2つの遺伝子、*Prdm9*と*Hstx2*を再度見てみよう。減数分裂をして精子や卵を形成する過程で、*Prdm9* によって作られたタンパク質が、ＤＮＡ鎖に結合してＤＮＡ鎖が切断されると、その切断部位が修復される過程で組換えが生じる。Hstx2 はこの修復に関係し、組換えが生じる割合を制御している。[22] どうも Prdm9 が切断する部位は常に変化するよう進化しているらしく、その原因が Hstx2 による修復が関係している可能性がある。[22] Hstx2 による修復効率が進化すると、切断部位の配列が変化しやすくなり、Prdm9 によって切断できなくなる。そのために別の配列を切断しようとする Prdm9 が進化するようだ。つまり、*Prdm9* と *Hstx2* はお互いに拮抗しながら進化しているということになる。

一方の遺伝子のアレルが有利になるように進化すると他方のアレルが不利になり、そのアレルはまた有利になるように進化する。*Prdm9* と *Hstx2* の間では、このような利益が対立する遺伝子間での「拮抗的な共進化」が生じている可能性が高い。[25] 第３章では、イモリは毒性を進化させ、ヘビは抵抗性を進化させるという、異なる種の間で利益が対立する拮抗的な共進化の例を挙げた（２５８ページ）。*Prdm9* と *Hstx2* の場合は、同じゲノム内の異なる遺伝子間で生じる拮抗的共進化である。

同じ祖先から分かれた２つのそれぞれの集団では、拮抗的関係にある２つの遺伝子が対立を解消するように共進化し、独自のアレルの組み合わせを進化させる。それゆえに、この２つの集団間の個体が交配して生まれた雑種個体では、対立が解消していた２つの遺伝子のアレルの組み合わせが崩れることになる。こうして雑種個体では、２つの遺伝子の対立を顕在化させて、遺伝的不和合性を引き起こすのである。近年、遺伝的不和合性に関する遺伝子が特定されてきたが、その多くがこの拮抗的な共進化によって進化していることが示唆されている。[26]

とくに、メスとオスの対立による拮抗的共進化は、生殖隔離の進化を促す重要な要因となっている。たとえば、メスとオスが交尾をすると、精子と一緒に精液もメスの生殖器に注入される。オスの精液に含まれるタンパク質はメスの卵の着床を促進したり、ライバルのオスに対するメスの受容性を抑制したりする。[27] つまり、オスにとっては、自分の精子が卵の受精を確実にするのに役立っている。しかし、オスの精液のタンパク質は毒性をもち、メスの生存率を低下させることもある。[27] そのため、精液タンパク質に関わる遺伝子と精液タンパク質の有害性を低下させる抵抗性に関する遺伝子が拮抗的に進化する。その結果、異なる集団で交配が生じるとオスの有害性が勝ったり、メスの抵抗性が強すぎたりして生殖隔離が生じるのである。

このように、遺伝的不和合性による交配後生殖隔離に関わる遺伝子には自然選択が働いている例が多い。しかし、遺伝子間の拮抗的な共進化による進化では自然選択が関係しているとはいうものの、生息する環境に有利なアレルが進化するという、環境への適応進化を促す自然選択は働いていない。したがって、生殖隔離の進化に自然選択が重要な役割を果たしたとしても、2つに分かれた集団の生態的環境の違いが、交配後生殖隔離の進化に関係しているわけではないという点は重要である。

ここで述べたように、交配後生殖隔離の進化が自然選択によって進化しているという証拠は増えつつある。しかし、遺伝的浮動によって時間をかけて生殖隔離が進化するという考えが否定されているかというと、そういうわけでもない。たとえば、ショウジョウバエでは個体数が少ないほど速く生殖隔離が進化しているという研究もあり、これは遺伝的浮動が重要であることを示唆している。[28]

自然選択による生殖隔離の進化

分かれた2つの集団で、生物がそれぞれ異なる環境に適応するように自然選択が働くことで、2つの集団が異なる方向に進化し、生殖隔離が進化することもある。このような種分化は、異なる生態的環境に働く異なる自然選択によって集団が分化するので、生態的種分化と呼ばれている。近年、このような生態的種分化の例が多く示されるようになってきた[29]。

イヌとオオカミの例で考えてみよう。オオカミの一部がヒトの居住地近くに接近し、食べ物の残りを得るようになった。このように、新しい食料を得るようになったり、生活場所を変化させたりすることで、イヌの祖先はオオカミとは異なる自然選択を受け、適応していったと考えられる。

イヌとオオカミのゲノム解析では、それぞれが異なる方向に自然選択を受けて進化した遺伝子が検出されている[30]。そのなかには、神経発達に関係する遺伝子群やデンプンの消化や代謝に関わる遺伝子群が含まれている。ここからは、イヌが人間とともに生活するようになり、餌を探す行動や人間と接触するときに関連する行動が自然選択を受けたことが推測される。実際に、イヌの祖先は植物性の食べ物を食べるようになり、デンプンを消化・代謝する能力が高まった。とくに、デンプンを分解するアミラーゼの遺伝子をオオカミは２つしかもっていないのに対して、イヌは４～30ものコピーを重複してもっている。これはイヌのデンプン分解能力がオオカミよりもかなり高いことを示している[30]。

このようにイヌとオオカミは異なる環境で異なる自然選択を受け、生活場所や行動、食べ物などが異なるように進化した。それゆえに、自然状態で交配し、子どもを残すことが制限されるようになったと考えられる。これは、自然選択によって交配前生殖隔離機構が進化した生態的種分化の一例といえる。

ほかの例も見てみよう。カナダの湖沼に生息するトゲウオには、湖底で底生生物（ゴカイなど）を餌とする底生タイプの種と、水中のプランクトンなどを餌とする水中タイプの種がいる。[31] もともと1つの種だったものが、同じ湖で場所や餌が異なるニッチに生息するように分化したのだ。これら2種は餌が異なることと関連して、口や顎の形もそれぞれの餌を採るのに適した進化をしている。

底生タイプと水中タイプが交配してできた雑種は、それぞれのタイプの中間型を示すことになる。中間型の性質をもつ雑種は、底生の餌も水中の餌もうまく採ることができなくなり、生存率が低下する。[31] 遺伝子の組み合わせによって環境とは関係なく生存率や繁殖力が低下する遺伝的不和合性とは違って、このトゲウオでは生態的に適応できないために生存率が低下するという交配後生殖隔離が進化したのである。

ところで、このトゲウオに関しては祖先集団が地理的に異なる集団に分かれず、同じ湖沼のなかで地理的な隔離なしに生殖隔離が進化している。これは、同じ場所に生息して自由に交配が行われていた1つの集団が、同じ場所で遺伝的交流が阻害されて異なる集団に分かれていく同所的種分化という現象である。同所的種分化が進化する例として多いのは、同じ場所に異なる環境があり、1つの集団がそれぞれ異なる環境に自然選択を受けて適応し、異なる方向に進化すると同時に、交配前生殖隔離機構も進化し、2つの集団間で遺伝子の交流が阻害されるようになる場合だ。これは一種の生態的種分化といえる。

第2章で紹介したエンドウヒゲナガアブラシも同所的種分化の例である（133ページ）。レッドクローバーに寄生するアブラムシと、アルファルファに寄生するアブラムシは同じ場所で分化したと考えられる。つまり、レッドクローバーに寄生するアブラムシはレッドクローバーという環境に適応し、アルファルファに寄生するアブラムシはアルファルファという環境に適応するように自然選択を受けたということである。

しかしこの場合、異なる環境に適応するだけでは、生殖隔離は進化できない。なぜなら、異なる植物に寄生するように適応しているだけでは、お互いの交配を避けることができないからだ。ランダムな交配によって遺伝子はバラバラに組み換えられるために、せっかくレッドクローバーに適応した遺伝子のアレルをもっていても、交配がランダムに起こると、アルファルファに適応したアレルと組み合わさるために、2つの集団に分化するのは困難になる。

このアブラムシの場合、同じ場所の異なる植物に寄生する集団間で生殖隔離がなぜ進化できたのだろうか。その答えは実は単純だ。レッドクローバーで育った個体は、同じレッドクローバー上で交配をし、アルファルファで育った個体は、同じアルファルファ上で交配する可能性が高くなる。つまり、異なる植物に寄生するという性質の進化自体が、異なる集団間での交配が阻害されること（つまり交配前生殖隔離）に直結しているのだ。これによって、特定の寄生植物（レッドクローバーかアルファルファ）に適応して生存・繁殖能力を高めるような進化に関する遺伝子のアレルが混じり合わずに、2つの集団に分化していくことが可能になった。

一般的に、同所的種分化は、異所的種分化に比べて起こりづらいと考えられている。それは、異なる2つの環境への適応に関する遺伝子と交配前生殖隔離に関わる遺伝子が、一緒に進化する必要があるからだ。そのため、同所的種分化は起こりうるものの、種分化の多くは地理的隔離による異所的種分化であると考えられている。しかし、異所的種分化にしても同所的種分化にしても、自然選択によって異なる生態的環境に分化するという生態的種分化は生殖隔離における重要な進化の1つである（ただし、前述した倍数化による生殖隔離の進化は同所的種分化の例であるが、自然選択は主要な要因ではない）。

生態的分化を伴わない自然選択による種分化

生態的種分化においては、地理的に隔離された２つの集団がそれぞれ異なる環境に適応進化すること（生態的分化）が前提とされる。しかし実際は、種分化した２種が生息するそれぞれの環境が、あまり違わないことも多い。たとえば、北アメリカに生息する３種のサンショウウオは、生態的な環境が似ており、外見上もほとんど区別が難しい。それでも、これらの３種は生殖的には隔離されていることが示されている。[32]

実際のところ、異なる場所で種分化した２つの生物は、それぞれの異なる環境に適応するために進化しているのだろうか、また、その程度はどれくらいなのだろうか。

異所的種分化により分化した２種を、鳥類、哺乳類、両生類合わせて１０００組にもおよぶデータを用いて解析した研究がある。[33] この研究では、生態的な環境に応じて変化すると思われる性質、たとえば、鳥なら嘴のように餌の種類と関係している形態や体の大きさなどの性質や、どのような気候に生息しているかといった生息環境の違いなどを比較した。そうして、それらの性質が２種の間で異なるように進化したのか、ランダムな方向に進化して違っているのか、同じ方向に変わらずに進化しているのかを検証したのである。

その結果、異所的な2種は、生態的に異なる方向に進化しているわけでもなく、また、ランダムな方向に進化しているわけでもなかった。ほとんどの場合は、同じ方向の選択を受けて生態学的な性質が変化しないように進化している傾向が検出されたのである。この結果から、異所的集団間の生態的種分化は、脊椎動物において一般的な現象ではないかもしれないということが示唆された。多くの異所的種分化において、祖先集団から地理的に分かれた集団の間では、同じような生態的環境に適応するように自然選択が働いており、その自然選択（同じ方向に働く平行選択）と関連して生殖隔離が進化しているのかもしれない。

しかし、同じ生態的環境へ適応するように自然選択が働くことで、なぜ生殖隔離まで進化するのだろうか？　考えられるメカニズムの1つとして、同じ環境の異なる集団では、同じ環境に対して有利に働く異なる遺伝子が、自然選択によって進化する場合が考えられる。

図表4‐2（281ページ）で整理してみよう。集団1ではＡＡＢＢからＡＡｂｂに自然選択を受けて進化し、もう一方の集団2ではＡＡＢＢからａａＢＢに自然選択を受けて進化する。ｂアレルは集団1で生じ、ａアレルは集団2で生じたが、どちらも同じ環境下で個体の適応度を増加させ、自然選択を受けて頻度を増加させる。その結果、雑種では適応度が減少し、生殖隔離が進化するというような場合だ。たとえば、台湾の近縁なショウガの２種で

は、どちらも同じ環境下で同じ環境ストレスを経験したと考えられるが[34]、その結果、ストレス適応に関する異なる遺伝子が進化し、生殖隔離に関わったと推定されている。もっともこの場合、異なる遺伝子がどう作用して生殖隔離を引き起こしているのかは不明である。

もう１つのメカニズムは、生態的環境に対する適応進化は２種の間で同じでも、配偶者選択によって、お互いの交配が阻害されるという交配前生殖隔離機構の進化が生じる場合である。たとえば、ヨーロッパの２つの近縁なイトトンボ（*Calopteryx splendens* と *Calopteryx virgo*）は、古くに分岐して異なる生態的環境に適応するのに充分な時間はあったが、生息環境や形態などは非常によく類似している。一方で、この２種は翅の色彩パターンなどオスの性的特徴のみ異なっている。この色彩パターンの違いでメスは同種のオスを選んで交配するという、交配前生殖隔離が起こっているようだ[35]。これは、生態的な性質は違っていない２種が、交配を避けるように進化することで種分化が生じたと考えられる（なぜ交配を避けるように進化したのかは複雑なので、ここでは省略する）。

ここで挙げた例のように、同じ生態的環境に適応し、進化の方向に違いが認められないにもかかわらず、生殖隔離が進化している場合を「非生態的種分化」と呼ぶ。前述した、環境に関係なくゲノム内遺伝子間の拮抗共進化によって、遺伝的不和合性が進化する場合も非生態的種分化だ。このような生態的違いの進化を伴わない「非生態的種分化」は、実は種分化の主要な様式であるとする意見もある。[35、36]

生殖隔離の程度は様々に進化する

ここまで見てきたように、生殖隔離の進化は、環境への適応進化によって生じる場合もあれば、生態的環境とは関係なく生じる場合もある。また、自然選択は生殖隔離の進化の主な要因だと考えられているが、遺伝的浮動の効果も否定されたわけではなく、どの程度それが生殖隔離に影響しているのかを明らかにするのは今後の課題である。生殖隔離の進化メカニズムは生物によって異なっており、対象とする生物や地理的状況、生息環境などによって、相対的にどのような生殖隔離のメカニズムが主要に働くのかを明らかにしていく必要もあるだろう。

また、様々な生殖隔離の進化メカニズムがあるのと同じように、生物間の生殖隔離の程度も様々である。生殖隔離は、集団間の遺伝子交流がわずかに阻害される程度のものから、隔離の程度は徐々に大きくなり、完全に遺伝子交流が阻害される隔離を示すものまである。[17] つまり、現在の生物集団間の隔離の程度は0（全く隔離されていない）から1（完全に隔離されている）までの、連続的な状態のどこかに位置しているのである。

かといって、生殖隔離のすべての進化は、隔離の程度が０から始まってしだいに大きくなり、１の状態で終わるというわけではない。実際には、途中の段階で隔離がそれ以上進行しない場合や、場合によってはある程度隔離したものがその程度を減少させたり、隔離が崩壊する場合もある。たとえば、前述した底生タイプのトゲウオと水中タイプのトゲウオは、カナダの複数の湖で独立に種分化したことが確かめられているが、その１つの湖であるエノス湖では、１９９０年代初頭に外来ザリガニが侵入したことで、底生タイプと水中タイプの間で交雑が進行し、２つのタイプに分化しているという状況が崩壊したことが報告されている。[37]

また、シクリッドという魚でも似たようなことが起こっている。アフリカのビクトリア湖では、約１万２０００年という短い期間で５００種のシクリッドが種分化によって進化したことが示されている。急速な種分化の多くは、オスの婚姻色をメスが選好することによる交配前生殖隔離で進化したと考えられている。しかし、近年になって湖の汚染が進み、藻類が増える富栄養化で湖の透明度が減少し、水中でメスがオスの色を識別することが困難になってきた。それにより、メスは別の種の婚姻色をもつオスと交配する傾向が増大し、種数が減少する可能性が指摘されている。[38]

このように、生殖隔離の程度は環境の変化で進行したり、後退したりする。また、分かれた2つの集団間の地理的分布状況が変化し、お互いが接触・交配する機会が変化しても、生殖隔離の程度は途中で止まったり、低下したりするのだ。[39]

先ほども述べたように、生殖隔離の程度は生物によって様々なレベルで存在し、完全な生殖隔離が達成されていないことも少なくない。第3章でも述べたが、動物種の少なくとも10%、植物種のおそらく25%が自然界で交雑するのだ。[40] 種分化によって、生殖隔離がどの程度進化すれば新しい種ができたといえるのか、という問題は重要ではなく、生殖隔離はどのように進化し、それによって2つの集団の性質がどのように維持されているのかが、生物多様性の進化を考えるうえで重要なのである。

4-2 大進化は小進化で説明できないのか？

生物同士の大きな違い

ヒトはチンパンジーとゲノム配列はそれほど違っていないが、姿や毛、脳のサイズなどの形態や大きさ、そして行動や認知機能など様々な特徴で大きく違っていて、異なる上位分類群である「属」（*Homo* 属と *Pan* 属）に分類されている。一方で、ヒトとチンパンジーは同じ上位の分類群であるヒト科に属している。両者は目（霊長目）、綱（哺乳綱）、門（脊索動物門）というようにさらに上位の分類群にも分類されている。

種よりも上位の分類群（高次分類群ともいう）の間で生物を比べてみると、形態や生理学的特徴など、様々な性質が大きく異なっている。たとえば、高次分類群の1つである「門」として脊索動物門がある。この脊索動物門には、ヒトなどが分類されている哺乳綱のほか、トカゲやカメ、鳥などが属する爬虫綱、大半の魚類が含まれる条鰭亜綱、ナメクジウオ綱などが含まれる。高次分類群である綱や亜綱のなかで比較すれば、水中で生活する魚（条鰭亜綱）と陸上で生活するトカゲ（爬虫綱）は、肢の形態や呼吸など大きく体制が違っている。脊索動物門に系統的に近い「門」は棘皮動物門であるが、そこにはヒトデやウニが属している。それら棘皮動物と、脊索動物で最も原始的であるとされるナメクジウオを比べてみても、形態や特徴は大きく異なり、形態の違いに「ギャップ」があるように見える。より高次の分類群間の生物を比べるほど、その違いは一見大きいように見えるだろう。

ところで、古典的分類学では、哺乳類、爬虫類、両生類は「綱」という高次分類群とされていた。しかし、系統関係にもとづく分類では、哺乳類、爬虫類、両生類、条鰭類は硬骨魚綱という分類群の下位に分類される。したがって、哺乳類は綱ではなく綱より下の分類群に割り当てられる。しかし、どの分類群を綱にするのかなど高次分類群を決める客観的な基準があるわけではない。また、進化系統図にもとづいて厳密に分類すると複雑になり、人の直感的な分類とは異なることが多くなる。

本書では、様々な進化の実例、たとえばガの翅色の進化、ダーウィンフィンチの嘴の進化、ヒトにおいて大人になってからも乳糖を分解可能とするような遺伝子の進化などを紹介した。これらの実例は、過去から現在の実データを用いて観察することが可能な進化の例で、集団内でのアレルの頻度変化によって生物の性質が進化していることが分かる。しかし、チンパンジーとヒト、魚とトカゲといった種以上の異なる高次分類群間の生物で見られる大きな性質の違いに関する進化も同様に、アレルの頻度変化による進化によって説明できるのだろうか?

小進化と大進化

R・ゴールドシュミットは、1940年の『進化の物質的基礎』という著書で、小進化と大進化の間には「橋で繫がっていないギャップ」があると主張した。[41] ゴールドシュミットのいう小進化とは「種内で起こる、主に短時間で小さな変化を引き起こす進化」のことで、大進化とは「種間の違いをもたらすような進化」である。ゴールドシュミットは、「橋で繫がっていないギャップ」があるような種間の違いは、種内で小さな変異が積み重なって生じる進化では説明できないとしたのだ。

現代では、「種以上の分類群、つまり種間や属間、科、目、綱、門という高次分類群間で見られる生物の大きな違いを引き起こすような進化」を大進化と呼ぶことが多く、ゴールドシュミットの用いた大進化の意味とは少し異なっている。「小進化の積み重ねで大進化は説明できない」という主張は、「大進化はダーウィン進化論では説明できない」という主張に結びついていることが多い。日本でも、大進化は小進化で説明できないという主張から、ダーウィン進化論を批判している一般向けの書がある。[42]

では実際に、生物に大きな違いをもたらすような進化は、集団内で生じるアレルの出現と頻度変化では説明できないのだろうか。単に大きな違いを引き起こす進化について考えてみると、集団内でアレルの出現と頻度変化による持続的な変化で「小さな進化」も「大きな進化」になるはずだ。第１章でも紹介したダーウィンフィンチの例だと、数年で見られる進化も200年継続すれば、体のサイズが2倍ほどの形態をもつ別の種に進化すると類推されている（28ページ）。また、前節でも述べたように種間の違いも、集団が2つに分かれたあと、それぞれの集団内で、生殖隔離や形態などに関わるアレルが頻度変化することで生じている。

上位の分類群の設定は、以前は主に形態の違いで決められていたが、最近ではDNA配列などを用いた系統関係から区別されるようになってきた。そうして推定された系統関係の相対的な遠さと形態などの違いの程度とが常に一致するとは限らないが、系統関係が遠い生物間ほど形態の違いは大きくなる傾向がある。つまり、高次分類群の生物間で見られる性質の大きな違いも、集団内でのアレルの出現と頻度変化によって、長い時間をかけて進化してきたことになる。

たとえば、ヒトであるホモ・サピエンスは、約20万年前にアフリカで生まれたとされているが、突如出現したわけではなく、約700万年前にチンパンジーとの共通祖先から分かれてから、現在のヒトとは異なる特徴をもった集団を経て進化した。[43] また、我々哺乳類は約2億年以上前に分かれたと考えられており、爬虫類と哺乳類の祖先から約3億年ちかくもの長い時間をかけて、それぞれ異なる性質をもつように進化してきた。また、現在の爬虫類と哺乳類は形態などが大きく違っていて、連続的な変化ではなく、ギャップがあるように見える。

しかし、３億年の間で多くの生物が絶滅しており、そのなかには盤竜類や獣弓類といった爬虫類と哺乳類の中間のような形態をしたものもいた[44]（図表４‐３）。このように、現在では形態が大きく異なっていても、集団内でのアレルの出現と頻度変化によって長い年月をかけて進化してきたとしても不思議ではない。

「小進化によって大進化は説明できない」とするとき、単に集団内や種内の違い、あるいは種以上の高次分類群間での大きな違いなど、生物間の性質の違いの程度に着目するのはあまり意味をなさない。なぜなら、種内でも大きく形態が異なっている場合もあれば、種間でもほとんど違わない場合があるし、違いの大きさだけなら、どれだけ進化に時間がかかったかが問題となるからだ。時間をかければ、小さな進化の積み重ねで大きな進化が達成される。

より本質的な問いとは

問題となるのは、時間とともにしだいに変化して大きな違いとなったような性質ではなく、生物間の性質の違いに、不連続に大きな変化が生じたような「ギャップ」が見られる場合や、複雑な性質の獲得といったように、連続的に変化して獲得するのが困難に思えるような場合である。

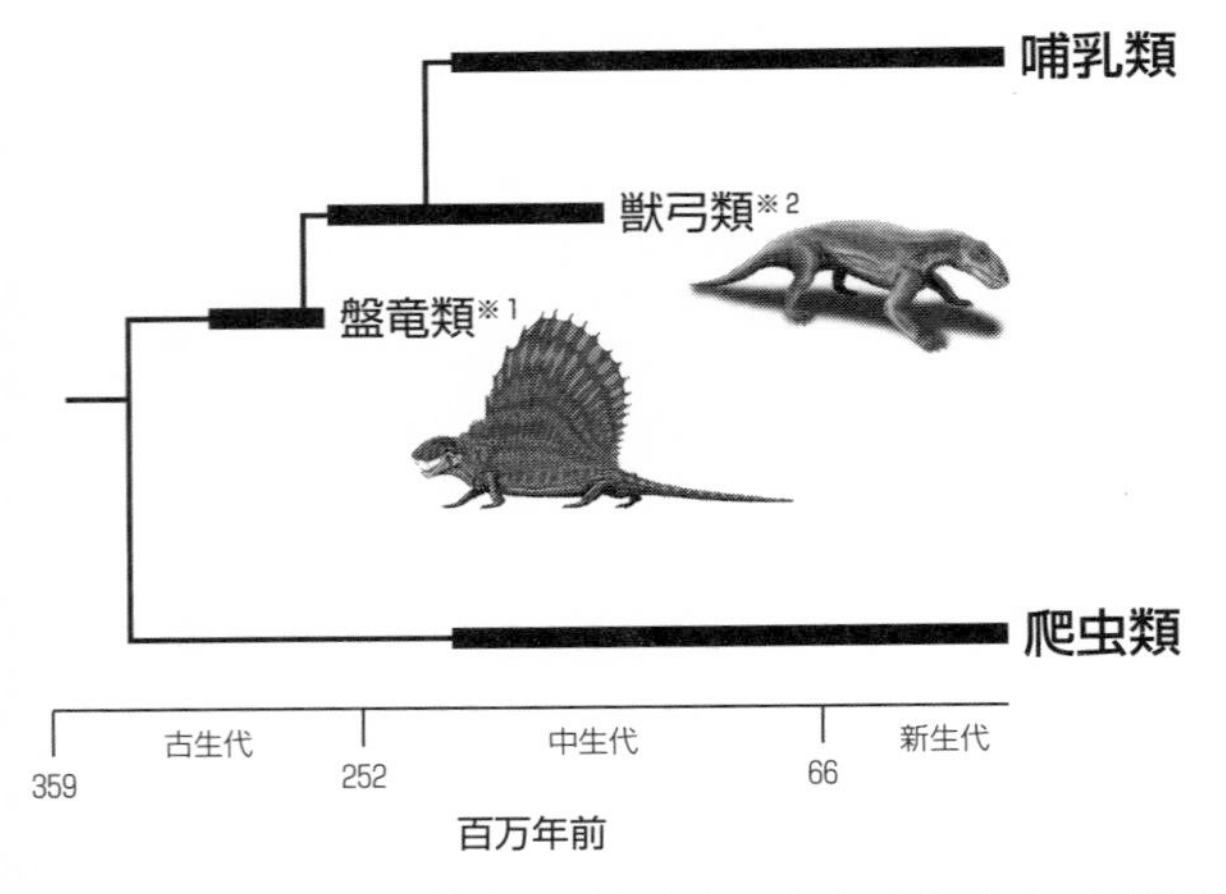

図表4-3　爬虫類と哺乳類、絶滅した主要な分類群の一部を含む系統樹

出典）文献44をもとに作成。※1："Dimetrodon_grandis - reconstruction autor - Bogdanov" DiBgd 2007 / Licenced under CC BY-SA 3.0（https://commons.wikimedia.org/wiki/File:Dimetrodon_grandis.jpg）※2："Biarmosuchus tener, a late permian therapsid from Russia, pencil drawing" Nobu Tamura 2007 / Licenced under CC BY-SA 3.0（https://commons.wikimedia.org/wiki/File:Biarmosuchus_B-W.jpg）

実は、不連続と思える性質や複雑な性質の進化がどのように生じたのかを、ダーウィンの進化論では説明できないという批判は、『種の起源』が出版された当時からなされていた。とくに有名なのが、Ｓ・Ｇ・Ｊ・ミバートが『種の起源について』という著書で批判した内容である。[45]

ミバートは、複雑で現在完璧に機能し、適応しているような性質は、その初期段階や中間段階で、どのように漸進的に進化できたのか？　という疑問を呈した。たとえば、脊椎動物の眼は見るために複雑な構造をしているが、その眼が進化する途中の段階では、高度な視覚を達成できなかったはずで、そのような不完全な機能をもつ中間型から、どのように高度な眼が進化できたのだろうか。また、チョウの木の葉への擬態は、それが完成すると捕食者から免れるという適応的意義があるが、その擬態が完成する途中段階では、捕食者に見つかったかもしれず、どのようにして擬態はそうした不完全な状態を経て進化できたのだろうか、といったものである。

ミバートのこのような疑問は、「集団内で生じる遺伝的変化、つまりアレル頻度やゲノム配列の頻度変化で、不連続に生じたように見える複雑な性質や新奇性質（それまでなかった全く新しい性質）はどのように進化できたのか」という問題に言い換えられる。この問題をまとめると、次の通りだ。

①現在の生物がもつ複雑な性質は、その進化過程で見られる中間型が見つかっておらず（不連続なギャップがある）、祖先の形質から連続的に進化したとは考えられない。

②複数の性質が同時に組み合わさることで初めて完全に機能するような性質（複雑適応形質という）は、進化段階の途中では、中間形質が機能しなかったり、不適応であるはずだ。そのような進化は小さな変化の積み重ねでは説明できない。

③新奇形質は、連続的に変化して生じたものではないように思われ、どのように進化的に生じたのかを説明するのが困難である。

現在、これらの問題点について完全に解明されているわけではない。しかし多くの研究から、複雑適応形質や不連続な性質がどのように集団内の遺伝的変化で生じたのかについての説明は可能になってきている。以下では、いくつかの具体例を挙げて、複雑適応形質や不連続な形質、新奇形質の進化機構について解説したい。

中間型が存在し、連続的な進化だった

進化論について語られるとき、よく例に出されるのがキリンの首である。過去にアフリカがサバンナの草原（草の生い茂る森林という開放的環境）に移行したあと、キリンの祖先は、食料となる葉などの獲得をめぐってほかの草食哺乳類と競争するなかで、首が少し長く、より高い位置にある葉などを食べられる個体が自然選択を受けて集団中に頻度を増加させ、徐々に長い首が進化していったと考えられている。[46] しかし、自然選択を受けて徐々に首が長く進化したのであれば、首の短い祖先（首の短いオカピとキリンの共通祖先）と現在のキリンとの中間の長さの首をもつ種がいてもおかしくないのではないか、という疑問が古くから出されていた（ミバートもキリンを取り上げていた）。

ところが、近年、化石標本の解析から中間の首の長さをもつ化石種が同定された。たとえば、その１つの種である *Samotherium major* は、首の短いオカピとキリンのちょうど中間くらいの首の長さであった。そのほかの化石種も含めて見てみると、首の長さは突然長くなったのではなく、中間段階を経て長く進化していった可能性が支持された。[47]

ただ、キリンの首の伸長の進化に関しては、中間型を経て連続的に変化したかどうかという問題とは別の困難さも指摘されてきた。それは、首が長くなることに伴って生じる問題を

克服する必要があることだ。キリンは心臓から脳へ血液を垂直に2m近くの高さに送り出すために、強力な心臓を進化させ、ほかの哺乳類に比べて2倍の血圧をもつように進化している。下肢の血管壁は、上昇した血圧に耐えるために非常に厚くなっており、キリンが水を飲もうと頭を下げたときに生じる血圧の変化にも対応できる。そして、長い神経ネットワークを介して信号伝達を脳と体の各所に迅速に伝えるための神経系も同時に進化している。

首の進化によって必要となるダイナミックな変化はどのように起こったのか。オカピと比較して、キリンが祖先から自然選択を受けて進化した遺伝子がゲノム解析によって検出された[48]。その結果、検出された400以上の遺伝子のうち3分の2が、骨格や心血管系、神経系の発生および生理機能を制御する特異的な役割をもつことが分かった。つまり、首の骨格を長くするのに関係する遺伝子、血圧上昇やそれに対応するための遺伝子群、そして、長い首でも問題なく働く神経系に関与する遺伝子群などに有利なアレルが生じ、それらが長い時間をかけて自然選択で進化してきたことを示している。首が長くなる進化がもたらす弊害を回避するような性質も、同時に徐々に進化してきたと考えられるのだ。

ところで、キリンの長い首の進化には、メスが首の長いオスを好む、あるいは首の長いオスはより多くのメスを獲得できるという性選択が関与したという説もある[49]。実は最近、キリンの古代の1つの種において、頭部にヘッドギアのような構造物が存在していたことが明らかとなっている。そこから、オス同士が配偶者をめぐって闘争していたのではないかという考察もされている[46]。ただし、この古代のキリン種は、現在のキリンへの進化とは関係がないという意見もある。いずれにしても、キリンの首が長くなるように進化した要因の1つに性選択が関与しているかどうかは今後の研究が必要だ。

キリンの首の進化のように、進化の途中の過程において中間型が存在しないと思われていたが、中間型が見つかったという例は少なくない。鈴木誉保氏[50]は、ミバートが挙げた中間型が存在しないという例のすべてで、現在では中間型だと思われる化石や中間型を示す生物が見つかったことで、それらは連続的に進化していたことが示されたとしている。鈴木氏自身、コノハチョウの擬態について、近縁種の翅の模様や形のパターンを詳しく解析した結果、木の葉に擬態した翅が連続的に進化したことを示した[51]。現在、生存している近縁種で、連続的に繋げることができるということは、中間型は生存に不利ではないことを示している。

ところで、毒をもった他の種のチョウに似せるように進化する擬態もある。このチョウの擬態の進化には、特別な遺伝的特徴である「超遺伝子（スーパージーン）」が関与していることが示されている。チョウの翅の形や模様、色彩に関与する遺伝子は、ゲノム中の1箇所に集まって、1つの遺伝子のようになっており（第1章のダーウィンフィンチの例も参照）、それを「超遺伝子」というのだ。この超遺伝子と擬態の関係については、藤原晴彦氏の『超遺伝子（スーパージーン）』（光文社新書）を読んでほしい。

複雑形質としての眼の進化

連続的に徐々に進化が生じたとしても、複雑な適応形質が進化するには、その変化のなかでいくつかの新しい段階へのステップを必要とする。脊椎動物の眼も、ミバートによって説明が困難とされた複雑な形質の例だ。眼の進化には、4つの主要な段階があると考えられている[52]（図表4－4）。

最初の段階（クラス1）は、光を感知する光センサーの獲得である。周りの光を感知することで、昼と夜といった一日の活動の調整に使われたり、水中で生活する動物では水深を感知したりするのに利用されたと考えられる。次のステップ（クラス2）は、どの方向から光が来るかを感知することができる指向性光受容器の進化である。これは、ある方向からの光を遮断するような遮蔽物を光センサーのそばに配置することで可能になる[53]。クラス3では、光センサーをカップ状のくぼみに集合させることで、光の方向が分かるだけでなく、動いた

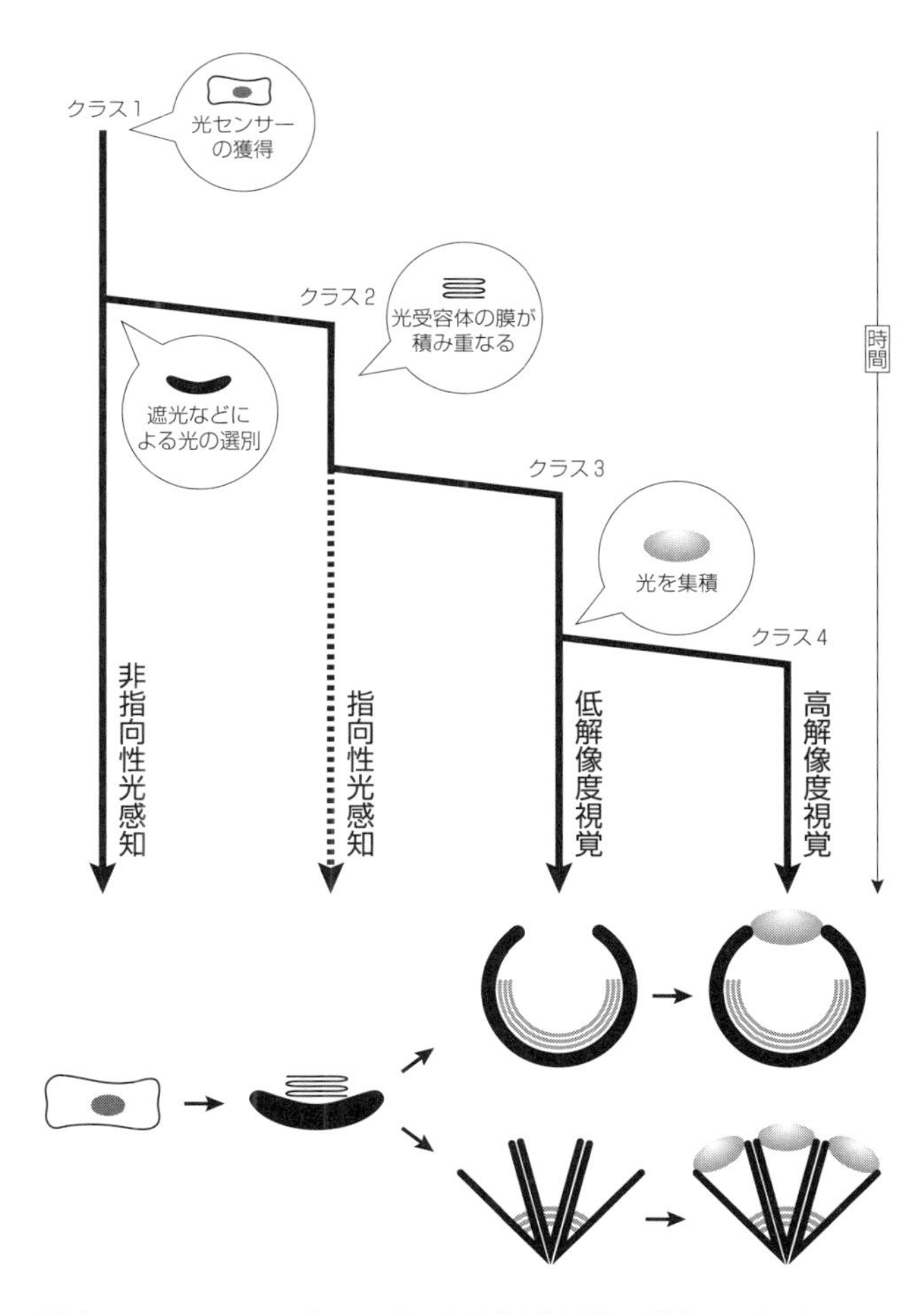

図表４-４　ステップアップによる複雑な眼の進化のプロセス

出典）文献52の図３をもとに作成。

ときの光の動きや光に対しての自分の動きを感知できる進化が生じた。さらに低解像度だが、周囲の構造物なども感知できるようになった。そしてクラス4では、外からの光を集めて焦点を合わせるレンズのような装置を進化させ、高解像度で周りを検知することが可能になった。こうして眼は、餌生物を探したり、捕食者を検知して逃げるのに役立つようになったと考えられる。

ヒトを含めた脊椎動物や昆虫などの節足動物の祖先となる生物は約7億年前に誕生し、クラス1の段階である光センサーをもっていたと考えられている。そしてクラス4の眼が出現したのはカンブリア紀初期で、約5億3000万年前と推定されている。つまり、約1億7000万年の間でクラス1からクラス4へと進化し、現在、脊椎動物がもっているような高度な眼が誕生したわけである。[52]

眼のような複雑な器官の進化も、祖先の集団内でゲノム配列に新たなアレルが突然変異によって生じ、それが集団に広がって、古いアレルと置き換わっていくというプロセスを何度も繰り返すことで生じた。しかし、眼の進化にはクラス1から2、クラス2から3、クラス3から4へというステップアップが必要である。このようなステップアップには、通常の漸進的な進化と異なる進化機構が働いたのだろうか？

ステップアップを可能にしたメカニズムの１つは、それまでは別の機能で進化してきたものを利用して改良進化するという前適応というやり方だ。ゼロから新しい機能を進化させたり、一度に何段階もアップグレードするように機能を跳躍的に改良するわけではなく、別の機能として使われているものを少し変化させ、取り入れるという進化である。

クラス１から２への進化においては、光によるダメージを修復または軽減するために使われていたメラニンを、センサーの周りに配置するように進化することで、光の方向性を感知するための遮蔽物として機能させた。[53] また、クラス３で進化したくぼんだアイカップのなかは、異物を防いだり、網膜の損傷を防ぐ透明の物質で徐々に満たされるようになったが、その後のクラス４へのステップアップで、その透明の物質がもとになり、そこからレンズ（水晶体）が進化した。

レンズの進化には、α‐クリスタリンというタンパク質が関わっているようだ。[53] もともと、タンパク質が熱で変性したときに修復する役割を果たしていたが、光を曲げる性質も同時にもっていた。これが、その後の突然変異によって、光を集合させて画像を投影するためのレンズとして機能するように進化したと考えられている。

このような使い回しが生じるために、もともと１つだった遺伝子がコピーを作って重複し、一方はもとの機能を保ったまま使われ、もう一方は突然変異により別の機能へと使われるように進化する場合が多い。実際、この遺伝子の重複は、眼の多様なほかの機能の進化にも影響している。たとえば、光受容体であるタンパク質オプシンは、何度も重複してそれぞれが少しずつ異なる働きをするように進化している。コピーしたオプシンに少しずつ突然変異が入ることで、感知できる光波長の種類が増えているのだ。ヒトでは、重複したオプシンが異なる配列に進化することで、赤、緑、青の3つの波長を感知することができるようになった。

さらには、細菌やウイルス由来の外来遺伝子を利用する場合もある。たとえば、オプシンは、レチナール（ビタミンAから作られる）という物質と結合し、それが光と反応することで光を知覚している。脊椎動物では、その光に対する反応が無脊椎動物より30倍も高い。その反応を高める役割をもつタンパク質は、細菌の遺伝子が宿主ゲノムに移動し、それが利用されて進化したと推定されている。[54]

使い回しと組み合わせによる進化

眼の進化で見てきたように、別々の性質を「使い回し」「組み合わせる」ことで、多くの新しい複雑な形質の進化が可能になったと考えられる。もう1つ別の例を紹介しよう。それ

図表4-5　「跳躍板トラップ」で捕虫するウツボカズラの一種 (*Nepenthes pervillei*)
虫が蓋の下に留まり、雨のしずくが蓋に落ちると、蓋が振動し、虫はピッチャーに落ちる。引用）"Nepenthes pervillei pitcher, Seychelles" Urs Zimmermann, Sw-itzerland 2010 / Licenced under CC BY 3.0 (https://commons.wikimedia.org/wiki/File:Nepenthes_pervillei_pitcher.jpg)

はハエトリソウやウツボカズラなどの食虫植物である。

食虫植物は、粘液や葉の開閉、壺などのトラップといった性質が進化し、虫を捕まえ、殺害し、消化・吸収するように進化した。一見すると植物が捕食動物に進化したようで、全く新しい植物のように見える。しかし、その起源は植物がもともともっていた昆虫などに対する防御機構だったようだ。植物の多くは腺状突起という構造をもち、タンパク質を分解するプロテアーゼという酵素を分泌する。これは葉をかじりにくる虫を防除するために進化した。そこから、腺状突起から出る粘液で虫を捕まえ、それをプロテアーゼで消化できるようになることで食虫植物が進化したようだ。[55]

ウツボカズラは、消化液が入っている捕虫袋と呼ばれるピッチャーを進化させ、このなかに虫を落として養分を得ている。ピッチャーの上には蓋がついている。これは、雨水を防いだり、内側に蜜を出して虫をおびき寄せたりする働きがある。さらに、*Nepenthes pervillei* という種では、蓋が虫を捕虫袋に落とすトラップとして働いている（図表4‐5、前ページ）。虫が蓋の内側に留まり、雨粒が蓋に落ちると、蓋が跳び箱の跳躍板のように振動し、虫を落とすのだ。ちなみに、ウツボカズラには170種もいることが知られている。

このような複雑な仕組みをもつ「跳躍板トラップ」の進化がどのように可能になったかを調べた研究[56]があるので紹介しよう。まず、この「跳躍板トラップ」には、次の3つの進化が必要になる。

①　虫を落とすために地面と水平になった蓋

②　虫が蓋の内側に留まることはできるが、振動で落下してしまう程度に滑りやすい表面

③　バネ板のように水滴で跳ねる性質

55種のウツボカズラを調べたところ、この３つの条件が揃い跳躍板トラップで捕虫できるのは2種であった。55種において、この３つの性質は独立に進化し、ある種はトラップとして機能するには反発力が小さかったり、蓋の裏のワックスの滑り具合が悪かったり、蓋の角度が大きかったり、種によって様々であったようだ。跳躍板トラップを進化させた種は、この３つの性質の条件が偶然に揃い、トラップによる捕虫が機能したことによって自然選択が働いたという。ただ蓋の角度は、跳躍板トラップをする種では特定の角度に決まっているのに対して、そのほかの種では個体によって違いが大きい（表現型可塑性、75ページ）。この表現型可塑性があることで、トラップにちょうどよい角度に一致する確率が高まったらしい。

この跳躍板トラップは、複雑な仕組みで捕虫効率を高めるように徐々に自然選択が働いて進化していったのではなく、３つの独立した性質がたまたま組み合わさり、機能することで、複雑な適応形質が進化した例といえる。

複雑な性質の進化を可能にする遺伝的機構

徐々に体のサイズが大きくなるという進化の場合、体の大きさに関する変異サイトがゲノム上に多数あり、それぞれの変異サイトで、体サイズを大きくするアレルの頻度が増加していくことにより、体サイズは大きくなる。それでは、新しい機能を獲得したり、これまでの機能を使い回したりする進化は、どのようなゲノム上の変異で生じるのだろうか？

それには、遺伝子制御ネットワークを理解する必要がある。第2章の遺伝子の説明（図表2-9、160ページ）や第3章の転移因子（図表3-7、232ページ）のところでも説明したが、遺伝子は遺伝子によって調節されている。ゲノム配列のなかでコード領域と呼ばれる配列は、mRNAに転写され、そこからタンパク質に翻訳される。そのタンパク質自体が生命現象の様々な機能を直接果たすこともあるが、DNA配列に結合したりして（たとえば転写因子）、ほかの遺伝子の働きをコントロールすることもあるのだ。また、DNAから転写されたRNAが遺伝子の働きを直接制御することもある。

このようにして、遺伝子がほかの遺伝子を制御し、さらにそれがほかの遺伝子を制御するネットワークが形成される。これを遺伝子制御ネットワークと呼ぶ（図表4-6）。この遺伝子制御ネットワークを構成する「遺伝子」とは、mRNAに転写されてタンパク質を作るコード領域と、その発現を制御する領域のセットである。

この制御領域のある配列が突然変異で変化すると、それに制御されている遺伝子がコードするタンパク質を作るのか作らないのか、作るならいつ、どこで、どれくらい作るのかが変

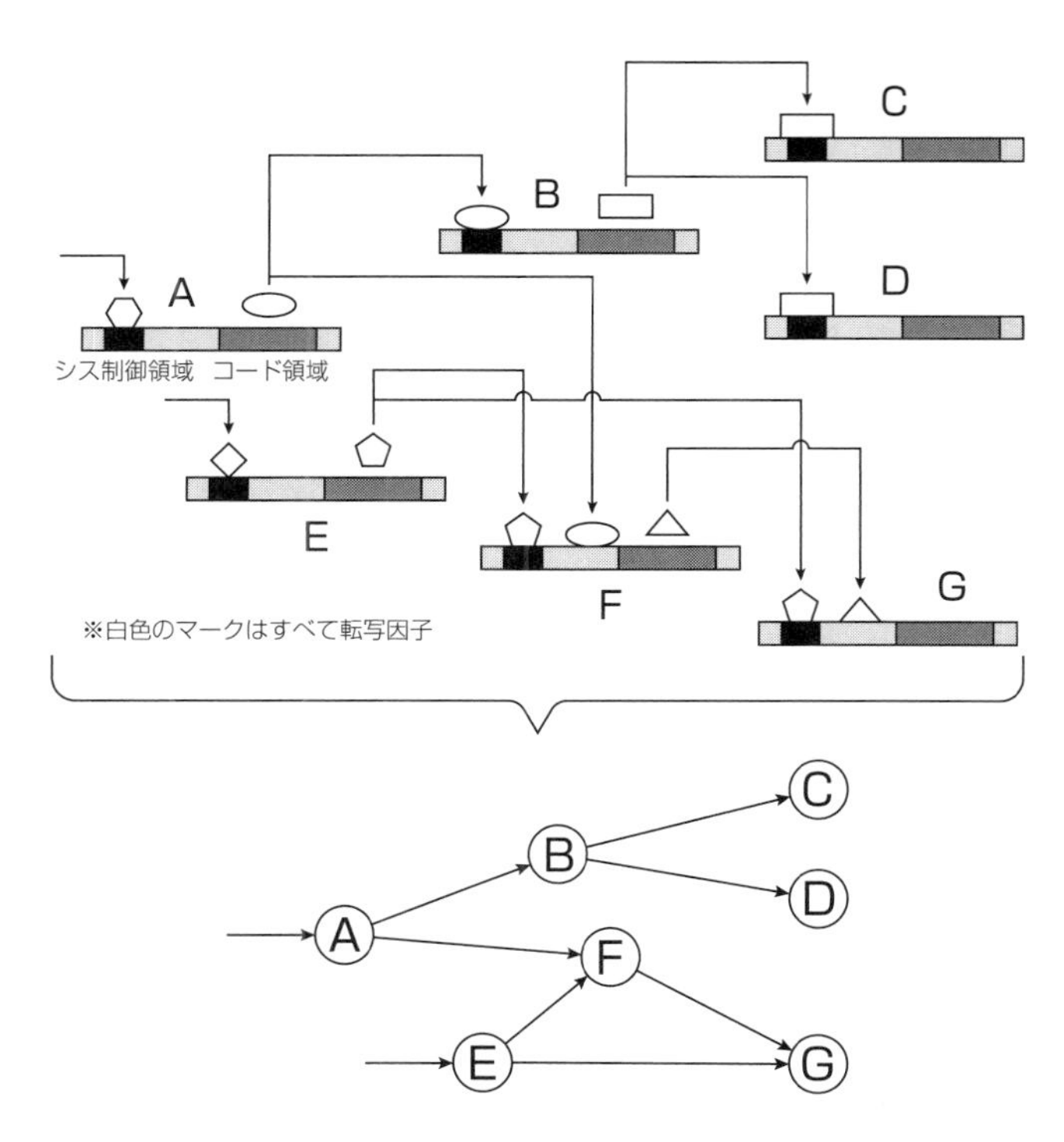

図表４-６　遺伝子制御ネットワーク

タンパク質に翻訳されるコード領域の上流にある配列（シス制御領域）に転写因子が結合すると、タンパク質が翻訳される。そのタンパク質が転写因子となってほかの遺伝子を調節する。図ではＡからＧまでの遺伝子からなる遺伝子制御ネットワークを示す。下の図はそのネットワークを簡略化したもの。

化する。また、別の遺伝子の発現をコントロールする転写因子をコードする配列が変化すると、もともと結合していたところに結合できなくなったり、結合の程度が変化したり、今までとは別の遺伝子の制御領域に結合して、その遺伝子をコントロールするようになったりする。このようにＤＮＡ配列に突然変異が生じ、新たなアレルが生じ、それが集団中に頻度を増加させることで、遺伝子制御ネットワークの繋ぎ方が変わるように進化が生じるのだ。

制御領域の配列の変異は、単に突然変異によって１つあるいは複数の塩基配列が変化するだけでなく、遺伝子の発現を調節する配列（プロモーター）をもつ転移因子が挿入されたりすることで、遺伝子制御が一挙に変化する場合もある（２３３ページ）。また、制御領域とコード領域を含めた領域がコピーされて重複するような突然変異や、コード領域だけが重複したり、制御領域だけが重複したりする突然変異も遺伝子制御ネットワークを変化させる。

一方で、遺伝子制御ネットワークの一部は変化しないで、進化的に保存され、異なる生物の間で共通していることが多い。たとえば、昆虫の肢と哺乳類の肢は、同じ肢でも形はかなり異なっているが、どちらの肢も同じあるいは非常によく似た遺伝子制御ネットワークによって発生する。

一例を見てみよう。ハエでは後肢のできる場所で、*Hh*（ヘッジホッグ）という遺伝子が発現する。さらに*Hh*は後肢のできる腹側で*Wg*という遺伝子を発現させ、背中側で*Dpp*という遺伝子を発現させる。同様にマウスでは、*Hh*の代わりに*Shh*が、*Dpp*の代わりに*Bmp2*が、*Wg*の代わりに*Wnt7*が発現する。ハエとマウスで同じネットワークの同じ箇所で働いている遺伝子、たとえば*Hh*と*Shh*は、その名前は異なっているが、共通祖先の同じ遺伝子から進化した遺伝子なのである。[57]

つまり、共通の祖先で肢のもととなるような形態が進化し、その形態を作る遺伝子ネットワークの基本的な部分はそのままで、ネットワークに参加する末端の遺伝子群が変化することで、一方は昆虫の肢に、一方は哺乳類の肢に徐々に進化してきたと考えられる。

ネットワーク進化による形質の出現と喪失

複雑な形質を作り出す遺伝子制御ネットワークが一度進化すると、ネットワークの上流部位の遺伝子（たとえば図表４‐７のXやY）やそれが制御する遺伝子（同図表のBやE）の突然変異により、それ以降の遺伝子ネットワークが働く場所が変わったり、タイミングが変化したりする。

たとえば、ショウジョウバエの形態が大きく変化する突然変異の１つに、正常な状態では

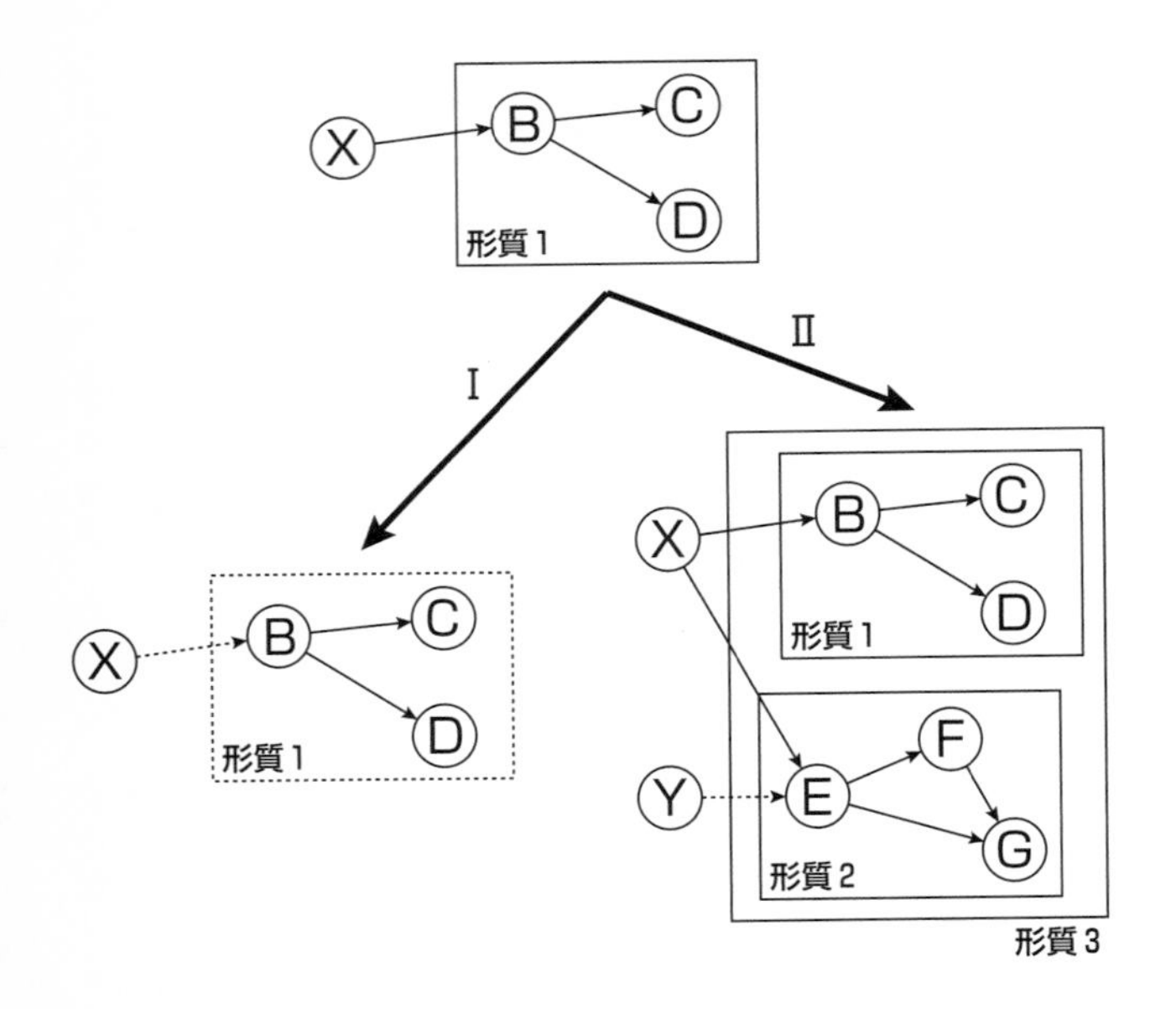

図表4-7　遺伝子制御ネットワークの制御変化による進化

遺伝子Bの制御領域が変化すると、形質1が消失・出現する進化が生じたり、形質1が発現する場所や時期が変化したりする（I）。他方、遺伝子Eの制御領域が変化し、遺伝子Xが遺伝子Eを制御できるように変化すると、形質1は形質2と組み合わさって、新たな機能をもつ形質3が進化することもある（II）。

胸に一対の翅が生じるが、二対の翅をもつ個体が生じるというものがある。ショウジョウバエには前胸（Ｔ１）、中胸（Ｔ２）、後胸（Ｔ３）があり、中胸に翅が生える。後胸には翅の飛翔能力が喪失した小さな平均棍という付属器官がある。一方で、翅が二対生じる個体は、もともと後胸になる予定だったものが中胸に変化する。これは中胸と翅を作る遺伝子ネットワークが *Ubx*（ウルトラバイソラックス）という遺伝子の突然変異によって、後胸（Ｔ３）でも働くようになったからだ。*Ubx* は、後胸を中胸に変えるだけではない。たとえば、アメンボは、水面でバランスをとるために非常に長くなった肢をもっているが、*Ubx* はこのアメンボの肢の長さを変える働きももっている。[58]

　この *Ubx* という遺伝子は、胸の発生を司る遺伝子制御ネットワークのオンオフあるいは切り替えを行うだけでなく、胸に付属する肢の長さに関わるネットワークの強度を高めたり、弱めたりしていると考えられる。このような、異なるネットワークのオンオフや切り替え、発現時期や場所を変化させるような遺伝子は、多くの生物が共通にもつ。そのことから、進化発生生物学者のＳ・Ｂ・キャロルは、生物の性質を制御するために共通に働く工具のような存在として、これら遺伝子を「ツールキット遺伝子」と呼んだ。[59] 遺伝子ネットワークはそのままで、そのスイッチをオンオフするだけなら、ツールキット遺伝子のＤＮＡ配列の一度

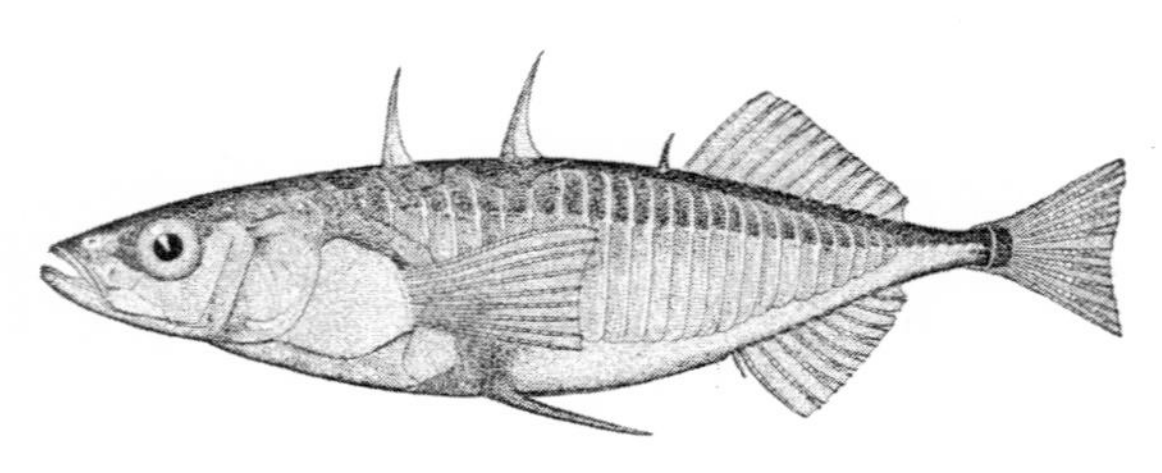

図表4-8　トゲウオには背中側・腹側にトゲがある

あるいは数度の突然変異で可能である。

　その一例を見てみよう。生物のなかには、同じ環境に進出すると、独立に何度も同じ形態を進化させる場合がある。たとえば、海に生息しているトゲウオは、トゲのような背ビレや腹ビレをもつ（図表4-8）。トゲがあることで、捕食者に食べられる危険性が減少しているのだ。この海生のトゲウオは、世界各地で淡水の河川や湖沼に侵入し、淡水型のトゲウオにも進化している。そして、淡水型のトゲウオは、背ビレや腹ビレのトゲが消失したり、縮小したりするように進化した。淡水では、大型の捕食者が少ないこと、トゲを作るカルシウムなどが不足していることが、その消失や縮小の原因だとされている。こうしてトゲウオでは、海から淡水という生息地の変化により、トゲが何回も独立に消失したのである。

　腹ビレ側のトゲが発生するのは*Pitx1*という遺伝子がオンになるときだ。さらに、腹ビレにトゲが発生するためには、

*Pitx1*遺伝子（コード領域）から少し離れたところに存在する、Pelという*Pitx1*をコントロールする制御配列（エンハンサー）が働かなければならない。ただ、淡水産のトゲウオではこのPelが消失している。このPelの配列は突然変異が生じやすくなっていて、頻繁にPelが欠失する突然変異が生じるようだ。[60] そのために、海から淡水への生息地の変化で、何回もトゲを失うという進化が生じたと考えられる。

また、背中のトゲの数や長さは、*Hoxdb*という遺伝子が関与しており、その遺伝子を制御する配列の突然変異によって、トゲが伸びたり縮小したりする。[61] つまりトゲウオでは、腹ビレのトゲも背中のトゲも、トゲの発生や長さをコントロールする遺伝子の調節配列の突然変異により、何回もトゲが消失したり、縮小したりする進化が起こっているのだ。

転用進化による新奇形質の獲得

それまでもっていなかった新しい性質（新奇形質）を獲得するような進化にも、遺伝子制御ネットワークが関わっている。

ヨコバイやセミに近縁のツノゼミという昆虫がいる。このツノゼミは頭に近い胸の部分にヘルメットと呼ばれる変わった構造をもつ（図表４‐９）。このヘルメットの形は種によって

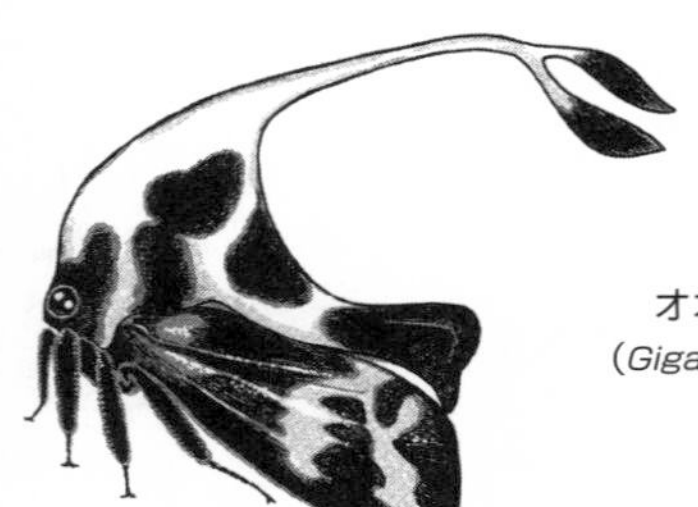

オオハタザオツノゼミ
(*Gigantorhabdus enderleini*)

ニトベツノゼミ
(*Centrotus nitobei*)

アリマガイツノゼミ
(*Heteronotus quadrinodosus*)

図表４－９　様々な形態をもつツノゼミ
イラスト：吉野由起子

多様で、角の形をしたもの、種子や動物の糞、アリに模倣したものまである。[62]

こうしたツノゼミだけに見られる新奇な形態はどのように進化したのだろうか。角のある位置と形態だけを見ると、胸（前胸）が徐々に盛り上がっていって、ヘルメットに形をしだいに変えていったと考えるかもしれない。しかし、ヘルメットは本来翅のない前胸に、翅を作る遺伝子ネットワークが働いたことで進化させたらしい。[62]

前述したように、昆虫では中胸（Ｔ２）に翅をもつが、前胸（Ｔ１）には翅をもたない。これは、前胸では翅を発生させる遺伝子ネットワークが働かないようにスイッチをオフにしている遺伝子 *Scr* があるからだ。ただ、ツノゼミではこの *Scr* に突然変異が起こり、前胸において、翅を発生させる遺伝子ネットワークが働くようになっている。[62] ツノゼミでは、そのネットワークを転用し、修正を加えることで、ヘルメットが進化したと推測される。実際に、翅を発生させるときに働く遺伝子群と、ヘルメットを発生させるときに働く遺伝子群は、共通している部分が多いようだ。[63] ツノゼミのヘルメットという一見これまでとは異なる新奇な形質も、実は翅を作る遺伝子制御ネットワークを転用することで進化したといえる。

ちなみに、そもそも昆虫の翅はどうやって進化したのかというと、昆虫の祖先はエビなどの甲殻類から分岐したと考えられているが、昆虫と甲殻類の形態形成に関わるいくつかの遺伝子をノックアウトした研究から、昆虫の翅は、甲殻類の8番目の節の背中側（背板）を変更することで進化したことが示唆されている。[64]

ツノゼミのヘルメットや昆虫の翅の進化のように、以前は違った役割をしていた性質を別の性質に転用（コ・オプション：co-option）することで、新たな性質への進化に繋げている例は多い。前述した例では、眼のレンズ（水晶体）の進化における熱変性修復タンパク質の転用、食虫植物における腺状突起の被食防衛から捕虫への転用などである。このような転用進化を可能にしているのが、ここまで紹介した遺伝子制御ネットワークの進化であると考えられる。

また、複雑な性質に限らず、多くの性質は様々な要素の組み合わせからできているが、遺伝子制御ネットワークも、比較的独立したネットワークが組み合わさって1つの大きなネットワークを形成していることがある（図表4－6のBCDとEFG、317ページ）。チョウの翅を見てみよう。

チョウの翅は、様々な模様や色、形態を示し、個体や種によって多様な様相を示している。翅のどの場所に、どのような色をつけ、どんな模様にするのかは複雑な発生プロセスだ。その発生には、複数の遺伝子制御ネットワークが、それぞれ独立したモジュール（機能単位、構成単位）として働いている。たとえば、チョウの斑紋の形成に関わるネットワークの１つは、ショウジョウバエでは翅の前後の境界を決めるネットワークが使われている[65]。それぞれ異なる働きをするネットワークがモジュールとして比較的独立していて、その部分だけを別の形質に転用し、組み合わせることで様々な形質の進化を可能にしているのである。

それらのネットワークの変化は、ＤＮＡ配列の突然変異によって、ネットワークを繋ぎ替え、別のネットワークモジュールを組み入れるなどすることにより可能になる。図表４‐７（３２０ページ）で見てみると、遺伝子Ｅの制御領域のＤＮＡ配列が変化することで、遺伝子Ｘは遺伝子Ｅを制御できるようになる。それにより、形質２を作る遺伝子ネットワークモジュールが繋ぎ合わさり、新たな形質３を作るといった具合である。

水中から陸上に適応する進化

系統的に近い高次分類群間の生物を比較したとき、体の構造や仕組みなどの大きな形態の違いが見られる。たとえば、水中で生活していた魚から、陸に上がった両生類、爬虫類への進化では体の構造が大きく変わっている。前述した、甲殻類から昆虫の翅の進化もその一例だ。このような体の構造を変える大きな変化は、それまでもっていなかった新たな構造を作り出し、不連続に進化したように見えるだろう。ただ、これらの進化は前述した複雑な形質の進化と同様に考えることができる。ここでは、水中生活していた魚類から陸上生活への進化の過程を見ていこう。

水中から陸上への進化における変化の1つは、魚類のヒレの部分が手足に進化したことだ。魚類のヒレの骨は、うちわの骨のような鰭条（皮骨）と呼ばれる部位からなり、そのつけ根には4個の軟骨性骨（軟骨として発生し、最終的に骨となる）がある（図表4-10）。このようなヒレの構造は、陸上四肢動物の手指の構造と類似性がなく、手指は進化的に獲得された新しい形質であるとみなされていた。しかし、エルピストステゲという水中で生活する生物の化石が見つかり、そのヒレのなかには手指と似た構造をもっていることが判明した（図4-10）。それによって、ヒレから手指へと段階を経て進化していった可能性が示唆された[66]。

肢の発生に関わる遺伝子制御ネットワークは生物を超えて保存されている傾向にあることは前述したが、魚のヒレと哺乳類の手足を作るツールキット遺伝子も共有しているようだ。

その主要なツールキット遺伝子として *Hox* 遺伝子群がある。前述した *Ubx* 遺伝子も *Hox* 遺伝子の1つだ。*Hox* 遺伝子は、重複してできたコピーが何個もあり、それぞれが異なる役割を担っている。たとえば、マウスの2つの *Hox* 遺伝子（*Hoxa13* と *Hoxd13*）を欠損させせ

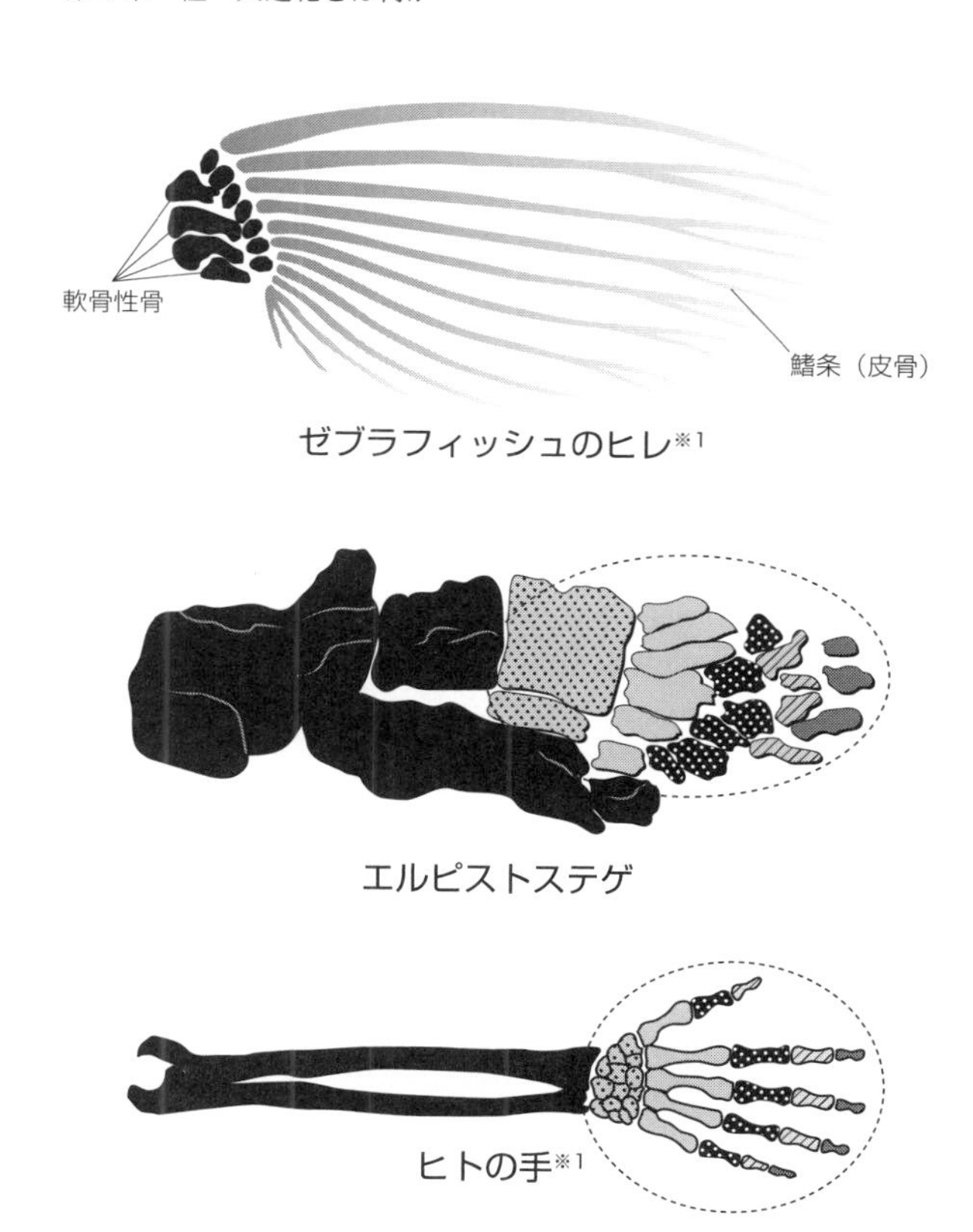

図表４-10　ヒレから手指への進化

水中で生活していたエルピストステゲはヒレと肢（手足）の中間の形態を示した。エルピストステゲの点線で囲った部分は、陸上脊椎動物の手指の部分に相当する。出典）※1：“図１　魚の胸鰭が四足動物の手に進化したようす”中村哲也・Neil H. Shubin 2016 / Licenced under CC BY 2.1 JP DEED (https://first.lifesciencedb.jp/archives/13952)

ると、手足が消失する。[67] また魚のヒレでも、ヒレのつけ根の軟骨性骨になるところで *Hox13* 遺伝子が働いている。ゼブラフィッシュでは、*Hoxa13* 遺伝子をノックアウトして働かなくすると、ヒレの鰭条部分が消失し、つけ根の軟骨性骨の数が増加した。[68] つまり、*Hox13* 遺伝子から始まる遺伝子制御ネットワークによって、魚ではヒレが作られ、哺乳類では指が作られるということになる。

さらに、肢などの付属器官の発生の調節に関わる2つの遺伝子（*vav2* と *waslb*）に突然変異が生じたゼブラフィッシュでは、*Hox* 遺伝子（*Hoxa11b*）の発現が活性化され、ヒレの一部分で手足の骨のような長い軟骨性骨を形成し、ヒレから手指への移行段階のような形態を示した。[69] これは、ツールキット遺伝子である *Hox* 遺伝子が、遺伝子制御ネットワークのオンオフだけでなく、その働き方や強さを変化させ、ヒレから四肢への段階的な変化に関与している可能性を示している。

また近年のゲノム解析などから、哺乳類などの四肢発生に関わる *Hox* 遺伝子の働きをコントロールするＤＮＡ配列（制御配列）が、肺魚を含めた様々な硬骨魚類などでも存在していることが判明した。その魚類の制御配列を実験的にマウスに入れたところ、四肢発生に関係する遺伝子が発現したという。[70] このことは、魚類と陸上四肢動物の共通祖先において、四肢を発生させる遺伝子の制御配列や遺伝子制御ネットワークはすでに存在しており、もともとは魚類のヒレを作るために進化した制御配列が、進化の過程で四肢動物の四肢を作るために再利用されたと考えられる。

さらに、新たに生じた変異が加わることで、既存の遺伝子ネットワークの役割や強さを変化させることもできる。たとえば、*Hox* 遺伝子（*Hoxa11* と *Hoxc10*）の上流に、肺魚を含む魚類のゲノムには存在しないけれど、四肢動物だけがもつ特有の制御配列がある。これらの制御配列は指の骨の数に関与したり、四肢の神経支配に関係することが推測されている。[71]

ほかにも魚が陸上に進出するためには肢の進化だけでなく、空気呼吸のための肺の進化も伴う必要がある。肺が魚の浮き袋から進化したという仮説はダーウィン自身が提唱していた。実際に空気呼吸をする肺魚やアリゲーターガーといった魚の浮き袋と、陸上四肢動物の肺で働いている遺伝子は共通しており、肺魚などの空気呼吸をするようになった魚類の浮き袋から肺が進化したということを示している。[72]

ところで、陸上での歩行がうまくできるようになる過程で生じた進化の要因として、第2章でも述べた「表現型可塑性」の役割が指摘されている。ポリプテルスという魚は、肺魚の仲間ではないが、腹側に位置する胸ビレをもっていたり、機能的な肺があるなど、肺魚と似たような性質をもっている。そして、現生しているポリプテルスは陸上で生存することができ、胸ビレを使って四肢動物のような陸上運動も行うことができるのだ。

実際に、ポリプテルスを8カ月間陸上で飼育した実験がある。[73] その結果、水中で飼育されたポリプテルスと比較して、陸に慣れた魚は歩みが速く、陸上での歩行能力が向上した。さらに、陸上で飼育された魚の首と肩の骨は、腹側の「鎖骨」部位の支えが改善されるとともに、より可動性の高いヒレのつけ根を作り出すように形状も変化した。つまり、陸上という環境で、可塑的に歩行能力が向上するように形態や動きが変化したということである。

これ自体は遺伝的変化を伴わないので進化ではない。ただ、このような、表現型可塑性によって陸上でうまく歩行できるようになった個体の中に、突然変異により遺伝的に歩行能力が向上した個体が出現し、それらが集団中に頻度を増加させ、最終的に遺伝的な性質として歩行能力の向上した個体が進化したという過程は考えられる。

大きな進化を促進する環境要因

ここまで述べてきたように、新しい性質の出現や大きな形質の変化を伴う進化も、集団内におけるゲノム配列の変化により生じる。しかし、そのような進化を引き起こす重要な要因として、生物が生息している環境の大きな変化や変動を考える必要もあるだろう。たとえば、新たな分類群を構成するような生物の出現や多様化は、大量絶滅後の進化と関連づけられることが多い。約２億５０００万年前のペルム紀末期に起こった大量絶滅では、生息する種の80%以上が20万年以内に絶滅したと推定されている。この絶滅は、シベリアの広大な火山噴火が引き金になったらしい。噴火により、有毒ガスと大量の二酸化炭素が放出され、地球温暖化、乾燥化、海水の酸性度上昇をもたらした[74]。そして、酸素濃度の低下を引き起こしたことが推測されている。

この大量絶滅のあと、ペルム紀末に絶滅した海洋生物群の多くは、中世代の三畳紀になり、ふたたび多様化した。また、脊椎動物で初めて飛行を実現した翼竜や、陸上生態系を支配するようになった恐竜なども爬虫類のなかから進化し誕生した。翼竜や恐竜の進化の要因の１つとして、低酸素環境における肺や気嚢といった呼吸器系の進化が関連したと考えられている[75]。

また、大量絶滅を引き起こすような地球規模の大きな環境の変化ではなく、局地的な環境変化も進化に影響を与える。たとえば、先ほど紹介したシクリッドは、アフリカの三大湖であるビクトリア湖、マラウイ湖、タンガニーカ湖で、それぞれ２５０~５００種におよぶ多様な種へと急速に進化を遂げている。これらの湖では、一度干上がるという環境変化が過去に起こっており、ふたたび形成された湖沼に外部から魚が侵入を繰り返す過程で種分化が促進したとされている。

では、大規模な環境変化は、どのようにして「大きな進化的変化」に影響を与えるのだろうか？　1つの要因として自然選択の力が緩和されるということが考えられる。通常の比較的安定した環境では、大きな変化をもたらす突然変異は自然選択によって淘汰され、集団内で頻度を増やしていける可能性は低い。大きく変化した突然変異個体は、たとえ生存可能だったとしても、集団内でのほかの個体と比べて適応度が低いのだ。ほかの個体は通常の環境に適応するように自然選択を受けて進化している。

しかし、集団中のすべての個体の生存率を低下させるような大きな環境変化のもとでは、個体数も激減し、集団中で偶然に生き残っていくかもしれない。また、環境の変化によりそれまでの環境に適応していた個体の生存能力が急激に低下し、大きく変化した突然変異個体のなかにたまたま環境激変下で生き残れる個体が出現する可能性もある。

環境激変で生き残った全ゲノム重複変異個体

大きな変化をもたらす突然変異に全ゲノム重複という現象がある。これは、ゲノム全体が倍加するという現象である。前節で紹介したように、植物ではゲノム全体が２倍になる倍数化はよく見られる。一方で、動物での倍数化は植物に比べるとはるかに稀であるが、昆虫や脊椎動物では全ゲノム重複が起こったことが知られている。ただし、古い時代に生じた全ゲノム重複による倍数体のほとんどは生き残っていない。通常、倍数体は進化の行き止まりであるといわれている。[76]

脊椎動物は、過去に数回の全ゲノム重複が生じ、生き残っている生物である（図表４‐11）。脊椎動物の全ゲノム重複では、ゲノムが倍加したのち、倍加した領域は急速に消失し、もとに近い状態に戻った。どの程度消失するかは、ゲノム倍加イベントによって異なるようだ。ヒトでは２回目の全ゲノム重複後、20～30％の割合で倍加したゲノム領域が保持されている。[77] ゲノム倍加が生じると、同じ遺伝子のコピーが増え、それが一部保持される効果がある。また、ゲノム倍加後に多数の遺伝子が消失していく過程で、ゲノム上の遺伝子の位置やコピー数などの再編成も起こるようだ。[77]

ゲノムが重複して倍になったら生物はどう変わるのだろうか？　１つは同じ遺伝子のコピ

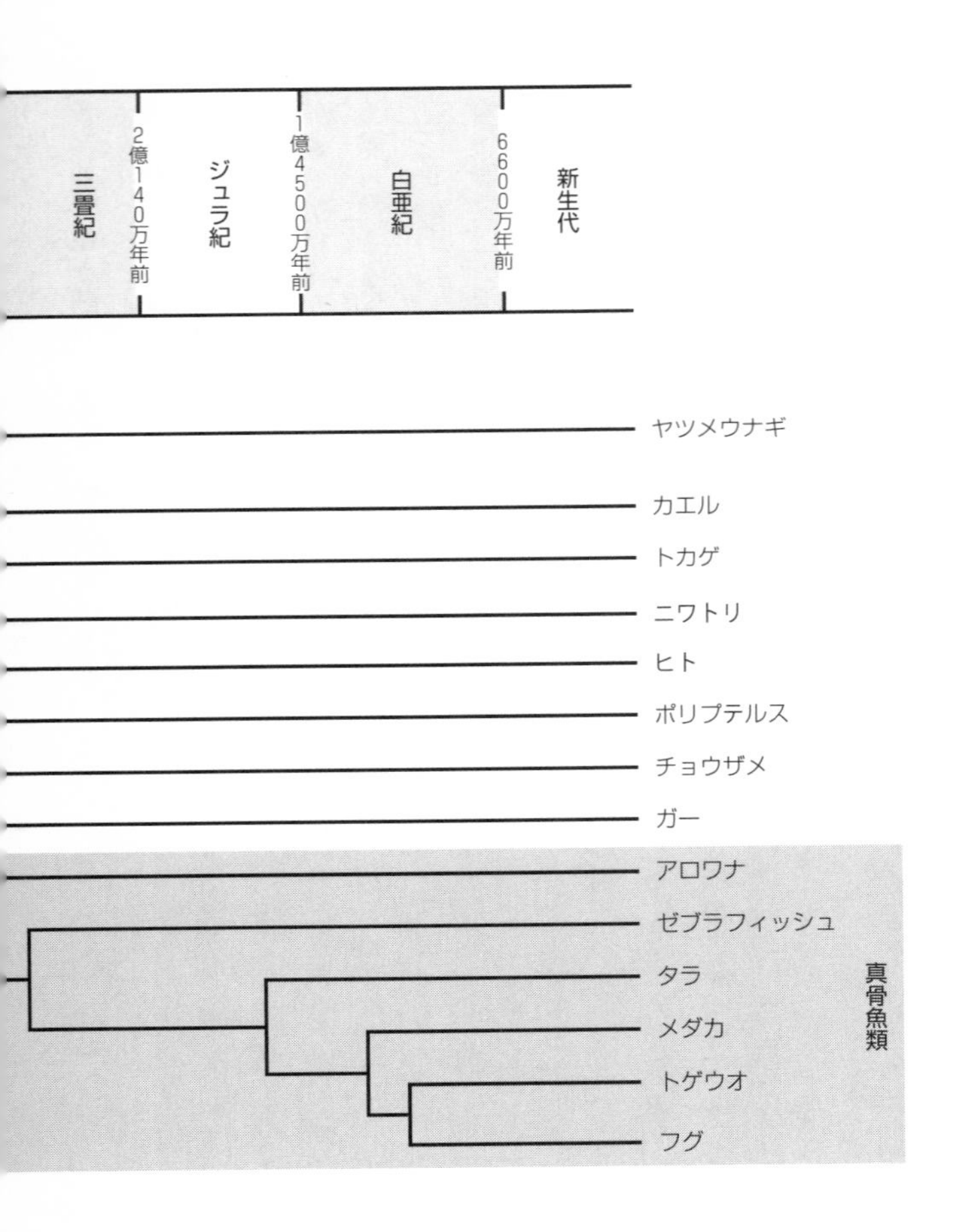
三畳紀
2億140万年前
ジュラ紀
1億4500万年前
白亜紀
6600万年前
新生代
ヤツメウナギ
カエル
トカゲ
ニワトリ
ヒト
ポリプテルス
チョウザメ
ガー
アロワナ
ゼブラフィッシュ
タラ
メダカ
トゲウオ
フグ
真骨魚類

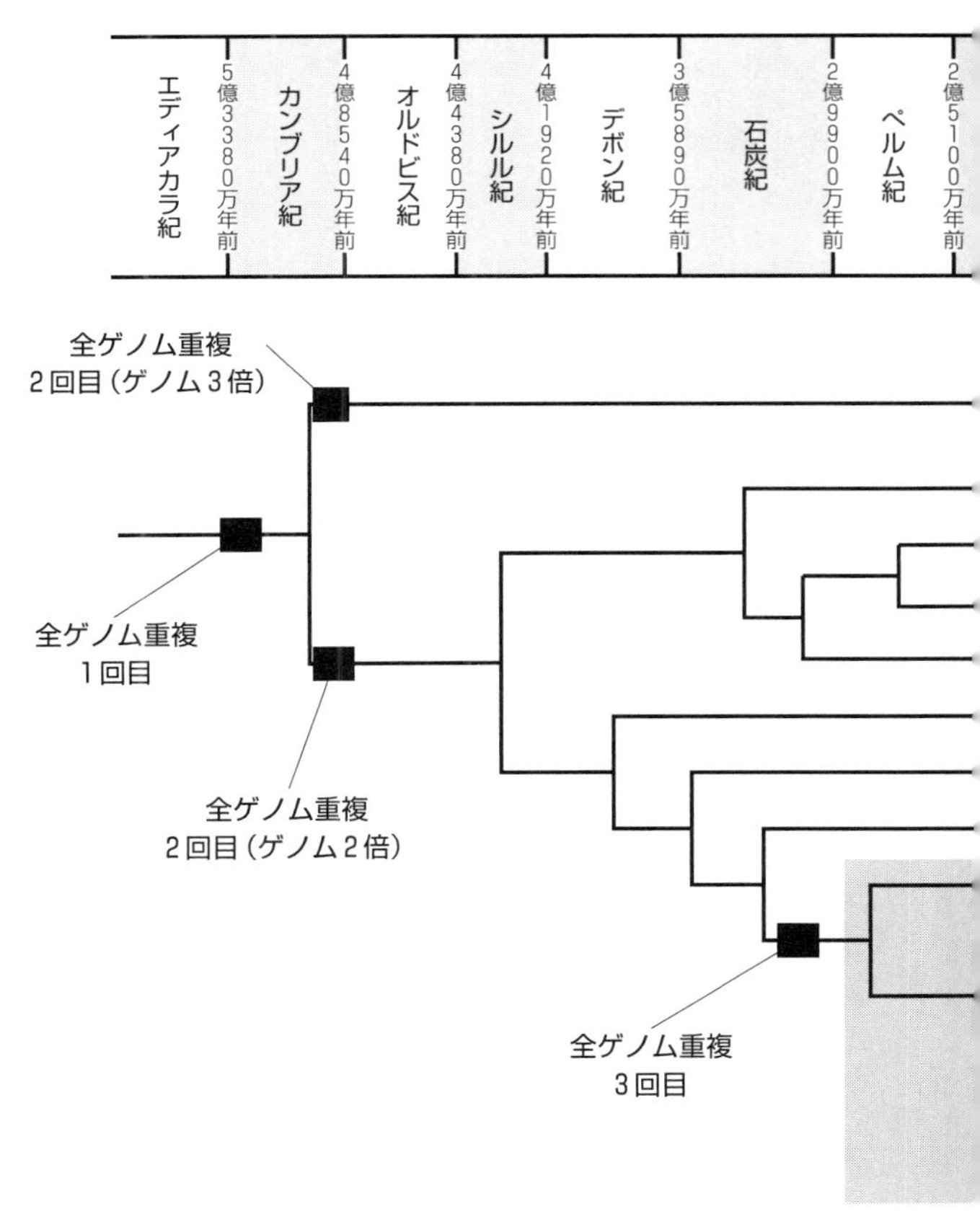

図表４-11　脊椎動物で生じた全ゲノム重複

真骨魚類は３回の全ゲノム重複を経験。ヤツメウナギなどの円口類では、１回目の全ゲノム重複後、他の脊椎動物とは別に二倍体から六倍体にゲノムが重複したと推定されている。出典）文献77の系統樹と文献81の全ゲノム重複の推定結果をもとに作成。

ーが増えるので、遺伝子の発現量が増加し、より多くのタンパク質を翻訳することが可能になる。また、その調整が可能になれば、発現量の変化の幅を増大させ、多様な発現量を示すことが可能になる。さらに、遺伝子の発現調節が変化し、遺伝子ネットワークが変化することも指摘されている。[78]

このような大きな遺伝的変化は、通常の環境ではおそらく有害である。安定した環境では、もともとの二倍体の祖先個体より有利になって進化することはできない。このような大きな突然変異が拡大し、生存していけたのは、競争相手のいない環境に侵入することができたか、あるいは環境が著しく撹乱されていたことが原因ではないかと指摘されている。[79]

実際に植物では、倍数化した種は環境が激変した時期において生き残ることができたようだ。たとえば、約6600万年前に、メキシコのユカタン半島付近に直径約10kmの巨大隕石が落下したことが引き金になって、中生代末期の大量絶滅が生じた。このような環境激変が生じた6000万〜7000万年前の間に、様々な植物で独立して倍数化が生じていることが指摘されている。[80] この時期に、倍数体植物は二倍体植物よりも、激変した環境にうまく対処できたことが示唆され、絶滅する確率が低下したようなのである。前述したように、倍数化に伴う多くの変化は、おそらく不利か有害であったと推測されるが、この環境激変時期の倍数体植物の多くが二倍体個体よりも有利だったのは、広範囲の多様な環境に対して高い耐性を示したからだと考えられている。[79]

脊椎動物で生じた2回のゲノム重複

全ゲノム重複という突然変異を生じた個体の集団は、環境変動に対する抵抗力や頑健性が強化されるだけでなく、個体の性質を大きく変化させる進化を起こしやすくする可能性もある。脊椎動物に連なる系統では、約５億２０００万〜５億５０００万年前の古生代カンブリア紀に２回の全ゲノム重複が生じたと考えられている（図表４‐11。２回目の全ゲノム重複は、ヤツメウナギなどの円口類と私たちの祖先となる顎口類では、異なる重複だったようだ[81]）。この変化がどのような環境下で生じ、維持されたのかは明確でないが、エディアカラ紀からカンブリア紀への推移を引き起こした大きな環境変化による大量絶滅と関連している可能性が指摘されている。

脊椎動物の系統で生じた２回のゲノム重複が正確にいつ生じたのかは不明な点が多いが、脊椎動物の基盤となる形態進化に影響した可能性は高い。脊椎動物では、神経系、内分泌系、循環器系、さらには感覚器官が強化され、脳がより複雑になり、頭蓋骨、脊椎骨、内骨格、歯が形成された。顎をもつようになった有顎脊椎動物では、対になった肢やヒレなどの付属器官のほかに、免疫システムなどの革新的な進化も遂げたといわれている。[82]

ゲノム重複後は、遺伝子やそのほかのゲノム領域がしだいに消失していくことは述べた。重複直後の個体は、激しい環境変動のおかげで、ゲノム重複していない個体との競争に有利なため、ようやく生き残れたのかもしれない。その後の進化の過程で、選択的に遺伝子やゲノム領域を消失させたり、そのまま重複した遺伝子を維持させたり、残った遺伝子の制御を変えていったと考えられる。そうして徐々にゲノム配列や構造を変化させていくことで、多様な脊椎動物が進化したのだろう。

ゲノムの一部が消失していく過程では、発生などを制御するような調節遺伝子や、生物の生存に欠かせない基本的な遺伝子は重複されたまま維持される傾向もある。たとえば、前述したツールキット遺伝子である *Hox* 遺伝子はその一例で、複数の *Hox* 遺伝子がコピーされ、それぞれ異なる時期や場所で働くことで、多様な形態の発生を可能にした。重複により遺伝子のコピー数が増大し、調節に関わる遺伝子や調節領域が保持されたり、変更されたりすることで遺伝子制御ネットワークが変化し、様々な性質の進化が徐々に生じていったと考えられる。

全ゲノム重複がもたらす多様な種分化

全ゲノム重複は、革新的な生物の構造的変化の進化をもたらすきっかけとなっただけではない。全ゲノム重複後に、多様な種が創出されたことも示されている。

魚類のなかでも私たちにとても身近な魚、たとえばキンギョ、コイ、ブリやカツオなどの魚は、真骨魚類と呼ばれている（図表４－11、３３６ページ）。真骨魚類に属する種は２万６０００以上もあり、全魚類の97％以上を占める。そして、この真骨魚類の種の多様化には全ゲノム重複が関与していると考えられている。脊椎動物では2回の全ゲノム重複を経験したと前述したが、魚類では、真骨魚類の祖先で3回目の全ゲノム重複を経験しているのだ（図４－11）。同様に植物でもナス科、アブラナ科、キク科といった分類群は、倍数化のあとに非常に多くの種に分化し、多様化した。[83]

全ゲノム重複は種分化にどう影響するのだろうか。前節でも述べたが、倍数化が直接生殖隔離を促すことで、植物は多様化した可能性がある。一方で、動物などで見られる多様化を引き起こした要因としては、全ゲノムが重複したあとに、異なる集団の間で違った遺伝子が喪失することで、生殖隔離が進化したり、集団間の違いが進化したとも考えられている。[79]

もちろん、大きな遺伝的変化をもたらす突然変異は、全ゲノム重複だけではない。たとえば、染色体の大きな部分が欠失したり、融合したりする染色体突然変異がある。これもしばしば生殖隔離をもたらし、種分化の一要因となっている。[84] また、染色体粉砕という突然変異もある。染色体がバラバラになり、組み合わさるというものだ。これは、ほとんどは生存できなかったり、非常に有害な結果を引き起こしたりする。染色体粉砕と進化との関連性は示されていないが、ときに生存可能な大規模な遺伝的再構成が起こる可能性は否定できない。全ゲノム重複と同じように、大きな遺伝的変化によるゲノムの再構成は、その後に大きな進化を導く可能性があるのだ。

しかし、そのような大きな変化は、通常の環境では生き残ることができず、環境激変が生じたときのみたまたま生存が可能になる。それは、個体数の減少や環境激変の結果、自然選択が緩和されたりすることが原因であったり、環境変動下で有利になったりするためだ。そのあと、自然選択によってゲノムを少しずつ変化させることで、それまでとは大きく異なる生物が自然選択によって進化する可能性がある。

環境変動による複雑なネットワークの進化

全部のゲノムが重複するといった大規模な重複ではなく、一部の遺伝子が重複してコピーを増やすという現象も、変動する環境や多様な環境への生物の適応進化に関係する。私はこの問題に、かつての研究室で、牧野能士氏（現東北大学大学院生命科学研究科・教授）を中心にして一緒に取り組んできた。

まずゲノム中の遺伝子（コード領域）のうち、２つ以上のコピーをもつ遺伝子の割合を遺伝子重複率として計算してみた。その結果、ショウジョウバエや哺乳類では、遺伝子重複率の高い種ほど多様な環境に生息し、広い分布域をもっていることが分かった[85,86]。これは遺伝子のコピーを余分にもつほど、生息域内にある多様な環境で生存できることを示唆している。さらに、単純な環境に生息する種は遺伝子重複率が小さく、重複していた遺伝子を喪失させていたことが分かった。つまり、生息環境が多様だったり、変動したりする場合、ゲノム中で重複した遺伝子は、そのような多様な環境への適応に寄与し、保持される傾向がある。一方、生息地内の環境が同じだったり単純だったりする場合は、重複した遺伝子コピーが保持されることはその生物にとって不利となり、余分なコピーが失われるように進化するということだ。

環境変動によって維持される遺伝子の重複は、その後の進化の起こりやすさにも影響する。私の研究室の学生だった津田真樹氏は、コンピュータ上に個体の集団を再現し、遺伝子制御ネットワークの進化をシミュレーションした。[87] その研究によれば、安定した環境や規則的に変動する環境では、遺伝子数の少ない単純な遺伝子制御ネットワークが進化した。一方、不規則に変動する環境下では、複製した遺伝子や調節領域は維持され、複雑で大きな遺伝子制御ネットワークが進化した。また、大きく複雑な遺伝子制御ネットワークを進化させた個体では、表現型を少しだけ変化させるアレルが突然変異によって生じる率が増加した。つまり、表現型を少しずつ変化させることで進化的な変化を促しやすいという特徴を、複雑で大きな遺伝子ネットワークは進化させたといえる。

環境激変下や予測不可能な環境変動では、生物は遺伝子を重複させ、余分な遺伝子のコピーが維持されるようになり、複雑で大きな遺伝子制御ネットワークが進化する。それにより、進化的変化や多様化が促進される。しかし、安定した環境下では、生物はその環境に高度に適応するように進化し、余分な遺伝子コピーは取り除かれ、複雑な遺伝子制御ネットワークは進化しづらい。つまり、環境変動が進化的な変化を促す遺伝的システム（遺伝子制御ネットワーク）を進化させるのではないかと考えられる。

有望な怪物

本節の最初のほうで触れたゴールドシュミットは、種間の「ギャップ」を説明できるような進化は、生物の表現型を大きく変化させる突然変異によって生じると考えた。染色体が再編成するような突然変異が生じ、それが新しい遺伝構造のパターンを生じさせると、大きな表現型の変化をもたらす。ゴールドシュミットは、このような突然変異が「ギャップ」のある表現型や新しい種を急速に生み出す可能性を指摘し、これを「有望な怪物（Hopeful monster）」と呼んだ。

実際に生物の性質を大きく変化させる突然変異は生じることがある。これまで紹介した全ゲノム重複も、大きく生物の遺伝的構成を変える突然変異である。１９４０年当時、ネオダーウィニストの中心人物であったT・ドブジャンスキーやG・G・シンプソンも、ゴールドシュミットのいう大きな変化をもたらす突然変異が生じることは認めていたようだ。[88] しかし、生物の性質を大きく変えるような進化が生じるためには、突然変異によって生じた遺伝的変化が集団内で頻度を増加させていく必要がある。

これまで紹介した通り、一度に大きな変化をもたらすような突然変異や、大きな進化的変化を可能にするゲノムの再編成が、稀に生じる可能性はある。しかし、それが集団中で生き残り、頻度を増加させることができる可能性は限られている。非常に厳しい環境変化により個体数が激減し、それまでの環境に適応していた個体との適応度の差が減少したときなどに、そうした突然変異は偶然にも集団中で拡大できるかもしれない。その後に、大きく変化した性質やゲノム構造は、突然変異によって修正あるいは改良されるように徐々に進化していくことが可能になる。結局、全ゲノム重複にしても、複雑で適応的な性質は一挙に進化したわけではなく、全ゲノム重複後に生じたゲノムの消失や遺伝子制御ネットワークの変化によって、徐々に進化してきたと考えられるのだ。

大進化は小進化の積み重ね

本節で考察してきたように、「小進化では大進化が説明できない」という理解は誤解である。高次分類群間で比較したときに見られる生物の性質の大きな違いも、祖先集団から集団が分かれて、それぞれの集団内で生じた新たなゲノム配列（アレル）が頻度を変化させていくことで、長い年月をかけて進化してきた結果である。

一見するとギャップがあるような大きな形態の変化や複雑な適応形質の進化も、遺伝子ネットワークを進化させることで、これまで別の機能で使われていた性質を使い回したり、複数の性質の組み合わせを変えるなどして生じたと考えられる。そして、そうした遺伝子ネットワークの進化も、ネットワークを変化させるアレルが生じ、それが集団内で頻度を増加させることで生じる。生じたアレルは生物個体の適応度を増加させる場合、自然選択によって進化するだろうし、個体の生存や繁殖に影響しない場合、遺伝的浮動によって進化するだろう。結局のところ、集団内のアレルの頻度変化（小進化）によって大進化は生じる。「小進化の機構を理解することなく、大進化は説明できない」が正しいフレーズなのである。

しかし、複雑な形質や大きく変化するような進化が、具体的にどのようなメカニズムで生じたのかについては、まだまだ未解明な点が多い。未解明な問題を解明していくためには、どのようなゲノム配列の変化が生じたのか、新たに生じたゲノム配列はどのように生物の性質に影響するのか、またそのようなゲノム配列は集団内で頻度をどう変化させてきたのか、頻度を変化させた要因は何か、といったことを明らかにする必要がある。

今後、予想もつかなかったような進化メカニズムが明らかになるかもしれない。過去の生物のゲノム解析や環境変動の詳しいデータなどを統合することにより、より具体的な進化のプロセスが解明されていくだろう。

第4章のまとめ

- 新しい種ができること、つまり種分化とは「集団間の遺伝的あるいは表現型の違いを維持できるように、集団間のアレル（遺伝子）の交流を妨げる生殖隔離機構が進化すること」である。生殖隔離がどの程度進化すれば新しい種ができたといえるのかという問題は、進化学上重要な問題ではない。もともと1つだった集団が2つに分かれ、それぞれの集団で生じたアレルが頻度を増加させていくことで、生殖隔離は進化する。集団がそれぞれの異なる環境に適応進化していくことで種分化が生じることもあるが、環境への適応とは関係なく生殖隔離が進化する場合も多い。アレルが頻度を変化させる要因には、遺伝的浮動と自然選択が考えられるが、実際の生物の研究から自然選択が重要であると考えられている。

- 生物の構造を変えるような形態の大きな変化や、複数の性質が統合することで可能になる複雑適応形質の進化も、基本的には集団内で生じたゲノム配列（アレル）が、自然選択や遺伝的浮動で頻度を変化させることで獲得されてきた。ゲノム配列の変化と表現型を繋ぐ遺伝子ネットワークの進化により、これまで別の機能で使われていた性質を使い回したり、異なる性質の組み合わせを繋ぎ替えるなどして、複雑な性質は進化してきたと考えられる。また、全ゲノム重複のような大きな遺伝的変化が環境激変下で生き残り、その後の漸進的な進化的変化に結びついた可能性もある。

●小進化の機構を理解することなく、大進化は説明できない。進化機構には、依然として未解明なことも多く、今後の研究が期待される。

おわりに

今から30年以上前、私は博士課程を修了し、静岡大学に就職してすぐに『はじめての進化論』(講談社現代新書)と『進化論の見方』(紀伊國屋書店)という2冊の本を出版した。今回の新書は、それ以降、私が久しぶりに一人で執筆した一般向けの本となる。

あらためて以前に執筆した本を読み返してみると、当時の日本の社会や科学分野での進化理論の受容の状況を思い出す。当時執筆した私の本は、現在の進化学から見ても、内容が否定されたり、誤っているということはなく、今でも通用する情報だと自負している。一方で、30年の間で多くの進化研究が進み、進化学は飛躍的に進展したともあらためて思う(「はじめての進化論 wix」で検索すると、『はじめての進化論』のPDFがダウンロードできる)。

たとえば、『はじめての進化論』で紹介したフィンチの嘴の進化については、本書でも解説した。当時は、嘴の形態の変化といった表現型の変化でしか進化を観察できなかったが、現在では、30年にもおよぶゲノム配列のサンプルの解析から、嘴の進化が、ゲノム上のどのようなアレルで進化してきたかが明らかになっている。また、本書でも取り上げた、使い回しと組み合わせによる進化に関しても簡単に解説していたが、現在では具体的な生物の遺伝子ネットワークの進化について実証例が示されつつある。

さらに、現在はヒトを中心に数万年前の骨からゲノム配列を解析することが可能になった。それにより、アレル頻度の変化を直接観察し、過去に自然選択を受けた遺伝子がどのようなものだったかが明らかになってきている。

本書では、ヒトの進化について一部触れたが、詳しく解説することはできなかった。ヒトの「こころ」の進化については、次の著書で解説したいと考えている。また、最新の進化研究の成果を一般向けに紹介する記事をnoteに執筆しているので、こちらも参照していただければ幸いである（「河田雅圭 note」で検索）。

過去30年間の劇的な進化学の進展のなかで、私は、進化や生態学の研究を継続することができ、自分自身の進化に対する見方を築くことができた。本書を通じて、読者の方々にも進化学の進展を少しでも感じ取ってもらえれば嬉しい。

本書の執筆にあたり、内田亮子さん、辻和希さん、福島健児さん、千葉聡さんには本書のすべての章を、河村正二さん、細将貴さん、牧野能士さんには一部を読んでいただき、誤りや改善点を指摘していただいた。本書の執筆の過程で誤解していた点もあり、自分自身の勉強にもなった。また、谷村志穂さんには一般向けに本を書くという点についてご意見をいただき、伊澤英里子さんにはポケモンに関する知識と冒頭の部分の修正を教えていただいた。吉野由起子さんには、スケールイーターとツノゼミの素敵なイラストを描いてもらった。最後に、光文社の河合健太郎さんには、本書全体の企画やアドバイスなど多くのご指摘をいただいた。これらの方々に深く感謝したい。

本書の内容について、私が誤解している点や内容の間違いが残っている可能性はある。その点について、ご指摘願えれば幸いである。

２０２４年１月　仙台城武家屋敷跡の川内キャンパスにて

河田雅圭

expression in polyploids. *Trends Genet.* 19, 141-147 (2003).
(79) Y. V. de Peer, S. Maere, A. Meyer, The evolutionary significance of ancient genome duplications. *Nat. Rev. Genet.* 10, 725-732 (2009).
(80) J. A. Fawcett, S. Maere, Y. V. de Peer, Plants with double genomes might have had a better chance to survive the Cretaceous-Tertiary extinction event. *Proc. Natl. Acad. Sci.* 106, 5737-5742 (2009).
(81) Y. Nakatani, *et al.*, Reconstruction of proto-vertebrate, proto-cyclostome and proto-gnathostome genomes provides new insights into early vertebrate evolution. *Nat. Comm.* 12, 4489 (2021).
(82) S. M. Shimeld, P. W. H. Holland, Vertebrate innovations. *Proc. Natl. Acad. Sci.* 97, 4449-4452 (2000).
(83) D. E. Soltis, *et al.*, Polyploidy and angiosperm diversification. *Am. J. Bot.* 96, 336-348 (2009).
(84) K. Yoshida, *et al.*, Chromosome fusions repatterned recombination rate and facilitated reproductive isolation during Pristionchus nematode speciation. *Nat. Ecol. Evol.* 7, 424-439 (2023).
(85) T. Makino, M. Kawata, Habitat Variability Correlates with Duplicate Content of Drosophila Genomes. *Mol. Biol. Evol.* 29, 3169-3179 (2012).
(86) S. C. Tamate, M. Kawata, T. Makino, Contribution of nonohnologous duplicated genes to high habitat variability in mammals. *Mol. Biol. Evol.* 31, 1779-1786 (2014).
(87) M. E. Tsuda, M. Kawata, Evolution of gene regulatory networks by fluctuating selection and intrinsic constraints. *PLOS Comp. Biol.* 6 (2010).
(88) M. Dietrich, Microevolution and Macroevolution Are Governed by the Same Process. *Dartmouth Scholarship* 12 (2009).

(63) C. R. Fisher, J. L. Wegrzyn, E. L. Jockusch, Co-option of wing-patterning genes underlies the evolution of the treehopper helmet. *Nat. Ecol. Evol.* 4, 250–260 (2019).

(64) H. S. Bruce, N. H. Patel, Knockout of crustacean leg patterning genes suggests that insect wings and body walls evolved from ancient leg segments. *Nat. Ecol. Evol.* 4, 1703–1712 (2020).

(65) D. N. Keys, *et al.*, Recruitment of a hedgehog regulatory circuit in butterfly eyespot evolution. *Science* 283, 532–534 (1999).

(66) R. Cloutier, *et al.*, Elpistostege and the origin of the vertebrate hand. *Nature* 579, 549–554 (2020).

(67) C. Fromental-Ramain, *et al.*, Hoxa-13 and Hoxd-13 play a crucial role in the patterning of the limb autopod. *Development* 122, 2997–3011 (1996).

(68) T. Nakamura, *et al.*, Digits and fin rays share common developmental histories. *Nature* 537, 225–228 (2016).

(69) M. B. Hawkins, *et al.*, Latent developmental potential to form limb-like skeletal structures in zebrafish. *Cell* 184, 899-911 (2021).

(70) T. Nakamura, *et al.*, Evolution: The deep genetic roots of tetrapod-specific traits. *Curr. Biol.* 31, R467–R469 (2021).

(71) K. Wang, *et al.*, African lungfish genome sheds light on the vertebrate water-to-land transition. *Cell* 184, 1362-1376 (2021).

(72) X. Bi, *et al.*, Tracing the genetic footprints of vertebrate landing in non-teleost ray-finned fishes. *Cell* 184, 1377-1391 (2021).

(73) E. M. Standen, T. Y. Du, H. C. E. Larsson, Developmental plasticity and the origin of tetrapods. *Nature* 513, 54-58 (2014).

(74) D. Futuyma, M. Kirkpatrick, *Evolution (fourth edition)*, Oxford University Press, 2017.

(75) R. J. Brocklehurst, *et al.*, Respiratory evolution in archosaurs. *Philos. Trans. R. Soc. B* 375, 20190140 (2020).

(76) Y. V. de Peer, E. Mizrachi, K. Marchal, The evolutionary significance of polyploidy. *Nat. Rev. Genet.* 18, 411–424 (2017).

(77) J. Inoue, *et al.*, Rapid genome reshaping by multiple-gene loss after whole-genome duplication in teleost fish suggested by mathematical modeling. *Proc. Natl. Acad. Sci.* 112, 14918–14923 (2015).

(78) T. C. Osborn, *et al.*, Understanding mechanisms of novel gene

(49) R. E. Simmons, R. Altwegg, Necks-for-sex or competing browsers? A critique of ideas on the evolution of giraffe. *J. Zool.* 282, 6-12 (2010).
(50) T. K. Suzuki, On the origin of complex adaptive traits: progress since the Darwin versus Mivart debate. *J. Exp. Zool. (Mol. Dev. Evol.)* 328, 304-320 (2017).
(51) T. K. Suzuki, S. Tomita, H. Sezutsu, Gradual and contingent evolutionary emergence of leaf mimicry in butterfly wing patterns. *BMC Evol. Biol.* 14, 229 (2014).
(52) D. E. Nilsson, Eye evolution and its functional basis. *Vis. Neurosci.* 30, 5-20 (2013).
(53) I. R. Schwab, The evolution of eyes: major steps. The Keeler lecture 2017: centenary of Keeler Ltd. *Eye* 32, 302-313 (2018).
(54) C. A. Kalluraya, A. J. Weitzel, B. V. Tsu, M. D. Daugherty, Bacterial origin of a key innovation in the evolution of the vertebrate eye. *Proc. Natl. Acad. Sci.* 120, e2214815120 (2023).
(55) 福島健児『食虫植物：進化の迷宮をゆく』岩波科学ライブラリー (2022)
(56) G. Chomicki, *et al.*, Convergence in carnivorous pitcher plants reveals a mechanism for composite trait evolution. *Science* 383, 108-113 (2024).
(57) D. J. Emlen, C. Zimmer, *Evolution : Making Sense of Life*, W. H. Freeman and Company, (2019).
(58) P. N. Refki, *et al.*, Emergence of tissue sensitivity to Hox protein levels underlies the evolution of an adaptive morphological trait. *Dev. Biol.* 392, 441-453 (2014).
(59) S. B. Carroll, *et al.*, *From DNA to Diversity: Molecular Genetics and the Evolution of Animal Design. 2nd. ed.*, Blackwell (2004).
(60) K. T. Xie, *et al.*, DNA fragility in the parallel evolution of pelvic reduction in stickleback fish. *Science* 363, 81-84 (2019).
(61) J. I. Wucherpfennig, *et al.*, Evolution of stickleback spines through independent cis-regulatory changes at HOXDB. *Nat. Ecol. Evol.* 6, 1537-1552 (2022).
(62) B. Prud'homme, *et al.*, Body plan innovation in treehoppers through the evolution of an extra wing-like appendage. *Nature* 473, 83-86 (2011).

adaptation during allopatric speciation in vertebrates. *Science* 378, 1214–1218 (2022).

(34) B.-H. Huang, *et al.*, Differential genetic responses to the stress revealed the mutation-order adaptive divergence between two sympatric ginger species. *BMC Genom.* 19, 692 (2018).

(35) E. I. Svensson, Non-ecological speciation, niche conservatism and thermal adaptation: how are they connected? *Org. Divers. Evol.* 12, 229–240 (2012).

(36) J. E. Czekanski-Moir, R. J. Rundell, The Ecology of Nonecological Speciation and Nonadaptive Radiations. *Trends Ecol. Evol.* 34, 400–415 (2019).

(37) E. B. Taylor, *et al.*, Speciation in reverse: morphological and genetic evidence of the collapse of a three-spined stickleback (Gasterosteus aculeatus) species pair. *Mol. Ecol.* 15, 343–355 (2006).

(38) O. Seehausen, *et al.*, Cichlid fish diversity threatened by eutrophication that curbs sexual selection. *Science* 277, 1808–1811 (1997).

(39) P. Nosil, L. J. Harmon, O. Seehausen, Ecological explanations for (incomplete) speciation. *Trends Ecol. Evol.* 24, 145–156 (2009).

(40) J. Mallet, Hybridization as an invasion of the genome. *Trends Ecol. Evol.* 20, 229-237 (2005).

(41) R. Goldschmidt, *The Material Basis of Evolution*, Yale University Press (1940).

(42) 池田清彦『進化論の最前線』インターナショナル新書（2017）

(43) A. Bergström, et al., Origins of modern human ancestry. *Nature* 590, 229–237 (2021).

(44) M. S. Y. Lee, *et al.*, “Resolving reptile relationships: Molecular and morphological markers.” in *Assembling the Tree of Life*, J. Cracraft, M. J. Donoghue, Eds. Oxford University Press, pp. 451–467 (2004).

(45) S. G. J. Mivart, *On the Genesis of Species*, MacMillan (1871).

(46) S.-Q. Wang, *et al.*, Sexual selection promotes giraffoid head-neck evolution and ecological adaptation. *Science* 376, eabl8316 (2022).

(47) M. Danowitz, *et al.*, Fossil evidence and stages of elongation of the Giraffa camelopardalis neck. *R. Soc. Open Sci.* 2, 150393 (2015).

(48) M. Agaba, *et al.*, Giraffe genome sequence reveals clues to its unique morphology and physiology. *Nat. Comm.* 7, 1–8 (2016).

Genet. 15, 176-192 (2014).
(18) B. E. Szynwelski, *et al.*, Hybridization in Canids—A Case Study of Pampas Fox (Lycalopex gymnocercus) and Domestic Dog (Canis lupus familiaris) Hybrid. *Animals* 13, 2505 (2023).
(19) J. P. Didion, F. P.-M. de Villena, Deconstructing Mus gemischus: advances in understanding ancestry, structure, and variation in the genome of the laboratory mouse. *Mamm. Genome* 24, 1-20 (2013).
(20) T. E. Wood, *et al.*, The frequency of polyploid speciation in vascular plants. *Proc. Natl. Acad. Sci.* 106, 13875-13879 (2009).
(21) D. Schluter, Evidence for ecological speciation and its alternative. *Science* 323, 737-741 (2009).
(22) J. Forejt, *et al.*, Hybrid sterility genes in mice (Mus musculus): a peculiar case of PRDM9 incompatibility. *Trends Genet.* 37, 1095-1108 (2021).
(23) J. A. Coyne, H. A. Orr, *Speciation*, Sinauer Associates, Inc (2004).
(24) R. J. Safran, P. Nosil, Speciation: The origin of new species. *Nat. Edu. Knowl.* 3, 17 (2012).
(25) F. Úbeda, J. F. Wilkins, The Red Queen theory of recombination hotspots. *J. Evol. Biol.* 24, 541-553 (2011).
(26) B. Crespi, P. Nosil, Conflictual speciation: species formation via genomic conflict. *Trends Ecol. Evol.* 28, 48-57 (2013).
(27) G. Arnqvist, L. Rowe, *Sexual conflict*, Princeton University Press, (2005).
(28) A. Kalirad, *et al.*, Genetic drift promotes and recombination hinders speciation on a holey fitness landscape. *PLOS Genet.* 20, e1011126 (2024).
(29) H. D. Rundle, P. Nosil, Ecological speciation. *Ecol. Lett.* 8, 336-352 (2005).
(30) E. Axelsson, *et al.*, The genomic signature of dog domestication reveals adaptation to a starch-rich diet. *Nature* 495, 360-364 (2013).
(31) D. Schluter, Adaptive radiation in sticklebacks: size, shape, and habitat use efficiency. *Ecology* 74, 699-709 (1993).
(32) R. J. Rundell, T. D. Price, Adaptive radiation, nonadaptive radiation, ecological speciation and nonecological speciation. *Trends Ecol. Evol.* 24, 394-399 (2009).
(33) S. A. S. Anderson, J. T. Weir, The role of divergent ecological

645-651 (2004).

(4) K. Lindblad-Toh, *et al.*, Genome sequence, comparative analysis and haplotype structure of the domestic dog. *Nature* 438, 803-819 (2005).

(5) K. Morrill, *et al.*, Ancestry-inclusive dog genomics challenges popular breed stereotypes. *Science* 376, eabk0639 (2022).

(6) B. M. vonHoldt, *et al.*, A genome-wide perspective on the evolutionary history of enigmatic wolf-like canids. *Genome Res.* 21, 1294-1305 (2011).

(7) A. Bergström, *et al.*, Grey wolf genomic history reveals a dual ancestry of dogs. *Nature* 607, 313-320 (2022).

(8) D. L. Bannasch, *et al.*, Dog colour patterns explained by modular promoters of ancient canid origin. *Nat. Ecol. Evol.* 5, 1415-1423 (2021).

(9) T. M. Anderson, *et al.*, Molecular and evolutionary history of melanism in north American gray wolves. *Science* 323, 1339-1343 (2009).

(10) A. V. Stronen, *et al.*, Wolf-dog admixture highlights the need for methodological standards and multidisciplinary cooperation for effective governance of wild x domestic hybrids. *Biol. Conserv.* 266, 109467 (2022).

(11) M. Pilot, *et al.*, Widespread, long - term admixture between grey wolves and domestic dogs across Eurasia and its implications for the conservation status of hybrids. *Evol. Appl.* 11, 662-680 (2018).

(12) C. Vilà, R. K. Wayne, Hybridization between wolves and dogs. *Conserv. Biol.* 13, 195-198 (1999).

(13) L. D. Mech, *et al.*, Production of Hybrids between Western Gray Wolves and Western Coyotes. *PLoS ONE* 9, e88861 (2014).

(14) E. D. Enbody, *et al.*, Community-wide genome sequencing reveals 30 years of Darwin's finch evolution. *Science* 381, eadf6218 (2023).

(15) D. Fontaneto, T. G. Barraclough, Do Species Exist in Asexuals? Theory and Evidence from Bdelloid Rotifers. *Integ. Comp. Biol.* 55, 253-263 (2015).

(16) D. M. Hillis, Asexual Evolution: Can Species Exist without Sex? *Curr. Biol.* 17, R543-R544 (2007).

(17) O. Seehausen, *et al.*, Genomics and the origin of species. *Nat.Rev.*

(50) J. L. Payne, *et al.*, Extinction intensity, selectivity and their combined macroevolutionary influence in the fossil record. *Biol. Lett.* 12, 20160202 (2016).
(51) J. L. Payne, *et al.*, Ecological selectivity of the emerging mass extinction in the oceans. *Science* 353, 1284-1286 (2016).
(52) L. H. Liow, L. V. Valen, N. C. Stenseth, Red Queen: from populations to taxa and communities. *Trends Ecol. Evol.* 26, 349-358 (2011).
(53) C. M. Lively, A Review of red queen models for the persistence of obligate sexual reproduction. *J. Hered.* 101, S13-S20 (2010).
(54) S. Meirmans, P. G. Meirmans, The queen of problems in evolutionary biology. *eLS.* 1-8 (2019).
(55) L. T. Morran, *et al.*, Running with the Red Queen: host-parasite coevolution selects for biparental sex. *Science* 333, 216-218 (2011).
(56) S. P. Otto, The evolutionary enigma of sex. *Am. Nat.* 174, S1-S14 (2009).
(57) M. Neiman, C. M. Lively, S. Meirmans, Why sex? a pluralist approach revisited. *Trends Ecol. Evol.* 32, 589-600 (2017).
(58) J. Felsenstein, The evolutionary advantage of recombination. *Genetics* 78, 737-756 (1974).
(59) M. J. McDonald, D. P. Rice, M. M. Desai, Sex speeds adaptation by altering the dynamics of molecular evolution. *Nature* 531, 233-236 (2016).
(60) J. R. Peck, A ruby in the rubbish: beneficial mutations, deleterious mutations and the evolution of sex. *Genetics* 137, 597-606 (1994).
(61) A. S. Kondrashov, Deleterious mutations and the evolution of sexual reproduction. *Nature* 336, 435-440 (1988).
(62) C. T. Hanifin, E. D. Brodie, E. D. Brodie, Phenotypic mismatches reveal escape from arms-race coevolution. *PLOS Biol.* 6, e60 (2008).

第4章

(1) C・ダーウィン『種の起源〈上〉〈下〉』渡辺政隆訳、光文社古典新訳文庫（2009）
(2) 今西錦司『動物の社会』思索社（1990）
(3) A. Gentry, J. Clutton-Brock, C. P. Groves, The naming of wild animal species and their domestic derivatives. J. *Archaeol. Sci.* 31,

(2016).
(35) V. Sundaram, *et al.*, Widespread contribution of transposable elements to the innovation of gene regulatory networks. *Genome Res.* 24, 1963–1976 (2014).
(36) J. H. Notwell, *et al.*, A family of transposable elements co-opted into developmental enhancers in the mouse neocortex. *Nat. Comm.* 6, 6644 (2015).
(37) E. B. Chuong, Retroviruses facilitate the rapid evolution of the mammalian placenta. *BioEssays* 35, 853–861 (2013).
(38) L. E. Orgel, F. H. Crick, Selfish DNA: the ultimate parasite. *Nature* 284, 604–607 (1980).
(39) W. F. Doolittle, C. Sapienza, Selfish genes, the phenotype paradigm and genome evolution. *Nature* 284, 601–603 (1980).
(40) T. E. P. Consortium, An integrated encyclopedia of DNA elements in the human genome. *Nature* 489, 57–74 (2012).
(41) W. F. Doolittle, Is junk DNA bunk? A critique of ENCODE. *Proc. Nat. Acad. Sci.* 110, 5294–5300 (2013).
(42) 千葉聡『ダーウィンの呪い』講談社現代新書（2023）
(43) L. V. Valen, L. Van-Valen, A new evolutionary law. *Evol. Theor.* 1, 1–30 (1973).
(44) R. Sole, Revisiting Van Valen's A new evolutionary law. *Bid. Theor.* 17, 120-125 (2021).
(45) D. M. Raup, The role of extinction in evolution. *Proc. Nat. Acad. Sci.* 91, 6758–6763 (1994).
(46) M. Januario, T. B. Quental, Re - evaluation of the "law of constant extinction" for ruminants at different taxonomical scales. *Evolution* 75, 656–671 (2021).
(47) I. Žliobaitė, M. Fortelius, N. C. Stenseth, Reconciling taxon senescence with the Red Queen's hypothesis. *Nature* 552, 92–95 (2017).
(48) G. Ceballos, *et al.*, Accelerated modern human-induced species losses: Entering the sixth mass extinction. *Sci. Adv.* 1, e1400253 (2015).
(49) S. R. Cole, M. J. Hopkins, Selectivity and the effect of mass extinctions on disparity and functional ecology. *Sci. Adv.* 7, eabf4072 (2021).

unifying framework to understand positive selection. *Nat. Rev. Genet.* 21, 769–781 (2020).
(21) L. Yengo, H. Colleran, Constrained human genes under scrutiny. *Nature* 603, 799–801 (2022).
(22) Y. Field, *et al.*, Detection of human adaptation during the past 2000 years. *Science* 354, 760–764 (2016).
(23) S. Yang, *et al.*, Parent-progeny sequencing indicates higher mutation rates in heterozygotes. *Nature* 523, 463–467 (2015).
(24) C. Schlötterer, How predictable is adaptation from standing genetic variation? Experimental evolution in Drosophila highlights the central role of redundancy and linkage disequilibrium. *Phil. Trans. Roy. Soc. B* 378, 20220046 (2023).
(25) J. A. R. Marshall, Group selection and kin selection: formally equivalent approaches. *Trends Ecol. Evol.* 26, 325–332 (2011).
(26) A. M. Larracuente, D. C. Presgraves, The Selfish Segregation Distorter Gene Complex of Drosophila melanogaster. *Genetics* 192, 33–53 (2012).
(27) C. Feschotte, & E. J. Pritham, DNA Transposons and the evolution of eukaryotic genomes. *Ann. Rev. Gent.* 41, 331–368 (2007).
(28) A. Canapa, *et al.*, Transposons, Genome Size, and Evolutionary Insights in Animals. *Cytogenet. Genome Res.* 147, 217–239 (2015).
(29) A. D. Senft, T. S. Macfarlan, Transposable elements shape the evolution of mammalian development. *Nat. Rev. Genet.* 22, 691–711 (2021).
(30) J. A. Ågren, A. G. Clark, Selfish genetic elements. *PLOS Genet.* 14, e1007700 (2018).
(31) E. B. Chuong, N. C. Elde, C. Feschotte, Regulatory activities of transposable elements: from conflicts to benefits. *Nat. Rev, Genet.* 18, 71–86 (2017).
(32) H. H. Kazazian, J. V. Moran, Mobile DNA in Health and Disease. *New. Engl. J. Med.* 377, 361–370 (2017).
(33) K. Naito, *et al.*, Unexpected consequences of a sudden and massive transposon amplification on rice gene expression. *Nature* 461, 1130–1134 (2009).
(34) A. E. van't Hof, *et al.*, The industrial melanism mutation in British peppered moths is a transposable element. *Nature* 534, 102–105

Behavior, Oilver & Boyd, Edinburgh, (1962).
(6) G. C. Williams『適応と自然選択：近代進化論批評』辻和希訳、共立出版（2022）
(7) W. D. Hamilton, The genetical evolution of social behaviour. I. *J. Theor. Biol.* 7, 1-16 (1964).
(8) W. D. Hamilton, The genetical evolution of social behaviour. II. *J. Theor. Biol.* 7, 17-52 (1964).
(9) D. S. Wilson, *The Natural selection of Populations and Communities*, Benjamin/Cummings (1980).
(10) K. Tsuji, Reproductive conflicts and levels of selection in the ant Pristomyrmex pungens: contextual analysis and partitioning of covariance. *Ame. Nat.* 146, 586-607 (1995).
(11) S. Dobata, K. Tsuji, Public goods dilemma in asexual ant societies. *Proc. Nat. Acad. Sci.* 110, 16056-16060 (2013).
(12) J. Mallet, Hybridization as an invasion of the genome. *Trends Ecol. Evol.* 20, 229-237 (2005).
(13) M. Olave, L. *et al.*, Hybridization could be a common phenomenon within the highly diverse lizard genus Liolaemus. *J. Evol. Biol.* 31, 893-903 (2018).
(14) D. J. Funk, K. E. Omland, Species-level paraphyly and polyphyly: frequency, Causes, and Consequences, with Insights from Animal Mitochondrial DNA. *Ecol. Evol. Syst.* 34, 397-423 (2003).
(15) B. M. vonHoldt, *et al.*, Whole-genome sequence analysis shows that two endemic species of North American wolf are admixtures of the coyote and gray wolf. *Sci. Adv.* 2, e1501714 (2016).
(16) J. K. Conner, D. L. Hartl, *A Primer of Ecological Genetics*, Sinauer (2004).
(17) D. Jablonski, Species selection: theory and data. *Ann. Rev. Ecol. Evol. Syst.* 39, 501-524 (2008).
(18) Y. Takahashi, K. Kagawa, E. I. Svensson, M. Kawata, Evolution of increased phenotypic diversity enhances population performance by reducing sexual harassment in damselflies. *Nat. Comm.* 5, 4468 (2014).
(19) Y. Takahashi, S. Noriyuki, Colour polymorphism influences species' range and extinction risk. *Biol. Lett.* 15, 20190228 (2019).
(20) N. Barghi, J. Hermisson, C. Schlötterer, Polygenic adaptation: a

(71) A. V. Gore, *et al.*, An epigenetic mechanism for cavefish eye degeneration. *Nat. Ecol. Evol.* 2, 1155-1160 (2018).
(72) J. Cotney, *et al.*, The Evolution of Lineage-Specific Regulatory Activities in the Human Embryonic Limb. *Cell* 154, 185-196 (2013).
(73) A. L. Liebl, *et al.*, Patterns of DNA methylation throughout a range expansion of an introduced songbird. *Inte. Comp. Biol.* 53, 351-358 (2013).
(74) G. Alkorta-Aranburu, *et al.*, The Genetic Architecture of Adaptations to High Altitude in Ethiopia. *PLOS Genet.* 8, e1003110-13 (2012).
(75) W. Scharloo, Canalization: genetic and developmental aspects. *Ann. Rev. Ecol. Syst.* 22, 65-93 (1991).
(76) R. Bonduriansky, T. Day, Nongenetic inheritance and its evolutionary implications. *Ann. Rev. Ecol. Evol. Syst.* 40, 103-125 (2009).
(77) N. A. Moran, Symbiosis as an adaptive process and source of phenotypic complexity. *Proc. Nat. Acad. Sci.* 104, 8627-8633 (2007).
(78) S. M. Degnan, Think laterally: horizontal gene transfer from symbiotic microbes may extend the phenotype of marine sessile hosts. *Front. Microbiol.* 5, 638 (2014).
(79) T. Mishina, *et al.*, Massive horizontal gene transfer and the evolution of nematomorph-driven behavioral manipulation of mantids. *Curr. Biol.* 33, 1-7 (2023).
(80) A. T. Ali, *et al.*, Nuclear genetic regulation of the human mitochondrial transcriptome. *eLife* 8, e41927 (2019).

第3章

(1) R. Woodford, Lemming Suicide Myth Disney Film Faked Bogus Behavior. *Alaska Fish & Wildlife News* (2003).
(2) 山野井貴浩、佐藤綾、古屋康則「大学生対象の『種族維持』概念の保有状況調査：高等学校生物および大学での進化に関する講義の履修の影響に注目して」理科教育学研究 59, 285-291 (2018).
(3) 小林武彦『生物はなぜ死ぬのか』講談社現代新書（2021）
(4) C・ダーウィン『種の起源〈上〉〈下〉』渡辺政隆訳、光文社古典新訳文庫（2009）
(5) V. C. Wynne-Edwards, *Animal Dispersion in Relation to Socail*

R1042-R1047 (2017).
(56) ピーター・J・ボウラー『進化思想の歴史（上）（下）』鈴木善次ほか訳、朝日新聞社（1987）
(57) V. Orgogozo, A. E. Peluffo, B. Morizot, Chapter one - The "Mendelian gene" and the "molecular gene" two relevant concepts of genetic units. *Curr. Top. Dev. Biol.* 119, 1-26 (2016).
(58) B. Alberts, et. al, *Molecular Biology of the Cell. 6th ed.*, Garland Science.,(2014).
(59) H. Pearson, What is a gene? *Nature* 441, 398-401 (2006).
(60) M. H. Fitz-James, G. Cavalli, Molecular mechanisms of transgenerational epigenetic inheritance. *Nat. Rev. Genet.* 23, 325-341 (2022).
(61) E. J. Radford, *et al.*, In utero undernourishment perturbs the adult sperm methylome and intergenerational metabolism. *Science* 345, 1255903 (2014).
(62) L. H. Lumey, et al., Prenatal Famine and Adult Health. *Annu. Rev. Public Heal.* 32, 237-262 (2011).
(63) F. Serpeloni, *et al.*, Grandmaternal stress during pregnancy and DNA methylation of the third generation: an epigenome-wide association study. *Transl. Psychiatry* 7, e1202-e1202 (2017).
(64) P. Sarkies, Molecular mechanisms of epigenetic inheritance: Possible evolutionary implications. *Semin. Cell. Dev. Biol.* 97, 106-115 (2020).
(65) F. Ciabrelli, *et al.*, Stable Polycomb-dependent transgenerational inheritance of chromatin states in Drosophila. *Nat. Genet.* 49, 876-886 (2017).
(66) L. Quadrana, V. Colot, Plant Transgenerational Epigenetics. *Ann. Rev. Genet.* 50, 467-491 (2016).
(67) T. Kawakatsu, *et al.*, Epigenomic Diversity in a Global Collection of Arabidopsis thaliana Accessions. *Cell* 166, 492-505 (2016).
(68) M. J. Dubin, *et al.*, DNA methylation in Arabidopsis has a genetic basis and shows evidence of local adaptation. *eLife* 4, e05255 (2015).
(69) J. C. Roach, *et al.*, Analysis of genetic inheritance in a family quartet by whole-genome sequencing. *Science* 328, 636-639 (2010).
(70) A. Osborne, The role of epigenetics in human evolution. *Biosci. Horizons* 10, e1003110-8 (2017).

human genetic variation. *Nature* 526, 68-74 (2015).
(42) B. V. Halldorsson, *et al.*, The sequences of 150,119 genomes in the UK Biobank. *Nature* 607, 732-740 (2022).
(43) J. Prado-Martinez, *et al.*, Great ape genetic diversity and population history. *Nature* 499, 471-475 (2013).
(44) R. H. Waterson, E. S. Lander, R. K. Wilson, Initial sequence of the chimpanzee genome and comparison with the human genome. *Nature* 437, 69-87 (2005).
(45) M. V. Suntsova, A. A. Buzdin, Differences between human and chimpanzee genomes and their implications in gene expression, protein functions and biochemical properties of the two species. *BMC Genom.* 21, 535 (2020).
(46) H. Doi, M. Takahashi, I. Katano, Genetic diversity increases regional variation in phenological dates in response to climate change. *Glob. Chan. Biol.* 16, 373-379 (2010).
(47) J. Romiguier, *et al.*, Comparative population genomics in animals uncovers the determinants of genetic diversity. *Nature* 515, 261-263 (2014).
(48) J. D.Lange, *et al.*, Population genomic assessment of three decades of evolution in a natural *Drosophila* Population. *Mol. Biol. Evol.* 39, msab368 (2021).
(49) A. Hobolth, *et al.*, Incomplete lineage sorting patterns among human, chimpanzee, and orangutan suggest recent orangutan speciation and widespread selection. *Genom. Res.* 21, 349-356 (2011).
(50) L. Park, Effective population size of current human population. *Genet. Res.* 93, 105-114 (2011).
(51) W. Hu, *et al.*, Genomic inference of a severe human bottleneck during the Early to Middle Pleistocene transition. *Science* 381, 979-984 (2023).
(52) R. B. Corbett-Detig, D. L. Hartl, T. B. Sackton, Natural selection constrains neutral diversity across a wide range of species. *PLOS Biol.* 13, e1002112 (2015).
(53) L. Loison, Epigenetic inheritance and evolution: a historian's perspective. *Philos. Trans. R. Soc. B* 376, 20200120 (2021).
(54) 中村禎里『[新版] 日本のルイセンコ論争』みすず書房 (2017)
(55) E. I. Kolchinsky, *et al.*, Russia's new Lysenkoism. *Curr. Biol.* 27,

(27) J. R. Bridle, J. Polechová, M. Kawata, R. K. Butlin, Why is adaptation prevented at ecological margins? New insights from individual-based simulations. *Ecol. Lett.* 13, 485–494 (2010).
(28) G. J. Kato, *et al.*, Sickle cell disease. *Nat. Rev. Dis. Prim.* 4, 18010 (2018).
(29) E. D. Enbody, *et al.*, Community-wide genome sequencing reveals 30 years of Darwin's finch evolution. *Science* 381, eadf6218 (2023).
(30) N. J. Barson, *et al.*, Sex-dependent dominance at a single locus maintains variation in age at maturity in salmon. *Nature* 528, 405–408 (2015).
(31) M. Hori, Frequency-dependent natural selection in the handedness of scale-eating Cichlid fish. *Science* 260, 216–219 (1993).
(32) J. Jaquiéry, *et al.*, Genome scans reveal candidate regions involved in the adaptation to host plant in the pea aphid complex. *Mol Ecol* 21, 5251–5264 (2012).
(33) M. J. Wittmann, *et al.*, Seasonally fluctuating selection can maintain polymorphism at many loci via segregation lift. *Proc. Natl. Acad. Sci.* 114, E9932–E9941 (2017).
(34) O. L. Johnson, *et al.*, Fluctuating selection and the determinants of genetic variation. *Trends Genet.* 39, 491–504 (2023).
(35) B. N. Danforth, Emergence dynamics and bet hedging in a desert bee, Perdita portalis. *Proc. Roy. Soc. Lond. B* 266, 1985–1994 (1999).
(36) S. Asthana, S. Schmidt, S. Sunyaev, A limited role for balancing selection. *Trends Genet.* 21, 30–32 (2005).
(37) X. Long, H. Xue, Genetic-variant hotspots and hotspot clusters in the human genome facilitating adaptation while increasing instability. *Hum Genom.* 15, 19 (2021).
(38) V. Soni, M. Vos, A. Eyre-Walker, A new test suggests hundreds of amino acid polymorphisms in humans are subject to balancing selection. *PLOS Biol.* 20, e3001645 (2022).
(39) S. M. Rudman, *et al.*, Direct observation of adaptive tracking on ecological time scales in Drosophila. *Science* 375, eabj7484 (2022).
(40) B. Charlesworth, Causes of natural variation in fitness: Evidence from studies of Drosophila populations. *Proc. Nat. Acad. Sci.* 112, 1662–1669 (2015).
(41) The 1000 Genome Project Consortium, A global reference for

(13) T. C. A. Smith, P. F. Arndt, A. Eyre-Walker, Large scale variation in the rate of germ-line *de novo* mutation, base composition, divergence and diversity in humans. *PLoS Genet.* 14, e1007254 (2018).

(14) B. Charlesworth, J. D. Jensen, Population genetic considerations regarding evidence for biased mutation rates in Arabidopsis thaliana. *Mol. Biol. Evol.* 40, msac275 (2022).

(15) I. Martincorena, A. S. N. Seshasayee, N. M. Luscombe, Evidence of non-random mutation rates suggests an evolutionary risk management strategy. *Nature* 485, 95-98 (2012).

(16) L. Wang, *et al.*, Re-evaluating evidence for adaptive mutation rate variation. *Nature* 619, E52-E56 (2023).

(17) H. Liu, J. Zhang, Is the mutation rate lower in genomic regions of stronger selective constraints? *Mol. Biol. Evol.* 39, msac169 (2022).

(18) Y. Ram, L. Hadany, Stress-induced mutagenesis and complex adaptation. *Proc. Roy. Soc. B* 281, 20141025 (2014).

(19) R. C. MacLean, C. Torres-Barceló, R. Moxon, Evaluating evolutionary models of stress-induced mutagenesis in bacteria. *Nat. Rev. Genet.* 14, 221-227 (2013).

(20) C. Matsuba, *et al.*, Temperature, stress and spontaneous mutation in Caenorhabditis briggsae and Caenorhabditis elegans. *Biol. Lett.* 9, 20120334 (2013).

(21) S. M. Rosenberg, *et al.*, Stress - induced mutation via DNA breaks in Escherichia coli: a molecular mechanism with implications for evolution and medicine. *Bioessays* 34, 885-892 (2012).

(22) R. G. Bristow, R. P. Hill, Hypoxia, DNA repair and genetic instability. *Nat. Rev. Cancer* 8, 180-192 (2008).

(23) 川端裕人『「色のふしぎ」と不思議な社会：2020年代の「色覚」原論』筑摩書房（2020）

(24) T. F. C. Mackay, *et al.*, The Drosophila melanogaster Genetic Reference Panel. *Nature* 482, 173-178 (2012).

(25) D. Taliun, *et al.*, Sequencing of 53,831 diverse genomes from the NHLBI TOPMed Program. *Nature* 590, 290-299 (2021).

(26) D. I. Bolnick, E. J. Caldera, B. Matthews, Evidence for asymmetric migration load in a pair of ecologically divergent stickleback populations. *Biol. J. Linn. Soc.* 94, 273-287 (2008).

(28) K. Laland, *et al.*, Does evolutionary theory need a rethink? *Nature* 514, 161-164 (2014).
(29) K. N. Laland, *et al.*, The extended evolutionary synthesis: its structure, assumptions and predictions. *Proc. R. Soc. B* 282, 20151019 (2015).
(30) D. J. Futuyma, Evolutionary constraint and ecological consequences. *Evolution* 64, 1865-1884 (2010).

第2章

(1) J. G. Monroe, *et al.*, Mutation bias reflects natural selection in Arabidopsis thaliana. *Nature* 602, 101-105 (2022).
(2) L. Yengo, H. Colleran, Constrained human genes under scrutiny. *Nature* 603, 799-801 (2022).
(3) S. Yang, *et al.*, Parent-progeny sequencing indicates higher mutation rates in heterozygotes. *Nature* 523, 463-467 (2015).
(4) M. Akiyama, *et al.*, Characterizing rare and low-frequency height-associated variants in the Japanese population. *Nat. Comm.* 10, 1-11 (2019).
(5) P. R. Grant, B. R. Grant, unpredictable evolution in a 30-year study of Darwin's finches. *Science* 296, 707-711 (2002).
(6) D. Charlesworth, N. H. Barton, B. Charlesworth, The sources of adaptive variation. *Proc. R. Soc. B* 284, 20162864 (2017).
(7) J. Cairns, J. Overbaugh, S. Miller, The origin of mutants. *Nature* 335, 142-145 (1988).
(8) J. R. Roth, *et al.*, Origin of Mutations Under Selection: The Adaptive Mutation Controversy. *Ann. Rev. Microbiol.* 60, 477-501 (2006).
(9) S. Maisnier-Patin, J. R. Roth, The origin of mutants under selection: How Natural Selection Mimics Mutagenesis (Adaptive Mutation). *Csh. Persp. Biol.* 7, a018176 (2015).
(10) T. A. Sasani, *et al.*, A natural mutator allele shapes mutation spectrum variation in mice. *Nature* 605, 497-502 (2022).
(11) M. Lynch, *et al.*, Genetic drift, selection and the evolution of the mutation rate. *Nat. Rev. Genet.* 17, 704-714 (2016).
(12) L. A. Bergeron, *et al.*, Evolution of the germline mutation rate across vertebrates. *Nature* 615, 285-291 (2023).

376, 44-53 (2022).
(12) A. Rhie, *et al.*, The complete sequence of a human Y chromosome. *Nature* 621, 344-354 (2023).
(13) The 1000 Genome Project Consortium, A global reference for human genetic variation. *Nature* 526, 68-74 (2015).
(14) B. V. Halldorsson, *et al.*, The sequences of 150,119 genomes in the UK Biobank. *Nature* 607, 732-740 (2022).
(15) K. Ogasawara, *et al.*, Extensive polymorphism of ABO blood group gene: three major lineages of the alleles for the common ABO phenotypes. *Hum. Genet.* 97, 777-783 (1996).
(16) A. E. van't Hof, *et al.*, The industrial melanism mutation in British peppered moths is a transposable element. *Nature* 534, 102-105 (2016).
(17) L. M. Cook, The rise and fall of the carbonaria form of the peppered moth. *Quart.Rev. Biol.* 78, 399-417 (2003).
(18) E. D. Enbody, *et al.*, Community-wide genome sequencing reveals 30 years of Darwin's finch evolution. *Science* 381, eadf6218 (2023).
(19) R. P. Evershed, *et al.*, Dairying, diseases and the evolution of lactase persistence in Europe. *Nature* 608, 336-345 (2022).
(20) M. Lynch, J. Conery, R. Bürger, Mutational meltdowns in sexual populations. *Evolution* 49, 1067-1080 (1995).
(21) J. A. Tennessen, *et al.*, Evolution and functional impact of rare coding variation from deep sequencing of human exomes. *Science* 337, 64-69 (2012).
(22) B. M. Henn, *et al.*, Estimating the mutation load in human genomes. *Nat. Rev. Genet.* 16, 333-343 (2015).
(23) 木村資生『生物進化を考える』岩波新書（1988）
(24) E. Mayr, *The Growth of Biological Thought: Diversity, Evolution, and Inheritance*, Harvard University Press (1985).
(25) M. Bulmer, The theory of natural selection of Alfred Russel Wallace FRS. *Notes Rec. Roy. Soc.* 59, 125-136 (2005).
(26) シッダールタ・ムカジー『遺伝子：親密なる人類史（上）（下）』仲野徹監修、田中文訳、早川書房（2021）
(27) T. Rayner, *et al.*, Genetic variation controlling wrinkled seed phenotypes in pisum: how lucky was Mendel? *Int. J. Mol. Sci.* 18, 1205 (2017).

参考文献一覧

はじめに

(1) G. Kerner, *et al.*, Genetic adaptation to pathogens and increased risk of inflammatory disorders in post-Neolithic Europe. *Cell Genom.* 3, 100248 (2023).
(2) D. X. Sato, M. Kawata, Positive and balancing selection on *SLC18A1* gene associated with psychiatric disorders and human - unique personality traits. *Evol. Lett.* 2, 499-510 (2018).
(3) 河田雅圭「人はなぜ宗教を信じるように進化したのか」(https://note.com/masakadokawata/n/n27a21792a8ff)
(4) 千葉聡『ダーウィンの呪い』講談社現代新書 (2023)

第1章

(1) ウェンディ・ウィリアムズ『蝶はささやく：鱗翅目とその虜になった人びとの知られざる物語』的場知之訳、青土社 (2021)
(2) ピーター・J・ボウラー『進化思想の歴史（上）（下）』鈴木善次ほか訳、朝日新聞社 (1987)
(3) A. Oren, Prokaryote diversity and taxonomy: current status and future challenges. *Phil. Trans. R. Soc. Lond. B* 359, 623-638 (2004).
(4) I. J. Tsai, *et al.*, The genomes of four tapeworm species reveal adaptations to parasitism. *Nature* 496, 57-63 (2013).
(5) P. J. Bowler, Darwinism and victorian values: threat or opportunity? *Proc. British Acad.* 78, 129-147 (1992).
(6) 千葉聡『ダーウィンの呪い』講談社現代新書 (2023)
(7) P. R. Grant, B. R. Grant, unpredictable evolution in a 30-year study of Darwin's Finches. *Science* 296, 707-711 (2002).
(8) D. Futuyma, M. Kirkpatrick, *Evolution (fourth edition)*, Oxford University Press, 2018.
(9) R. J. Lincoln, G. A. Boxshall, P. F. Clark, *A. Dictionary of Ecology, Evolution and Systematics*, Cambridge University Press, 1982.
(10) 浅原正和「『Variation』の訳語として『変異』が使えなくなるかもしれない問題について：日本遺伝学会の新用語集における問題点」哺乳類科学 57, 387-390 (2017).
(11) S. Nurk, *et al.*, The complete sequence of a human genome. *Science*

河田雅圭（かわたまさかど）

1958年、香川県生まれ。帯広畜産大学畜産学部獣医学科卒業、北海道大学大学院農学研究科修了（農学博士）。静岡大学教育学部助教授、東北大学大学院理学研究科助教授、東北大学大学院生命科学研究科教授などを経て、2023年から東北大学教養教育院総長特命教授、名誉教授。専門は進化学、生態学。ヒトを含め様々な生物を対象に、ゲノムレベルから集団などのマクロレベルをつなぐ進化研究を行ってきた。'17年に日本進化学会学会賞および木村資生記念学術賞受賞。'20年に日本生態学会賞受賞。著書に『はじめての進化論』（講談社現代新書）、『進化論の見方』（紀伊國屋書店）、『進化学事典』（編集および数項目執筆、共立出版）など。進化についての解説記事をnoteで公開している。

ダーウィンの進化論はどこまで正しいのか？
進化の仕組みを基礎から学ぶ

2024年4月30日初版1刷発行
2024年10月30日　　2刷発行

著　者 ── 河田雅圭
発行者 ── 三宅貴久
装　幀 ── アラン・チャン
印刷所 ── 萩原印刷
製本所 ── ナショナル製本
発行所 ── 株式会社光文社
東京都文京区音羽1-16-6(〒112-8011)
https://www.kobunsha.com/
電　話 ── 編集部03(5395)8289　書籍販売部03(5395)8116
制作部03(5395)8125
メール ── sinsyo@kobunsha.com

ISBN 978-4-334-10292-0

1296
大江健三郎論
怪物作家の「本当ノ事」
井上隆史

大江健三郎とは何者だったのか――。「奇妙な仕事」『万延元年のフットボール』『沖縄ノート』など、その作品世界を丹念に追うことで、いまだ明らかになっていない大江像を探る。

978-4-334-10223-4

1297
嫉妬論
民主社会に渦巻く情念を解剖する
山本圭

隣人が、同僚が、見知らぬ他人が羨ましい――。苦しく、みっともない感情にどうしてこうも振り回されるのか。人々を揺さぶる「厄介な感情」を政治思想の観点から多角的に考察。

978-4-334-10224-1

1298
漫画の未来
明日は我が身のデジタル・ディスラプション（破壊的変革）
小川悠介

スマホ向け漫画「ウェブトゥーン」の台頭に、絵を自動で描く「生成AI」の進化。デジタル時代に、漫画はどこへ向かうのか？ 取材を重ねた記者が、経営・ビジネスの観点からその未来図を探る。

978-4-334-10225-8

1299
死なないノウハウ
独り身の「金欠」から「散骨」まで
雨宮処凛

失職、介護、病気など、「これから先」を考えると押し寄せる不安……。各界の専門家に取材し、役立つ社会保障制度などを紹介する、不安な人生をサバイブするための必須情報集！

978-4-334-10226-5

1300
〈共働き・共育て〉世代の本音
新しいキャリア観が社会を変える
本道敦子　山谷真名
和田みゆき

当事者インタビューで明らかになった、〈共働き・共育て〉を志向するミレニアル世代の本音、そして子育て中の男性の苦悩。当事者、そして企業が取るべき対策とは？【解説・佐藤博樹】

978-4-334-10249-4

光文社新書

1301
子ども若者抑圧社会・日本
社会を変える民主主義とは何か
室橋祐貴

変化の激しい時代に旧来の価値観で政治が行われ、閉塞感が漂う日本。先進諸国で若い政治リーダーが台頭している中、なぜ日本だけ変われないのか？若者が参加できる民主主義を示す。

978-4-334-10250-0

1302
子どものこころは大人と育つ
アタッチメント理論とメンタライジング
篠原郁子

ボウルビィが提唱したアタッチメント（愛着）は、子どもにとって重要なすべての大人との間に形成されうる。心で心を思う（メンタライジング）ことをベースに、アタッチメント理論をわかりやすく解説する。

978-4-334-10251-7

1303
頭上運搬を追って
失われゆく身体技法
三砂ちづる

今の日本では失われつつある身体技法「頭上運搬」。沖縄や伊豆諸島ほか日本各地や海外にその記憶と痕跡を訪ねる。生活や労働を支えた身体技法と、自らの身体への理解や意識を考察。

978-4-334-10252-4

1304
定点写真で見る　東京今昔
鷹野晃

江戸・明治・大正・昭和――。東京はいかに変貌したのか。東京を撮り続けて40年の写真家が、「定点写真」という手法を用いて破壊と創造の首都を徹底比較。写真451点収録！

978-4-334-10253-1

1305
バッタを倒すぜ　アフリカで
前野 ウルド 浩太郎

世界中を飛び回り、13年にわたって重ねてきたフィールドワークと実験は、バッタの大発生を防ぐ可能性を持っていた！　新書大賞受賞、25万部突破の『バッタを倒しにアフリカへ』続編。

978-4-334-10290-6

光文社新書

1306
中日ドラゴンズが優勝できなくても愛される理由
喜瀬雅則

2年連続最下位でも視聴率と観客動員は好調。なぜ順位と人気は相関しないのか？ 優勝の可能性は？ 立浪監督はじめ多くのOBや関係者への取材を基にしたドラゴンズ論の決定版。

978-4-334-10291-3

1307
ダーウィンの進化論はどこまで正しいのか？
進化の仕組みを基礎から学ぶ
河田雅圭

『種の起源』刊行から一五〇年以上がたった今、人類は進化の仕組みをどれほど明らかにしてきたのか。世に流布する進化の誤解も解きほぐしながら、進化学の最前線を丁寧に解説する。

978-4-334-10292-0

1308
中高生のための「探究学習」入門
テーマ探しから評価まで
中田亨

仮説を持て、さらば与えられん！ アイデアの生み出し方、調査や実験の進め方、結果のまとめと成果発信、安全や倫理等を具体的にガイド。研究者の卵や大人にも探究の面白さを伝える。

978-4-334-10293-7

1309
世界の富裕層は旅に何を求めているか
「体験」が拓くラグジュアリー観光
山口由美

旅に大金を投じる世界の富裕層が求めるものは？ 彼らの旅のスタンダードとは？ 近年のラグジュアリー観光を概観し、安心や快適さではない、彼らが求める「本物の体験」を描き出す。

978-4-334-10294-4

1310
生き延びるために芸術は必要か
森村泰昌

歴史的な名画に扮したセルフポートレイト作品で知られ、「私」の意味を追求してきた美術家モリムラが、「芸術」を手がかりに「生き延びること」について綴ったM式・人生論ノート。

978-4-334-10295-1